变频器应用故障 200 例

第 2 版

王兆义　刁金霞　史映红　编著

机械工业出版社

本书分析了变频器的工作原理以及与其他电器的相互关系，并介绍了在工作中出现的200个典型故障案例的诊断与处理方法。书中的案例均来自工程实践，对变频器的应用以及变频器现场故障的排除有着很好的参考价值。

本书共分为10章，分别为：第1章，变频器维修概论；第2章，变频器过电流故障的维修；第3章，变频器过载接地故障的维修；第4章，变频器欠电压、过电压故障的维修；第5章，变频器过热故障的维修；第6章，变频器电磁干扰故障的维修；第7章，变频器通信控制故障的维修；第8章，变频器不报警无显示故障的维修；第9章，变频器参数设置故障的维修；第10章，变频器工程应用案例。

本书可供企业现场工程技术人员参考使用，也可作为职业技术院校师生的参考用书。

图书在版编目（CIP）数据

变频器应用故障200例/王兆义等编著. —2版. —北京：机械工业出版社，2020.11
ISBN 978-7-111-66612-7

Ⅰ.①变⋯　Ⅱ.①王⋯　Ⅲ.①变频器－维修　Ⅳ.①TN773

中国版本图书馆CIP数据核字（2020）第181089号

机械工业出版社（北京市百万庄大街22号　邮政编码100037）
策划编辑：朱　林　责任编辑：朱　林
责任校对：张晓蓉　封面设计：陈　沛
责任印制：常天培
北京虎彩文化传播有限公司印刷
2021年1月第2版第1次印刷
184mm×260mm·13.25印张·326千字
0001—1500册
标准书号：ISBN 978-7-111-66612-7
定价：59.00元

电话服务　　　　　　　　　　　　网络服务
客服电话：010-88361066　　　　机 工 官 网：www.cmpbook.com
　　　　　010-88379833　　　　机 工 官 博：weibo.com/cmp1952
　　　　　010-68326294　　　　金 书 网：www.golden-book.com
封底无防伪标均为盗版　　　　机工教育服务网：www.cmpedu.com

前　言

本书第 1 版自出版以来，先后印刷了 7 次，受到广大读者的欢迎，作者深受鼓舞。本书自面世以来，接到很多读者的意见反馈和问题咨询，作者对本书的内容、使用效果有了客观的了解。随着科学的进步，新技术、新工艺不断涌现，变频器的应用也与时俱进，同时也出现了很多新的应用问题。为了跟上时代的步伐，满足现场使用人员的需求，故对本书做进一步的修订。

现在企业发展速度很快，智能化设备应用已经普及，单机单用的情况越来越少，由 HMI、PLC、变频器组成一个传动系统成了标准配置。当这个传动系统出现了故障，因为系统中所有设备都具有关联性，在故障诊断时必须考虑全局。搞不清这些问题，变频器维修就无从谈起。

一本好的工具书，能帮助读者解决实际问题。书中案例要具有对号入座、立竿见影的效果；书中的理论分析要具有启发性，要有诊断方法及维修方法归纳等内容。笔者从事电器维修几十年，一件电器从接手到维修的实施，第一步就是诊断。任何一家医院都是先诊断后治疗，电器维修也是如此。变频器在系统中工作，系统出现问题，表现虽然是变频器不工作，但不见得是变频器损坏，要逐级进行诊断。如果确定问题是出在变频器，还要诊断问题是出在变频器的哪个具体电路。诊断清楚后才能动手维修。诊断和维修是两门技术，不做诊断的维修是瞎修，只能越修越坏；诊断出故障不会维修也不能解决问题。所以学习维修，故障诊断和故障维修要同时学习。

本书在故障诊断时建议用万用表，万用表可测量电压、电阻和电流。任何电器都离不开这 3 个物理量，这 3 个物理量相互之间的关系符合欧姆定律。在电器中，这 3 个物理量都有确定的额定值。电器出现故障，就是这 3 个物理量偏离了额定值，通过测量发现偏离的程度，就可判断出故障所在。本书在案例分析时，都会结合万用表的测量数值进行诊断，判断故障所在。

本次修订，对于过时的案例进行了更换，增加了大量的新案例，对原有案例进行了修订，删除了不相关的内容，增加了故障诊断环节。增加了第 1 章变频器维修概论，其内容为变频器功能介绍和故障测量，以及 PLC 与 HMI 的应用连接等，目的是为学习维修打基础。

本书在第 1 版成书之前，得到了北京精诚智和教育科技有限公司、新疆博识通咨询有限公司、中国工业自动化培训网（Http://www.gkpx365.com）的大力支持。成书后又一直将本书作为其培训教材，在教学过程中，来自全国各地的工程技术人员提供了大量的一手变频器应用资料，为本书的修订奠定了基础。

本书主要由王兆义编著，廊坊职业技术学院的刁金霞、史映红两位副教授参加了部分内容的编写工作，其中刁金霞编写了第 8 章、第 9 章，史映红编写了第 10 章和附录。

在本书交稿之际，对为本书的编写出版提供过帮助的公司、企业、工程师以及机械工业出版社的朱林编辑表示衷心的感谢。

由于作者水平所限，书中难免有不足和谬误之处，殷切希望读者给予批评指正。

作　者

2020 年 4 月

目　录

第1章 变频器维修概论

1.1 变频器的功能与控制

1.1.1 变频器控制系统

1. 变频器控制系统结构

智能控制在电力、化工、机械、交通、矿山、制药、港口、水务等各行各业的应用已经很普及。变频器作为电动机的驱动电器，已经不再是独立应用，而是由触摸屏（HMI）、PLC、变频器三者组成一个控制系统。这三者的前提都是智能电器，即都是由计算机控制的电器。为什么都是计算机控制呢？这是因为只有计算机之间才能够进行通信控制，才能够组成一个自动控制系统。如图1-1所示。

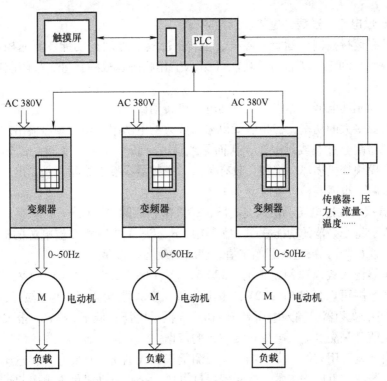

图1-1　变频器控制系统

在图1-1所示控制系统中，触摸屏是上位机，它对PLC发送运行指令，PLC按运行指令运行。PLC又是变频器的上位机，控制变频器运行。变频器驱动电动机，电动机拖动负载做功。

变频器在工作中，当出现停机故障时，与 PLC 的工作有关系，PLC 又与触摸屏工作有关系。变频器工作不正常，与输入电压有关系，与电动机、负载有关系。

2. 变频器系统故障诊断

变频器出现跳闸故障，有外围电路的原因，也有变频器内在电路的原因，同一个故障表现，有多种故障原因。不通过故障诊断，难以进行故障的排除。就像人们去医院看病，同样是一种疼痛的表现，可有多种不同的病原引起，所以医生要通过一系列的生理、血液的检查，光学、声学等现代仪器的检测，才能确定具体的病因，才能按照诊断的结果进行治疗。

变频器出现了故障，我们同样也需要诊断。诊断的过程是：望诊（用眼睛看电压、电流及外观有无异常）、闻诊（有无焦煳气味、有无异响）、问诊（询问现场工程人员发生了什么异常现象）和测量。

当通过望、闻、问都没有找到故障的根源时，就要通过万用表进行电路测量。用万用表测量是最简单有效的一种故障诊断方法。道理很简单，万用表能测量电压、电流、电阻 3 个物理量。这 3 个物理量符合欧姆定律，只要知道了其中两个，就可以计算出第三个。变频器是一个电器，凡是电器，都会存在电压、电流、电阻的额定值。当用万用表测量这 3 个物理量时，如果测量值超出了额定值的极限，就发生了故障。

1.1.2　变频器结构与故障诊断

1. 变频器过电流、过载、过热、接地故障

变频器具有运行控制（运行、停机、正转、反转、点动）功能、调速控制功能（连续调速和分段调速）和工作状态指示功能（指示工作状态、故障报警、故障跳闸）等三大控制功能。

变频器称为驱动电器，其作用是驱动电动机转动做功。根据能量守恒原理，变频器在工作中，负载需要多大的功率，变频器就得输出多大的电功率，当变频器输出的电流超过了其额定值，变频器就会过载或过电流，从而导致跳闸停机。所以，变频器过热、过载、过电流，以及逆变模块炸机损坏，都和负载有关系。变频器报接地故障，是输出电缆、电动机绕组出现对地短路，也需要检查负载。

2. 变频器报输入过电压、输入欠电压、输入断相故障

图 1-2 所示是变频器的功能框图，在图中，R、S、T 是三相交流电源的输入端，3 个线电压 U_{RS}、U_{ST}、U_{TR}，如果偏离了额定值，变频器就会报警跳闸。

低压变频器输入线电压额定值有：220V ± 5V、380V ± 5V、660V ± 5V，变频器在工作中，电压误差范围可以延伸到 ± 10V，超出此值，变频器就会报过电压或欠电压跳闸。如 380V 电压等级的变频器，输入电压高于 410V 会报过电压；低于 342V 会报欠电压。变频器额定三相电压值，是测量输入电压正常与否的依据。

测量方法：将万用表拨到交流档，监视测量三相线电压，只要有一相电压低，变频器就会报欠电压。若三相电压均正常，变频器报过电压，一是电动机倒发电引起过电压，二是变频器误报。

3. 变频器报输出断相、电压不平衡、过电流、过载故障诊断与排除

变频器输出线电压 U_{UV}、U_{WV} 和 U_{WU} 的大小和频率成正比，即 $U/f = C$。我们在对变频器的输出电压进行测量时，主要是测量三相线电压的平衡度，即 3 个电压是否平衡或者有无断相。

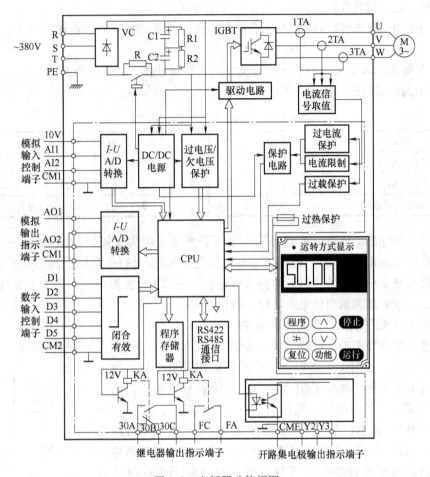

图 1-2　变频器功能框图

　　变频器输出电压是脉冲波，一般普通万用表不能测量脉冲电压的有效值。因为普通万用表交流电压档是按照模拟电压的有效值进行标定的，测量脉冲波的电压有效值误差很大，没有参考价值。为了测量脉冲波的有效值，在万用表中加入了一片数/模译码电路。这种万用表称为"真有效值万用表"，在表盘上标注真有效值"True Rms"英文字母，以示区别，如图 1-3 所示。

　　变频器如果报输出断相、电压不平衡，用万用表交流电压档测量变频器输出接线桩的三相输出线电压，是否断相或不平衡。如果电压断相，则为变频器逆变电路损坏。若 3 个电压不平衡，则可能是变频器逆变电路损坏，也可能是电动机绕组有问题。这时可以将万用表拨到直流电压档，再测量 3 个线电压，如果出现较大的直流量，则说明变频器逆变管有的不工作，如果没有直流量，则说明电动机绕组有问题。

　　若变频器出现过电流、过载报警，也可以通过钳形电流表测量三相电流来诊断。测量方法：测出 3 个相电流，和变

图 1-3　真有效值数字万用表

频器面板显示电流进行比较。

① 测出的电流和变频器显示的电流基本一致，说明变频器真的输出电流大，变频器真的过载。

② 如果测出的电流大大小于显示电流，说明是假过载，为变频器误报。

③ 测出的电流要进行修正，见表 1-1。

表 1-1　变频器输出电流比系数 k

给定频率/Hz	5	10	15	20	25	30	35	40	45	50
显示电流/A	21	21	21	20	20	20	20	20	20	20
测量电流/A	3.6	8.6	11.7	15.5	16.2	17.7	19.0	19.7	20.7	20.2
显示/测量（系数 k）	5.8	2.4	1.8	1.3	1.2	1.1	1.1	1.0	1.0	1.0

变频器三相输出电流可以用普通钳形电流表测量（因为变频器输出电流经过电动机感抗滤波，是连续的正弦电流），但是钳形电流表是按 50Hz 进行标定的，当频率低于 50Hz 时测出的电流明显变小。为了用钳形电流表测电流，可以通过系数修正，表 1-1 是变频器在不同频率下，显示电流和测出的电流之比，仅供参考。

4. 数字输入端子故障诊断与排除方法

数字输入端子如图 1-2 中数字控制端子 D。数字输入端子就是开关控制端子。端子闭合有效，打开无效，如图 1-4 所示。该端子可以用开关控制，也可以用高、低电平控制。该端子闭合时，用万用表直流电压档测量端子 D 和地 CM 之间的电压，电压值为 0V，当端子打开，D-CM 之间电压不为 0。根据这个特点，来判断端子有故障。端子开路电压范围在 5～24V 之间，有的变频器电压高一些，有的变频器电压低一些。数字端子在诊断时主要是以测量数字端子两端电压的"有"和"无"为依据。在图 1-4 中，端子有效时电压为 0，无效时为高电平。

图 1-4　数字端子有效电平

故障诊断：可以通过测量该端子两端的电压进行判断。

例如：变频器用数字输入端子控制变频器运行和停机，变频器工作中出现了偷停故障（没有报警停机）。

测量方法：出现故障时保持现场，用万用表直流电压档测量端子到地端电压值。如果电压为 0，说明端子是闭合的，运行信号已经传入，此时为变频器内部端子板故障。如果电压不为 0，而为端子的开路电压值，说明端子没有闭合，是外线开路，应检查外线。

端子损坏故障的排除：用空闲的数字端子替换，替换前改写参数。

5. 数字输出端子的故障诊断与排除方法

（1）端子分类

数字输出端子如图 1-2 中的继电器触点输出和开路晶体管输出（Y 端子）。继电器输出分为常开和常闭，开路晶体管一般为常开。检查该端子的好坏，可以将端子外接电路开路，用万用表低阻档（通断档）测量直流电阻。端子闭合时电阻接近于 0，打开时为 ∞。如果总是一个固定值，说明端子已经损坏。

图 1-5 是变频器外端子应用示意图，图中 Y1 继电器输出端子设为故障报警，当变频器出现故障，Y1 常开触点闭合，220V 交流电压加到电铃和灯泡上，电铃发声，灯泡发光。

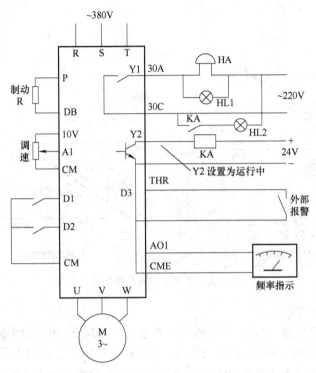

图 1-5　变频器外端子应用示意图

Y2 为开路晶体管输出，外加直流电，该端子设为运行中，当电动机一转动，该晶体管导通，24V 直流电加到 KA 继电器线圈上，KA 常开触点闭合，将 HL2 连接到 220V 电源上，灯泡发光，指示变频器正在运行。

（2）端子故障的诊断与排除

继电器输出就是一个实体开关，工作中就是通断，用万用表的电阻档测量。晶体管输出也可以用电阻档测量，测量时数字式万用表红表笔接端子、黑表笔接公共端，指针式万用表黑表笔接端子、红表笔接公共端。

故障判断：若为常开或常闭，说明坏了。

损坏端子的处理：用空闲的端子替换，但替换前要改写参数。

6. 模拟输入和输出端子的故障诊断与排除方法

这两类端子应用的都是模拟信号，模拟信号现在都已经标准化，变频器、PLC、继电保护装置等设备，只要应用到模拟信号，基本上都是标准信号。

（1）标准信号值

电压标准信号：$0 \sim \pm 10V$，$\pm 2 \sim \pm 10V$。

电流标准信号：$0 \sim \pm 20mA$，$\pm 4 \sim \pm 20mA$。

标准信号的意义：便于设备制造和使用，便于传感器的制造和选用。

（2）模拟输入端子

模拟输入端子一般作为变频器调速或反馈信号输入端子。该端子输入的控制信号和控制量之间是线性关系，如图 1-6a 所示。改变参数 P0760 ~ P0757，可以改变特性曲线的斜率或截距，使与输入信号相匹配。如果变频器工作中出现停机或速度变化等故障，可以用万用表进行测量。

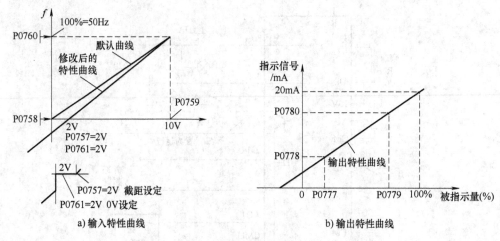

a) 输入特性曲线　　　　　　　　b) 输出特性曲线

图 1-6　变频器模拟输入和输出特性曲线

故障诊断与排除方法：

假如该端子用于调速，设置：0 ~ 10V 调速电压，对应 0 ~ 50Hz 的输出频率。当电压为 0V 时，输出频率为 0Hz；电压为 10V 时，输出频率为 50Hz。工作中出现不报警停机故障。

故障诊断：万用表拨到直流 10V 档，测量输入端到公共端之间的电压值，如为 0V，则为外线开路，检查外线。如为给定电压，则变频器内部端子板损坏。

排除方法：用空闲的端子替换，替换前应先改写参数。如没有空闲端子，则应更换端子板。

（3）模拟输出端子

工作时变频器通过该端子输出模拟信号。模拟输出端子其用途一是用于指示变频器工作状态的模拟量，二是用频率指示模拟信号对下一台变频器进行调速控制。

变频器模拟输出信号和被指示信号也是线性关系，如图 1-6b 所示。改变参数 P0780 ~ P0777，可以改变输出特性曲线的斜率或截距，使输出指示信号和表头以及上位机的显示系统相匹配。检查输出信号正确与否，同样可以通过万用表电流档或电压档进行测量。

故障诊断与排除方法：

假如该端子用于指示输出频率，设置：0 ~ 10V 指示电压，对应 0 ~ 50Hz 的输出频率。当电压为 0V 时，输出频率为 0Hz；电压为 10V 时，输出频率为 50Hz。工作中出现频率指示错误故障。

故障诊断：万用表拨到直流 10V 档，测量输入端到公共端之间的电压值。如果输出电压在 0 ~ 10V 之间变化，和变频器面板上的工作频率显示同步，但和变频器外接显示表头、上位机显示不同步，则故障在外围显示电路；如果 0 ~ 10V 电压固定在某一值，则说明变频器损坏。

排除方法：用空闲的端子替换，替换前应先改写参数。如没有空闲端子，则应更换端子板。

7. 通信端子的故障诊断与排除方法

通信端子就是图 1-2 中的 RS232、RS485 端子。

（1）RS485 通信端子

通信控制是智能设备之间传递数据信号的一种工作模式。PLC 将编制好的控制程序通过通信电缆传递到变频器，控制变频器工作；变频器也可以将工作信息回传到上位机。

通信电缆传递的信号频率很高，传递距离又要求很远，怎么办？根据法拉第电磁感应定律，电流的频率越高产生的自感感抗就越大，使电流不能远传。因为电流都是构成回路，有去必有回，把电流的去线和回线绞在一起，两线的电流大小相等方向相反，感抗被抵消，通信信号就可以远传了。将两根芯线绞在一起的电缆定义为 RS485 电缆，如图 1-7 所示，图 1-8 所示为电缆和 9 针接口。

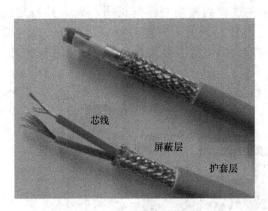

图 1-7　RS485 通信电缆

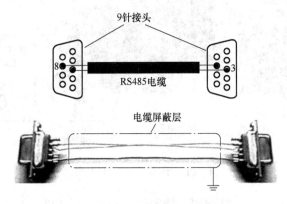

图 1-8　电缆和 9 针接口

（2）通信端子故障的排除

变频器在通信应用中，故障一般都为两端的接口接触不良、通信电缆出现电磁干扰及变频器通信端子接口板故障等，PLC 和变频器主体机故障较少。

故障诊断方法：当变频器通信工作中出现通信故障，首先要考虑以下因素：

1）工作环境是否多粉尘。如煤矿、木材加工厂和锅炉房等，大量的粉尘污染了电路板、端子接口，造成信号衰减或丢失。

2）工作环境是否潮湿、带有腐蚀性气体。潮湿和带有腐蚀性气体的工作环境会造成接口锈蚀，一旦接口出现松动，就会引起接触不良。

3）设备工作场合是否振动力较大。设备振动会造成接口松动，引起接触不良。

以上因素均影响设备的使用寿命，在检查时，结合万用表测量端子的直流电压、通信电缆的直流电阻进行判断。

1.2　PLC 与触摸屏

1.2.1　西门子 224 PLC 结构框图与端子应用

PLC 是由计算机控制的逻辑编程控制器（见图 1-9），研制之初是为了取代由继电器组成的逻辑控制电路，现在的 PLC 除了具有逻辑控制功能外，还有模拟信号处理功能，是在控制领域用途最广泛的智能控制设备。变频器的控制也离不开 PLC。

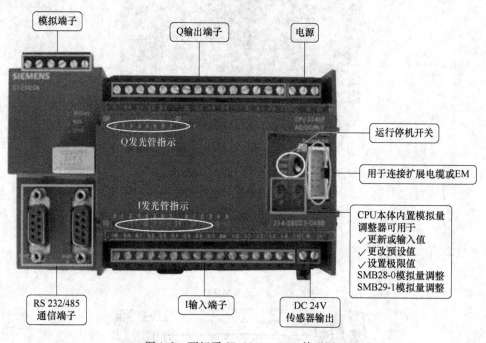

图 1-9　西门子 S7-224XP PLC 外形图

图 1-10 所示是 PLC 内部功能框图，框图中控制核心是 CPU，CPU 类似人的大脑，具有记忆、运算和逻辑控制功能。人们把 PLC 需要做的工作编写为用户程序，通过通信接口下载到 PLC 的用户存储器。现场设备通过开关（数字信号）、传感器（模拟信号）将输入信号通过输入部件进行处理，传到 CPU。CPU 根据输入指令（现场设备输入的开关、模拟信号）调用用户程序，将程序的运行结果通过输出部件输出。

作为现场维护工程师，关心的是输入、输出端子的工作状态和故障诊断。

1. 数字输入端子 I

图 1-11 是 PLC 的数字端子分布图，图中的 I 端子是数字输入端子，应用时外接开关。

开关闭合有效，打开无效。一般工作时该端子可连接行程开关、按钮开关、旋转开关、电子开关等。每个 I 端子对应一个发光二极管作为工作指示。不同品牌的 PLC 设备除了表示符号有区别，功能都一样。

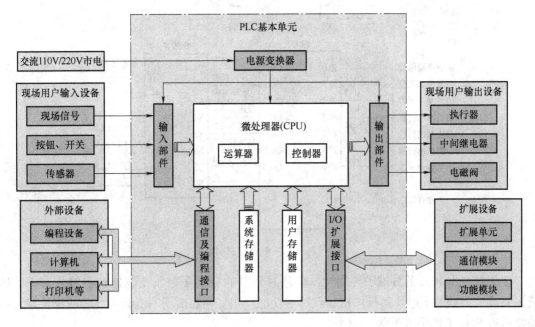

图 1-10　PLC 内部功能框图

I 端子是把外接实体输入信号放在 PLC 的 I 映像存储器中，要想改变 I 存储器的值，只能通过外接实体信号。大家注意：当 PLC 由触摸屏控制时，I 映像存储器不能用，因为该存储器只能接收实体信号。如果 PLC 由触摸屏控制，在编写 PLC 程序时要用 M 指令替换 I 指令。

I 端子故障诊断：观察端子对应的发光二极管，如果外端子闭合时对应的二极管不亮，可能是外端子闭合信号没有供给。用万用表电压档测量端子和公共端的直流电压值，有电压就是外端子没有闭合。

2. 数字输出端子 Q

Q 端子是 PLC 的输出端子，内部对应实体开关。实体开关有继电器型和晶闸管型，使用时根据需要选择。每个端子同样对应一个发光二极管作为工作指示。

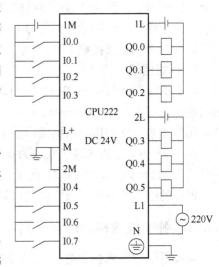

图 1-11　PLC 数字端子

图 1-12 为 PLC-变频器控制电路。变频器控制往复运行工作台，需要 7 段速控制，因为变频器数字输入端子有限，采用 3 个数字输入端子进行二进制组合控制。二进制组合通过 PLC 来完成，图中 Q0.3、Q0.4、Q0.5 为 PLC 的 3 个继电器输出端子，控制变频器的 S4、S5、S6 三个数字输入端子作为 7 段速切换。

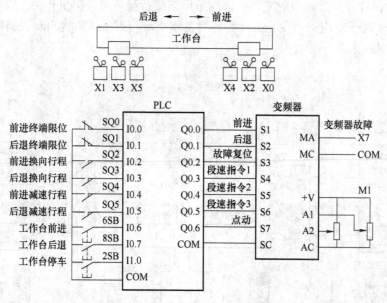

图 1-12　PLC-变频器控制电路

变频器在由 PLC 的外端子控制时，就是由 PLC 的 Q 端子控制变频器数字输入端子的通断，完成变频器的上电、运行停机、调速等功能。当变频器出现不能起动、无故停机时，首先要检查 PLC 工作是否正常。

检查 Q 端子：首先观察 Q 端子对应的指示发光二极管是否点亮，如果指示二极管点亮，Q 端子应该闭合。因为该端子连接的是变频器的数字端子，电压在 5 ~ 24V 之间。可用万用表的直流电压档进行测量。测量 Q 端子到公共端的电压值，如果电压为 0V，说明 Q 端子触点是好的，否则触点接触不良。

3. 模拟端子

图 1-13a 是西门子 S7-224XP PLC 模拟端子连接图。该机模拟量有 2 个输入端子，1 个输出端子。图 1-13 中 A + —M、B - —M 分别为两个输入端子；I—M 是电流输出端，V—M 是电压输出端。在使用时根据输出是电流还是电压加以选择。

图 1-13 中 2 个输入端子默认为 0 ~ 10V 输入电压，如果为 0 ~ 20mA 电流，在端子两端应并联 500Ω 电阻，如图 1-13b 所示。

PLC 的模拟端子在变频器中应用时，主要用于调速或 PID 控制。

1.2.2　触摸屏结构原理与应用

触摸屏是"图形操作终端"，是控制柜的延伸，把控制柜上的实体开关用虚拟开关来替代，控制柜上的实体表头用虚拟表头来替代。触摸屏是由计算机控制，内含 CPU，被触摸屏控制的电器也必须是智能电器，因为只有智能电器才有通信功能。

触摸屏是一种直观的操作设备。可以由用户在触摸屏的画面上设置提示信息、触摸式按键和用于输入数字的输入域，只要用手指触摸屏幕上的图形对象，下位机便会执行相应的操作。触摸屏已经是自动控制系统不可缺少的指令部件，替代了繁琐庞大的控制台。触摸屏在变频器控制系统中的作用如图 1-14 所示。

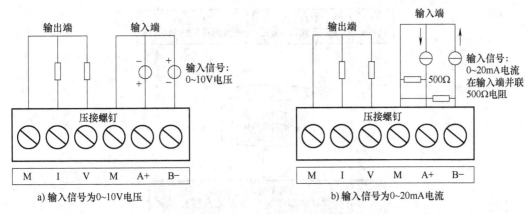

a) 输入信号为0~10V电压　　　　　　　b) 输入信号为0~20mA电流

图 1-13　模拟端子连接图

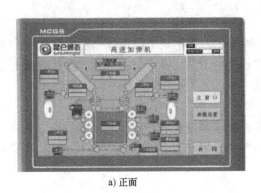
a) 正面

b) 背面

图 1-14　昆仑通态触摸屏

1. 触摸屏功能框图

触摸屏国外品牌有西门子、ABB、三菱、欧姆龙等，国产品牌有 MCGS（昆仑通态）、易控、显控、信捷等。图 1-14 是 MCGS 触摸屏的正面和背面，在背面，下载端口是将计算机中编制好的组态软件下载到触摸屏的专用接口，输出端口是连接 PLC 的专用通信端口，24V 电源端口外接 24V 开关电源。

2. MCGS 触摸屏组态软件

MCGS 触摸屏组态软件的框图如图 1-15 所示。图中实时数据库是整个软件的核心，从外部硬件采集的数据送到实时数据库，再由窗口来调用；通过用户窗口更改数据库的值，再由设备窗口输出到外部硬件。

用户窗口中的动画构件关联实时数据库中的数据对象，动画构件按照数据对象的值进行相应的变化，从而达到"动"起来的效果。

3. 动画组态

MCGS 组态软件提供丰富的图形库，而且几乎所有的构件都可以设置动画属性。移动、大小变化、闪烁等效果只要在属性对话框进行相应的设置即可。

在组态画面之前，建议先定好整个画面的风格及色调，以便于在组态时更好地设置其他构件的颜色，使画面更美观。

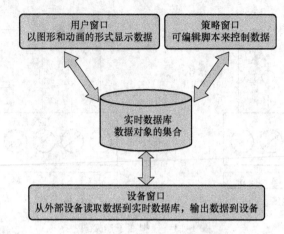

图 1-15　MCGS组态软件框图

（1）文字闪烁

闪烁就是按照一定的频率"有""无"的变化，就达到了闪烁效果。先建立一个文字标签，在标签的属性设置页设置填充颜色为"没有填充"，字符颜色任选，字体设置任选，选中"闪烁效果"。

（2）水平移动

移动是将一个固定的画面按照一定的步长和频率变化就产生了移动的效果。先在图库中选定一个需要移动的画面，然后在移动属性框中设置移动距离，在文本框中编写循环程序，画面就会出现循环移动效果。

（3）旋转

首先绘制 2 幅具有转动效果的图片，图片中需要转动的部分相差一定的角度（见图 1-16），然后用相机拍照生成电子图片格式并存在计算机中备用。

图 1-16　两幅图片扇叶的角度不同

在 MCGS 组态软件中调用该图片，在"动画显示构件"框中添加分段点，每个分段点可以添加 1 幅图片，2 个分段点可以添加 2 幅图片。在文本框中编写图片顺序闪动的程序，2 幅图片交替显示就出现旋转效果。为了给扇叶加一个外框，可以在扇叶周围填充固定外框画面，看起来只有扇叶在转动。

4. 按钮、指示灯连接

触摸屏在控制中按钮和指示灯是必不可少的，但是制作很容易。在组态工具库中有各种类型的按钮和指示灯的图案（见图 1-17，图 a 为指示灯，图 b 为按钮），将选中的图片拖到用户窗口，摆放到合适位置，然后进行地址连接。地址就是 PLC 指令地址。按钮连接到 PLC 的控制存储器地址，指示灯连接到 PLC 的输出存储器的地址。在 PLC 的地址存储器中，I 端子的存储器不能用，在 PLC 编程时，要把 I 存储器套改为 M 存储器。

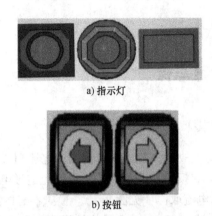

a) 指示灯

b) 按钮

图 1-17　指示灯和按钮图标

当因为触摸屏故障造成变频器不能工作时，首先表现在触摸屏的软按钮无效或指示灯不亮。如果触摸屏显示的变频器工作电流、电压等物理量不准确，首先要检查变频器输出的原始信号。

第 2 章　变频器过电流故障的维修

2.1　变频器过电流故障与保护

2.1.1　变频器过电流的原因

变频器因为负载重或电动机故障，造成变频器输出电流超过了变频器的容限电流，严重时会损坏变频器的逆变模块。变频器为了保护逆变电路免遭过电流损坏，在三相输出相线上安装了 3 个电流检测器，作为电流取样（见图 2-1）。检测器有的用取样电阻（如西门子小型变频器），有的用霍尔器件（见图 2-2）。霍尔器件是间接检测，形同电流互感器，图 2-3b 是霍尔器件工作原理图，图 2-3a 是其结构示意图，相线从霍尔器件铁心（铁氧体）的孔中穿过，铁心的开口中安装霍尔芯片，霍尔芯片在四面引出 4 条引线，两条通入恒定直流电流，两条作为信号输出。当相线中有电流时，在磁路中产生磁通，磁通穿过霍尔芯片时，使霍尔芯片中的电流在洛伦兹力作用下发生偏转，偏转的电流在霍尔芯片的两个侧面形成电荷堆积，产生电场。该电场的大小和相线电流成正比，将该电场用导线引出，作为相线电流的检测输出信号。

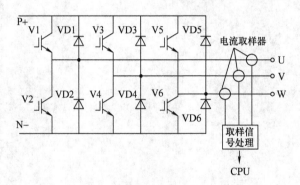

图 2-1　电流取样电路

通过霍尔器件检测出的输出信号，经过取样信号处理电路处理，传到变频器的 CPU，CPU 的存储器中存储着过电流的标准值，将电流取样信号和标准电流值进行比较，当超出了过电流标准值，变频器过电流跳闸，做出保护判断。该电流检测信号一般的用途有：

过电流保护：电流超过了变频器的过电流标准值，变频器报警、跳闸；

过载保护：电流超过了变频器的过载值，先报警，延迟一定时间后跳闸；

接地保护：变频器出现了接地电流，当达到一定值时，报接地跳闸；

限流保护：变频器达到了设定的限流值，控制变频器的频率不再上升，将电流控制在设定的范围内。

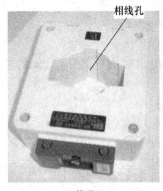

相线孔

霍尔器件

a) 外形　　　　　　　　　b) 在变频器上的安装

图 2-2　霍尔器件外形

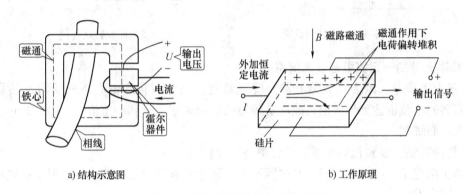

a) 结构示意图　　　　　　　　　b) 工作原理

图 2-3　霍尔器件结构与工作原理

根据以上分析，变频器出现过电流、过载、接地、限流等报警，都是该检测电路检测三相输出电流的结果。

变频器出现过电流故障跳闸停机，显示"OC"或其他故障代码。我们要根据故障代码，查使用说明书，根据说明书的说明，进行故障排除。

变频器出现过电流跳闸，一般原因为变频器负载重，变频器容量选择较小，输出电缆、电动机出现了短路故障等。

2.1.2　变频器起动过电流跳闸

1. 负载惯性大引起过电流跳闸

因为负载的惯性较大，变频器的加速时间设置得较短，电动机的转速跟不上变频器的输出频率，造成 Δn 增大，过电流跳闸。

1）起动现象。该种跳闸的现象是变频器的输出频率可以上升到额定 Δn 以上，随后就发生过电流跳闸。

2）解决方法。增加变频器的加速时间，如图 2-4 所示，将加速时间由 $t_{加}$ 延长为 $t'_{加}$。

2. 负载重引起过电流跳闸

1）起动现象。在起动时，当变频器的输出频率上升到电动机的额定 Δn 时，电动机转

子有额定转矩 T_L，如此时电动机的负载重，电动机不能转动，则

$$\Delta n \uparrow \rightarrow T_L \uparrow \rightarrow I_1 \uparrow \rightarrow I_1 \geq I_M$$

式中，I_1 是电动机的定子电流；I_M 是变频器的过电流保护值。

负载惯性大和负载重引起起动过电流都有一个输出频率从 0 上升到 Δn 的过程，这是起动过电流和负载短路过电流的区别。

2）排除方法。设置低频转矩提升，如图 2-5 所示。

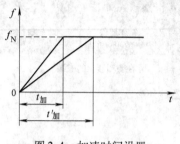

图 2-4　加速时间设置

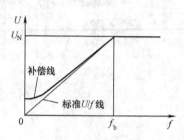

图 2-5　低频转矩补偿

3. 频率上升到一定值引起过电流跳闸

1）过电流现象。因为负载偏心和有降速装置，当负载转到偏心造成的附加转矩最大时，变频器的电流也达到最大值，此时变频器的输出频率上升到一定值，因电流超过了变频器过电流值而跳闸。

2）解决方法。设置低频转矩补偿，提高起动转矩。

电动机出现了匝间轻微短路也会在频率上升到十几赫兹时过电流跳闸，但这种跳闸因为不是在调试中发生的，所以比较好区别。

4. 起动过电流跳闸和其他跳闸的区别

起动过电流跳闸一般发生在变频器安装完毕，初始调试的过程中。当变频器进入正常工作状态，起动过电流跳闸现象不会再发生。如果在日后出现了起动过电流跳闸现象，就要格外加以关注，因为负载短路也会造成起动过电流跳闸，负载短路会烧变频器模块。起动过电流跳闸变频器的输出频率有一个从 0 上升到 Δn 的过程，而负载短路跳闸起动变频器就跳，这是区分起动过电流跳闸和短路跳闸的界线。在没有弄清跳闸原因之前千万不能复位试机。

2.1.3　冲击性负载引起过电流跳闸

1. 故障原因

负载不稳定，忽大忽小，即冲击性负载。当负载大于变频器的最大过电流值时，变频器发生过电流跳闸。

2. 故障处理

1）偶尔过电流跳闸。因为冲击性负载，造成变频器偶尔过电流跳闸，如果对工作没有太大影响，可以复位继续应用。如果任何跳闸都会对工作造成重大影响，就要考虑更换变频器。

2）变频器过电流跳闸较频繁，电动机的转速又较低时，可以考虑增加一级减速器，利用提高转速的方法减小电动机电流。如果没法增加减速器，就要考虑更换高一级功率档次的

变频器。该种跳闸的根源是变频器的容量选得小，满足不了冲击性负载的要求，如图 2-6 所示。

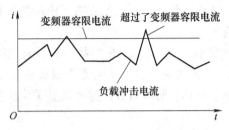

图 2-6　负载冲击电流超过变频器容限电流

3）如果是人工喂料负载，应控制喂料量，减小电动机的工作电流。如轧钢机、提升机、矿井绞车、搅拌机、输送带等。

2.1.4　变频器参数设置不当或失控造成过电流跳闸

1. 过电流原因

变频器参数设置不合理，如频率控制特性曲线的"正向频率偏置"设置得较大造成过电流跳闸；变频器 PID 控制反馈信号丢失，速度突然上升造成过电流跳闸；PID 参数设置不合适，电动机加速时造成过电流跳闸；矢量控制中因电动机参数预置或自扫描（变频器工作中进行的自扫描）不正确造成过电流跳闸；矢量控制 PI 参数设置不合适，提速太快引起过电流跳闸；PG 编码器损坏，造成变频器过电流跳闸等。

2. 解决方法

一般参数设置不合理引起的过电流跳闸多发生在变频器的初始调试或修改参数时，当变频器进入正常工作后，这一类跳闸较少发生。当变频器一向工作正常，某日出现过电流跳闸，除了应检查负载外，还要检查变频器的反馈环节以及传感器、PG 编码器是否正常，有故障要进行更换。

2.1.5　负载不正常造成过电流跳闸

1. 过电流原因

抱闸系统的松闸抱闸时间选择不合适，会造成变频器过电流跳闸；负载发生变化，机械系统卡住，管道堵塞，风道突然落尘等会造成过电流跳闸。

2. 解决方法

抱闸系统过电流跳闸一般在系统投入工作时就会发生，是松闸抱闸时间延迟造成的。可按电动机的额定转速差计算松闸抱闸时间，也可设置变频器的限流参数，将限流参数的限流值设置在允许的范围内。

负载故障具有突发性，即负载一向工作正常，只是当出现了故障才表现为变频器过电流跳闸。要排除机械故障，疏通风道，更换老化管道等加以解决。

2.1.6　外电路短路造成过电流跳闸

1. 故障原因

电动机绕组短路、接线短路、接线端子短路等引起的过电流，是最危险的一种过电流故障。该过电流故障的特征是：不存在 Δn 的上升时间，变频器运行立即过电流跳闸。

2. 过电流物理现象分析

因为电动机已经短路，变频器驱动的负载就没有了电动机的特性，不存在电动机的频率上升时间，即运行就过电流。

短路过电流时电流的陡度 di/dt 很大，而开关器件的导通规律是一点先导通，逐渐向整个导通面扩大（见图 2-7）。因突然很大的短路电流会造成热量集中，在保护电路还来不及保护时导通点就已经过热击穿损坏。所以负载短路造成开关模块损坏的概率非常高。

3. 负载短路的预防

电动机短路故障多出现在应用时间较长的旧电动机及工作环境比较潮湿的场合。电缆短路多出现在经常移动的场合，防护层出现硬伤使绝缘程度下降而进水氧化等。接线端子短路多出现在工作环境恶劣、多金属粉尘、金属切削的场合。所以在这些环境中要经常对强电环节进行维护。

因为负载短路具有突发性，当变频器一向工作良好，突然报过电流跳闸，要警惕是否由负载短路造成的，不要轻易复位重试，要查清情况，防止盲目复位重试损坏变频器。

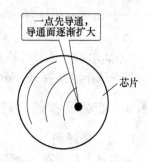

图 2-7　开关芯片导通规律

2.1.7　变频器内部电路器件损坏造成过电流跳闸

1. 驱动信号畸变造成变频器输出过电流跳闸

变频器的驱动信号畸变，使输出脉冲宽度发生变化，造成输出电流增大而跳闸。其特点为：变频器过电流跳闸后能复位，复位后可重新起动。

该现象多出现在工作时间较长的旧变频器中，一般是因为驱动电路中的电解电容器失效造成的。解决方法是更换驱动电路中的电解电容器。

2. 模块损坏造成过电流

特征为：一上电就跳闸，一般不能复位。主要原因是模块损坏、驱动电路损坏、电流检测电路损坏。电流检测电路损坏变频器并不是实质性的过电流。变频器内部损坏一般不能复位，这是和外部损坏的根本区别。

2.2　变频器电路故障案例

案例 1　西门子 M430 变频器频率上升到 16Hz 时过电流

故障现象： 某水务局一台 45kW 西门子 430 变频器，拖动一台 45kW 水泵电动机，当变频器开机时，输出频率上升到 16Hz 时，变频器过电流跳闸。复位后重新起动，仍然在 16Hz 时发生过电流跳闸。

故障分析： 该泵为离心水泵，没有冲击现象，离心水泵的负载特性如图 2-8 所示，从特性曲线分析，当频率在 16Hz 时，变频器的电流很小，远远小于额定值，不会造成过电流跳闸。但叶轮卡住使电动机堵转，电流会变得很大。如是叶轮卡住，频率上升不到 16Hz 就会跳闸，所以过电流跳闸另有原因。电动机绕组短路的可能性最大。

故障处理： 断开电动机，变频器空载运行正常（该变频器可以空载运行），再接入电动机，仍然在 16Hz 左右出现过电流跳闸。换一台电动机，运行正常，说明过电流是电动机故障。将电动机分解，发现电动机绕组有短路现象。

结论：水泵在频率较低的情况下出现过电流跳闸，主要原因一是电动机堵转，二是电动机绕组短路。

案例 2　施耐德变频器电动机短路引起变频器过电流跳闸

故障现象：一金属加工企业变频器改造项目，用一台 75kW 施耐德变频器拖动一台 75kW 电动机。变频器起动过程中跳 "OCF"，不能工作。

故障分析：该机负载为机械传动，且为恒转矩特性，如图 2-9 所示，工作频率在任何值都有过载的可能。首先盘车没有卡住现象，过电流不是由负载引起，只有电缆短路、电动机绕组短路的可能。电动机为旧电动机，绕组短路的可能性大。

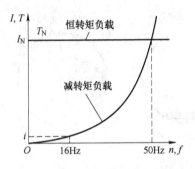

图 2-8　离心水泵负载特性曲线

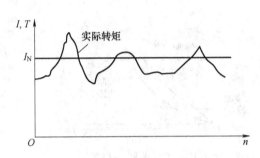

图 2-9　恒转矩负载特性

故障处理：将电动机接线断开，重新起动，变频器工作正常。测量电动机绕组电阻，没有短路现象。后将电动机又接回变频器，仍然跳 "OCF"。

将电动机分解，发现电动机绕组有短路烧痕，判断为电动机匝间短路。因为电动机为工作多年的旧电动机，绝缘程度大大下降，变频器的输出波形又为 PWM 波，造成电动机匝间局部短路。重新换一台电动机，故障排除。

结论：因为测量电动机绕组用的是万用表，万用表一是内部的供电电压只有 1.5V，太低，二是电阻的最小分辨率为 1Ω，而该电动机的正常绕组电阻小于 1Ω，所以用万用表是测不出来的。一般测量电动机的直流电阻要用交流电桥。

在设备改造时，要注意旧电动机的绝缘性能是否下降，如不能适应变频器的要求，就要选用变频器专用电动机或新的电动机。

案例 3　富士变频器起动引起过电流跳闸

故障现象：料浆泵选用富士 FRN90P9S-4CE 变频器，额定电流为 176A；配用 90kW 电动机，额定电流为 164A。在系统调试过程中，频率上升到 12Hz 时电动机堵转，随后变频器发生过电流跳闸。复位后重新起动，故障依旧。

故障分析：因为是新安装的系统，设备损坏的可能性很小。检查设定参数，变频器转矩提升保持为出厂设定值 0.1，0.1 表示转矩提升功能设置为减转矩特性。由于该系统工艺流程的影响，出口存有初始阻力，当变频器输出频率上升到 12Hz 时，初始阻力最大，造成电动机堵转引起过电流跳闸。

故障处理：该变频器是风机水泵专用变频器，其 U/f 线有二次方减转矩特性，如

图 2-10 所示。该变频器具有转矩自动提升功能，它根据变频器的实际输出转矩，自动提升补偿，将转矩提升码改为 0.0，选择转矩自动提升模式，电动机起动正常。

结论： 减转矩特性是风机水泵的专用特性，目的主要是为了节能。但因为起动转矩小，在一些特殊场合，要根据实际情况进行转矩提升。

案例 4　AB 公司 1336SB250HP 变频器补偿不当起动过电流跳闸

故障现象： 某水泥回转窑配用 Y315L2-8、110kW 电动机，选用美国 AB 公司 1336S-B250HP 变频器驱动。空载试车时起动运转正常，但下料后再起动时，频率上升到 10Hz 左右，电动机堵转造成变频器过电流保护跳闸，过电流值高达 530A。

故障分析： 水泥回转窑带物料起动时，因物料的偏转角随着旋转窑的转动逐渐增大（见图 2-11），当物料的重力造成的附加阻转矩达到一定值时，使变频器过电流跳闸。

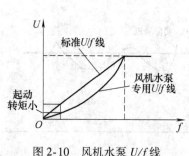

图 2-10　风机水泵 U/f 线

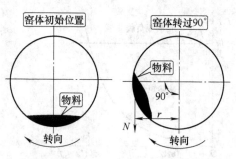

图 2-11　旋转窑的阻转矩

故障处理： 调整变频器 U/f 线，当 f 为 37Hz 时 U 为 380V，起动成功。但完成起动后变频器进入恒功率运行，因电动机磁通过大导致电动机铁心饱和发热，20Hz 时电流高达 380A，无功电流约占 80%。

实际过电流是在 10Hz 左右，因此，只要在 1/3 基频以下的低速区间设置足够的转矩提升，在其他频率段基本保持恒转矩下 U/f 曲线的斜率，是能够完成回转窑调速控制的，也就是应该设置低频转矩补偿。通过反复调整低频转矩提升参数，回转窑起动成功（新设置的转矩补偿线见图 2-12）。

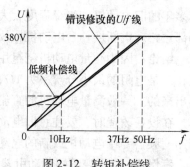

图 2-12　转矩补偿线

结论： 进行转矩补偿就是修改变频器的基本 U/f 线。基本 U/f 线是按电动机的最佳工作状态设置的，理论上一般不做改动。低频转矩补偿线实际上是电动机的临时工作线，电动机起动之后，是不工作在补偿线上的。如果修改了电动机工作点处的 U/f 线，特别是向提升的方向修改，那么电动机工作中就会出现过热、过电流等不正常现象。该设备应选用矢量变频器。

案例 5　变频器起动电动机抖动报过电流

故障现象： 一台日本松下电工 BFV7037FP（3.7kW）变频器，拖动 3.7kW 电动机。安装完毕通电试机。按下起动按钮，操作面板显示屏显示的频率由低向高变化，可是电动机却不转，只是在不停地颤抖，同时伴随着很大的噪声，并显示过载。

故障分析： 根据现象判断，一是外电路有问题，二是参数设置有问题（因变频器是新机不会有硬件问题）。停机检查主电路与控制电路，将接线端子重新连接旋紧，开机再试，仍不能运转。

按操作面板上的功能键"SET"，把显示屏切换到显示输出电流，再次起动电动机，显示过载。检查电动机的传动带松紧适度，用手盘动带轮也不觉得沉重，这时才考虑到变频器的功能参数是否设置不当。

故障处理： 该变频器有 71 种功能码，与电动机起动有关的参数为"加速时间"和"转矩提升水平"。如果这两个参数的设置与电动机的负载特性不匹配，就会造成电动机无法起动。加速时间设置过短、转矩提升水平设置过大，都可能引起变频器电流过大。按变频器"MODE"键进入功能设定模式，将 P01 = 2s（第一加速时间）修改为 P01 = 6s；P05 = 20（转矩提升水平）修改为 P05 = 8。设置完毕，将显示屏设为主显示方式。按下起动按钮，电动机起动，运行正常，输出电流显示在 4.8A 左右。

结论： 该变频器故障是加速时间设置太短和转矩提升水平选得太大（P05 = 20 是该变频器的最大转矩补偿）造成的。转矩提升具有两重性，当变频器的转矩不足，电动机无法起动时，适当进行转矩提升，可以使电动机正常起动；如果补偿过头，造成电动机过大的无功电流，因无功电流形不成转矩，电动机抖动不转，则变频器因电流过大报过电流。

案例 6　变频器功率容量选得小，引起工作过电流

故障现象： 有一回转窑改造项目，原用 55kW 电动机驱动，因回转窑烧结温度较高，热膨胀系数较大，窑体变形严重，使起动及工作电流增大，电动机经常堵转不能正常运转。改造时考虑到原电动机的功率不足，选择 90kW、6 极电动机，选择惠丰 HF-G7-90T3 型 90kW 通用变频器，该变频器额定电流为 180A。在试车运行中频繁跳"OC"过电流，过电流值高达 330A，使生产不能正常进行。

故障分析和处理： 根据电动机经常堵转，其瞬时功率已经大于 110kW（因电动机的过载能力为 2 倍），即选择 90kW 变频器容量不够。后通过论证，应选择 160kW 变频器，该变频器额定电流为 320A，过载能力为 1.5 ~ 1.8 倍，过载极限电流为 480 ~ 570A。更换变频器后工作正常，再没有出现过电流跳闸现象。

总结： 该案例最后选择变频器的额定容量电流等于电动机的最大过电流值，即 320A ≈ 330A。该设备是摩擦性负载，这类负载可以根据经验公式：变频器容量是电动机容量的 1.5 ~ 2 倍的范围内选取。

在要求长期工作而不跳闸的场合，变频器的容量应按最大负载瞬时电流选取，以保证变频器长期稳定工作；变频器工作中偶尔跳闸对生产影响不大的场合，其容量可以按变频器的过载极限电流等于电动机的瞬时最大电流选取。

案例 7　电缆太长造成变频器报过电流

故障现象： 一台 110kW 富士水泵专用变频器，拖动一台 110kW 水泵电动机，泵房距离变频器 200m，变频器和电动机采用三相屏蔽电缆连接。工作中变频器经常报过电流跳闸。

故障分析： 检查变频器的显示电流，超过了电动机的额定电流，检查电动机的温升，在正常范围之内。怀疑是电缆太长，其分布电容产生的漏电流所致。电缆电路如图 2-13a 所示，在 3 条相线中，互相存在分布电容，该电容的大小和电缆的长度成正比。因为变频器输出的是 PWM 波，频率在 3kHz 以上，使分布电容的容抗减小，分布电容的电流和频率的关系为

$$X_{\mathrm{C}} = \frac{1}{2\pi f C}, \quad I_{\mathrm{C}} = \frac{U_{\mathrm{C}}}{X_{\mathrm{C}}} \tag{2-1}$$

由式（2-1）可见，降低电源的频率和减小电容的电容量，都可以减小相线之间的漏电流。

为了确定是否电缆中出现了漏电流，将电动机拆掉，空载试电缆，变频器显示很大的输出电流，看来电缆中确实具有较大的漏电流。

故障处理： 因为电动机和变频器之间的距离不能改变，也就是电缆的分布电容不能改变。在变频器的输出端增加了一台交流电抗器（见图 2-13b），滤除了 PWM 高次谐波，使相线电流变为工频电流，变频器过电流跳闸现象消失。

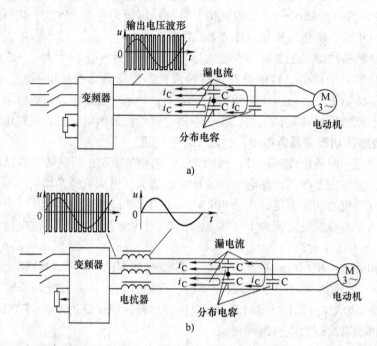

图 2-13　分布电容造成的漏电流

案例 8　富士变频器参数设置不当造成变频器起动过电流

故障现象： 一台富士 FR5000G11S、11kW 变频器拖动一台 Y2-132S-6、7.5kW 电动机，投入运行时，频繁出现过电流跳闸，显示"OC"。经测定该电动机的堵转电流达到 50A。

故障检查： 因为是新安装的系统，变频器、电动机损坏的可能性很小。现场检查机械部分是否卡死，发现盘车轻松，无堵转现象；检查电缆及电动机，也无短路故障。参考变频器使用说明书，检查变频器的设置参数。经检查，变频器的频率控制特性曲线设置为频率正向偏置 3Hz。

该电动机为 6 极，额定转速为 970r/min，转速差为 30r/min，转差频率为 1.5Hz。变频器的频率偏置是转差频率的 2 倍（3Hz/1.5Hz = 2）。

因电动机的定子电流和变频器的转速差成正比，当电动机突然加上两倍的额定转速差时，定子电流也为额定电流的两倍，电动机的转子还没来得及转动，变频器已造成过电流跳闸。

　　故障处理：如图 2-14 所示，将频率控制特性曲线原设定的 3Hz 正向偏置修改为出厂设置，故障排除。

　　总结：参数设置不合理也可以造成变频器过电流。这就提示我们，在调整变频器时，如果出现了过电流现象，因设备都是新的，自身故障可能性很小，除了检查电动机等外负载，还要检查一下变频器的参数设置。

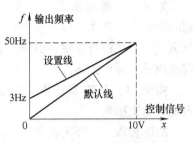

图 2-14　频率控制特性线

案例 9　ABB ACS800 变频器工作中过电流跳闸

　　故障现象：某钢厂采用 ABB ACS800/220kW 变频器，驱动一台 160kW、4 极电动机，用于一小型轧机。变频器采用矢量控制，用数字旋转编码器组成速度闭环。有一天开机起动就出现过电流跳闸。

　　故障检查：该机起动就报过电流，因为轧钢还没有开始，过电流和负载无关。原因在电动机。查看变频器输出显示电流超过 400A。

　　该机采用矢量闭环控制，通过编码器检测电动机的输出转速，编码器安装在电动机的后轴上，与电动机同速转动，将转速信号通过电缆回传到变频器，进行速度转矩控制。编码器连接如图 2-15 所示。当编码器损坏，没有了速度反馈信号，变频器输出电流会大幅度上升，引起过电流跳闸。通过外观观察，编码器损坏。

图 2-15　编码器与电动机的连接

　　故障处理：更换一只新的同型号的旋转编码器，过电流故障排除。

　　总结：当旋转编码器损坏出现反馈脉冲丢失现象时，脉冲反馈到变频器的比较器，反馈脉冲低于目标给定脉冲，比较器输出正的误差信号，变频器输出电流增大，使电动机提速，其结果是变频器过电流跳闸。这也是一条经验：变频器矢量闭环应用，旋转编码器损坏会造成变频器过电流跳闸。

案例 10　丹佛斯 VLTFC360 变频器开机起动炸模块

　　故障现象：一台丹佛斯 VLTFC360-37kW 变频器，驱动水泵工作。该机为新安装变频器，刚使用两个月，一天早晨刚一起动就出现放电声音，随后出现焦煳味，变频器停机黑屏，已经烧毁。

　　故障分析：新变频器，工作状态良好，三相输入电压正常，为什么早晨一起动就瞬间被烧毁呢？该变频器在北方应用，冬天晚上室外气温已经降到零下 20℃，车间因为晚上不工作，温度较低，早晨上班时室内温度快速上升，变频器的模块出现温差结露，通电时因为结露短路，造成模块电极对地放电损坏。图 2-16 是丹佛斯变频器结构图，后背金属散热器因为结露，使模块和散热器失去绝缘而放电击穿。

结论：结露现象是电子电器在应用中需要注意的问题。在北方的冬季，设备从室外进到室内，不要马上通电试机，要等到设备和室内温度平衡后再通电开机，防止结露造成设备器件损坏。

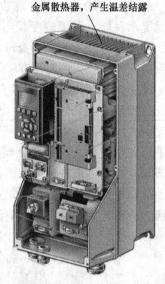

金属散热器，产生温差结露

案例 11　开诚 220kW 防爆变频器在矿井绞车应用中出现过电流跳闸

故障现象：某煤矿矿井绞车，选用唐山开诚 220kW 防爆变频器驱动一台 185kW 电动机，用于牵引斜井煤车运煤。绞车安装后只正常使用了 16 天，在煤车上行时变频器报短路故障（过电流）。

故障检查：检查电动机负载正常（装煤量），用 1500型绝缘电阻表分别检测电动机的三相对地绝缘电阻，均为 200MΩ 以上。将电动机去掉（保留电缆），变频器运行正常，说明变频器和输出电缆均正常。将电动机重新接上，变频器还是报过电流故障。后用该变频器给另一台 20m 处

图 2-16　丹佛斯变频器结构图

的 JD-40K 绞车电动机通电试验，正反转及加减速都正常，说明变频器确实是好的。

故障处理：更换 185kW 三相防爆电机，系统运行正常。原电动机用绝缘电阻表检查没有问题，原来是相间出现了短路故障。更换电动机至今系统正常工作无任何异常。

案例 12　艾默生 TD3100 变频器闭环矢量控制电流异常

故障现象：艾默生 TD3100 变频器，驱动 7.5kW 电动机，作为电梯曳引机。电动机额定电压为 380V，额定电流为 15.4A，额定转速为 1440r/min，额定频率为 50Hz。变频器在开环方式下运行正常，闭环矢量方式运行时电流异常偏大。用户测量 PG 旋转编码器电压为 6 V（正常值为 12V），怀疑是 PG 旋转编码器或者接口板故障（连接电路见图 2-17）。

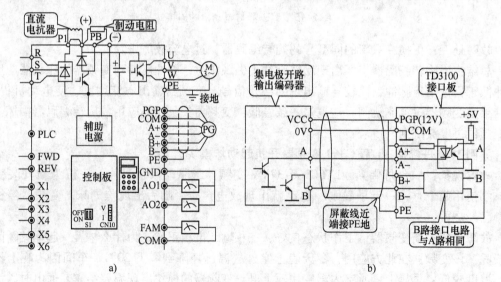

图 2-17　旋转编码器连接

故障检查:

1) 检查接口板。在接入 PG 旋转编码器后, 首先检查接口板, 检查电压和输入阻抗均正常。原来是用户万用表有问题, 误认为接口板被烧。

2) 检查是否自调谐 (艾默生变频器称自扫描为自调谐)。据用户讲, 变频器已经进行过自调谐, 且变频器显示调谐结束。检查电动机参数输入正确 (按电动机铭牌输入)。由于已经连接电梯设备, 暂未重新调谐。

3) 再次怀疑 PG 旋转编码器有问题。检查 F1.00 (PG 脉冲数) 输入正确。检查 PG 旋转编码器接线正确, 布线较规范, PG 旋转编码器连接良好。用示波器观察 PG 旋转编码器输出脉冲, 方波较好, 幅值正常。

4) 再次怀疑调谐有误。卸下电动机负载后重新调谐, 变频器运行正常。

结论: 变频器矢量控制时, 实际上就是控制电动机的转矩公式 $T = k_m \phi_m I_2 \cos\varphi_2$ 中的 $\cos\varphi_2$ 为常数。$\cos\varphi_2$ 为常数, T 就只与 I_2 成正比, I_2 电流就 100% 地转换为转矩。变频器只有准确地知道电动机的动态电阻和动态感抗, 才能进行正确的矢量控制。动态电阻和动态感抗只有通过自调谐才能得到。不同品牌的变频器, 自调谐的方式不同, 有的必须电动机空载进行, 有的变频器静止自调谐, 使用时要看说明书。

案例 13　ABB 变频器因电动机短路导致过电流爆机

案例现象: ABB 的 55kW 变频器, 拖动一台 55kW 电动机。安装后一个月在工作中突然变频器开关模块爆裂, 变频器报过电流故障。

故障诊断: 模块爆裂有两种情况, 一种是电动机短路, 造成变频器过电流; 另一种是变频器内部驱动电路等故障造成变频器模块损坏。在检查变频器的同时, 用交流电桥测量电动机的绕组参数, 没发现电动机有短路情况, 即判断变频器为内部原因损坏。

故障处理: 换一台新的 55kW 变频器, 一运行变频器又报过电流故障, 再次检查电动机的绕组电阻及接地电阻, 仍没有发现问题。将电动机分解, 发现有一转子风叶刮扫定子的其中一个绕组 (见图 2-18), 当转子转一周时刮扫一次, 刮扫时发生短路, 造成变频器过电流。

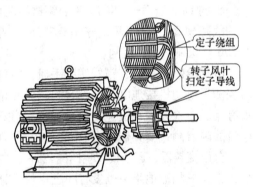
图 2-18　电动机风叶刮扫定子

总结: 该例是在进行变频器改造时应用了多年的旧电动机, 变频器工作中对电动机的绝缘高一个等级, 旧电动机特别容易击穿损坏变频器。

案例 14　电动机绝缘性能下降导致短路引起变频器过电流跳闸

故障现象: 一企业技术改造项目, 用一台 55kW 变频器拖动一台 55kW 电动机。电动机工作了多年, 绕组的绝缘已经老化。系统改造完后, 工作没多久就出现变频器起动过电流跳闸现象。

故障检查: 根据变频器跳 "OC" 现象分析, 因为电动机起动时不带负载 (空载起动), 变频器又正常应用了一段时间, 不像是正常的起动过电流, 怀疑电动机有问题。将电动机接线断开, 重新起动, 变频器工作正常。

测量电动机绕组电阻, 没有短路现象。后将电动机又接回变频器, 仍然跳 "OC"。判断故障出在电动机。将电动机分解，发现电动机绕组有短路烧痕，电动机匝间短路。

故障处理：因为电动机为工作多年的旧电动机，绝缘性能大大下降，变频器的输出波形又为 PWM 波，对电动机的绝缘有更高的要求，故造成了电动机匝间局部短路。重新换一台新电动机，故障排除。

总结：功率较大的电动机因为匝间电阻很小，如有几匝出现短路，用普通的电阻表是测不出来的。必须用交流电桥进行测量。

在设备改造时，要注意旧电动机的绝缘情况，如绝缘电阻不能适应变频器的要求，就要采用变频器专用电动机或新电动机，否则会因小失大。

案例 15　变频器驱动电路老化引起工作中过电流

故障现象：一台 1.5kW 变频器工作时报"OCU"（过电流）故障。

故障检查：将连接电动机的电缆断开，变频器工作正常。更换一台新的电动机，还是报过电流故障。开始认为是变频器内部电流检测保护电路有问题，对电流保护检测电路进行全面的测量，没有发现不正常的现象。

奇怪的是这个故障可以复位。根据以往的维修经验，在修理旧变频器时，都将驱动电路的滤波电容器（一般是贴片电容器）全部更换，因为这些电容器容易老化。是否这台变频器也是驱动电路的滤波电容器老化造成的过电流呢？试着将该变频器的滤波电容器全部更换，上电后变频器运行正常。

结论：变频器工作时，每个桥臂上下开关管都是互补的，即一个导通，另一个必须驱动信号的滤波电容变化引起信号变宽，造成上下桥臂电流直通。笔者曾经维修过一台台达变频器，模块损坏，更换后模块空载发烫，示波器测量直流母线电压，有一系列尖峰，判断开关管直通。因维修驱动电路太麻烦，故在直流母线上串联上一个空心电感，问题得到解决。

案例 16　西门子 6SE7018 变频器检测电路误报过电流

故障现象：一台西门子 6SE7018 变频器，变频器通电后显示正常，当起动时显示"F026"变频器保护跳闸。

故障诊断：查看变频器使用手册，"F026"为输出过电流或变频器对地漏电。用绝缘电阻表测量电动机接地电阻，没有问题，测量电动机的绕组阻抗，三相绕组平衡，说明电动机没有问题。检查电动机拖动负载，无卡住现象；电动机空载运行，变频器仍报"F026"过电流故障。测量变频器输出电流，正常，判断问题出在变频器内部。

分解变频器，逐个检查主回路器件，并加电测试，没有发现问题。检查驱动电路和 IGBT 也正常，三相对地绝缘也没有问题。最后怀疑问题出在检测电路，是检测电路工作不正常出现的误报。

将输出三相电流的 3 个检测霍尔器件全部更换，故障依旧。测量供 3 个霍尔器件的 ±15V 电源电压，也正常。进一步检查检测信号放大电路，该放大电路由 TL084 运算放大器组成，发现一个回路输出不正常，检查外围元器件没有发现问题，只能是 TL084 运算放大器自身损坏。

故障处理：更换一只新的 TL084 运算放大器，变频器恢复正常。

结论：变频器出现了过电流报警，首先检查变频器的输出电流是否过大。方法也简单，将电动机断开，如果变频器还报过电流，这一般就是误报了。如果是应用中的变频器，出现误报一般是变频器问题；如果是新安装的变频器，要检查外端子、参数设置是否有误。

案例 17　变频器频率上升到 30Hz 左右时过电流跳闸

故障现象：一台 75kW 变频器，驱动一台 55kW 电动机，用于机械加工系统。系统工作了几年没有出现过问题。近期变频器频率上升到 30Hz 左右，就出现过电流跳闸现象。

故障分析：检查电动机负载，传动平稳，没有卡住现象；测量电动机绕组，没有对地和相间短路现象。起动变频器，观察电动机运行情况，发现电动机随着转速的上升，声音变得有些异常，可听出是电动机扫膛的声音。将电动机分解检查，发现电动机确实扫膛，其原因是轴承断裂。

结论：该现象是因为电动机轴承损坏造成电动机扫膛，使定子电流增大，变频器过电流跳闸。大功率电动机因为转子体积大，输出的转矩大，轴承受力很大，发热严重。轴承损坏一方面是轴承受力大而损坏，另一方面是轴承过热而损坏。所以功率大、应用在关键场合的电动机要安装轴承过热保护装置，当轴承达到设定的温度，变频器便跳闸保护。

案例 18　变频器早晨上班时送电发生爆机

故障现象：某糖厂，一台 22kW 变频器，早晨上班送电时，变频器出现爆机故障。

故障分析：南方夏天气候潮湿，变频器的工作环境粉尘较多，当变频器停机后，粉尘（甘蔗秸秆的飞尘）吸收了较多的水分。又因为昼夜温差，变频器出现了结露现象。变频器的开关器件 IGBT 由于是电压控制器件，门极 G 端只要有几伏的电压器件就可导通。变频器送电时，由于粉尘导电造成了开关器件 IGBT 导通现象。因为空气潮湿，昼夜温差大的原因，门极 G 感应出了高电位，上下 IGBT 出现直通，直流母线电压都加在了两只开关管上，IGBT 的耗散功率为 $P = I_C U_{CE}$ 很大，造成 IGBT 过热出现爆机现象。

结论：变频器工作在多粉尘的场合，定期维护和除尘是很必要的。如果空气潮湿，昼夜温差较大，开机时间要有所选择。

案例 19　变频器移机结露造成爆机

故障现象：某企业有 4 台变频器安装在现场，由于现场环境非常恶劣，潮湿、腐蚀性大，停用一个月左右，将变频器移到配电室内。控制回路和主回路导线延长了近 80m，主回路和控制回路连接方式和移机前相同。移机后在试车过程中，其中一台 ABB 公司的 ACS800 变频器严重短路烧毁；另一台变频器风扇时转时停，部分控制板经测量发现工作不正常。

故障分析：认真检查了变频器的接线情况，和移机前没有区别。变频器损坏另有原因。将变频器解体后观察，发现变频器内部腐蚀严重，积满灰尘。该变频器在北方工作，室外温度已经下降到 -20℃，变频器从室外移到室内，因温差大使其内部出现结露现象。因为变频器积尘中含有大量导电离子，加上器件表面结露，上电后积尘导电造成变频器损坏。

后来将 110kW ABB-ACS800 变频器运到培训班，检查一下有无维修价值，在清扫粉尘时，发现电路板上覆盖着一层难以扫掉的泥，说明当时移机时确实出现了结露现象。

经验教训：变频器积尘是有害的，在潮湿的环境中会造成变频器的损坏。对于新安装的变频器以及在移动变频器时，如果工作环境（温度）出现变化，要想到结露问题。

案例 20　洗煤厂因为煤粉积尘造成变频器频繁过电流损坏

故障现象：一煤矿洗煤厂，经常出现变频器硬件损坏故障。据该厂技术员介绍，不管是什么品牌的变频器在场内都用不过 2 年，就会发生故障，且故障现象五花八门，均为硬件故障。

故障分析：洗煤厂车间的煤在传动带机上输送和加工过程中，会产生大量的粉尘，变频器长期工作在这种环境中，内部积满了很细的煤粉。当将损坏的变频器开盖检查时，内部看不见器件的本来面目，覆盖着一层厚厚的黑色煤粉积尘。当煤粉积尘达到一定程度，再遇到潮湿的环境气候，煤粉导电，造成变频器各种古怪的故障，模块过电流损坏是故障之一。

故障处理：在具有可燃性粉尘的场所，国家要求必须安装防爆电器。一般要安装在具有防尘功能的控制柜中，定期维护除尘，以保证变频器长期稳定工作。

案例21　带电测量IGBT模块门极，造成模块爆裂

故障现象：一台22kW变频器，出现输出电压不平衡现象。在解体维修时，负载通电用示波器测量变频器的驱动信号是否正常，当示波器的探头刚一接触IGBT模块的门极，IGBT模块突然爆裂。

另一台变频器，带电情况下用万用表测量IGBT门极电压，同样模块爆裂。

故障分析：IGBT是电压控制器件，只要在门极和发射极之间加上大于2V的正向直流电压U_{GE}，不需电流，IGBT就会导通。大家知道，人体带有静电，设备的表笔上也会带有静电，在测量时静电通过测量表笔加在IGBT的门极和发射极之间，干扰了IGBT的正常电位，使IGBT导通。

IGBT导通时如果处于饱和状态，器件的压降很小，器件不会损坏，如果导通电流较小，器件处在放大状态，问题就严重了。因为器件的耗散功率为$P = UI$，U是器件压降，I是流过器件的电流。当器件的损耗功率产生的热量散不出去时，就会出现热击穿损坏。

结论：IGBT不能带电测量门极，变频器的低压电源开关器件也不能带电测量门极，从事硬件维修的大都有过类似的带电测量损坏器件的经验教训。在更换集成电路时，操作时应带防静电手套，电烙铁要带接地线，也都是为了防止静电损坏器件。

从事过电器维修的人员都知道，当用手捏住小螺钉旋具的金属部分，将金属头点在放大器的输入端，喇叭中会发出交流声，根据声音的大小，判断放大器的故障部位。这实际上就是采用了人体的静电感应作为输入信号。

案例22　150T行车主钩下降时报"OS"过电流故障

故障现象：150T行车系统，主钩采用安川G7变频器驱动，主钩下降时报"OS"过电流故障。

故障分析：主钩下降时是负载拉着电动机转动，电动机处于发电状态。该故障是主钩下降时变频器报过电流，其原因是电动机抱闸系统松闸延迟，变频器给出转动信号时电动机抱闸未能按时松开，造成电动机堵转过电流。

故障处理：该系统抱闸信号由PLC控制，PCL松闸时间因为和变频器的工作频率不同步，造成堵转过电流故障。将PLC控制松、抱闸改为由变频器控制，故障排除。变频器控制就是变频器设置一个输出端子为变频器抱闸控制，再设置松、抱闸频率为2Hz左右，问题解决。

结论：变频器松闸、抱闸信号最好由变频器提供，如果由PLC提供，就会产生和变频器的输出频率不同步的情况。如果严重不同步，就会造成电动机溜钩或不松闸现象。

变频器具有限流功能，很多变频器为了防止工作中频繁地过电流跳闸，设置了该参数。但起重设备设置该参数时要慎重，因为变频器达到了设置电流，会出现频率停止变化的现象，造成重物悬在空中。

案例 23　LG iS3 15kW 变频器整流、逆变模块同时损坏

故障现象：一台 LG iS3 15kW 变频器，在工作中突然出现模块爆裂故障。变频器断电后通过外端子初步测量，整流模块和逆变模块均已损坏。

故障诊断：该变频器主电路结构如图 2-19 所示。先用万用表的电阻档对开关器件进行初步测量。初步测量是变频器在线测量，断开变频器输入端断路器，断开三相输出电缆，将万用表拨到通断档（数字式万用表），测量 U、V、W 端到 P 端和 N 端的直流电阻，以检测逆变电路 3 个桥臂上的开关管的好坏。红表笔接 P 端，黑表笔分别接 U、V、W 端，不通为好，通则为短路；红表笔分别接 U、V、W 端，黑表笔接 N 端，不通为好，通则为短路。测量结果 U 相 V1、V2 均已短路损坏。

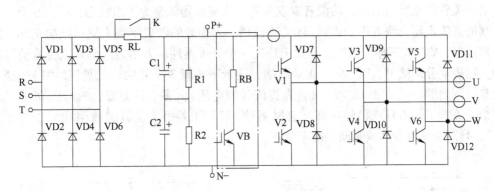

图 2-19　变频器主电路原理图

用同样的方法测量整流电路，发现 VD1、VD3 开路损坏。

故障初步判断：变频器逆变电路同一桥臂上的开关管同时损坏，是驱动电路损坏造成开关管直通短路，整流管损坏是逆变管短路引起整流管电流过大烧毁。

故障处理：分解变频器，发现同一桥臂上的两只开关器件均已经损坏，检查 6 个驱动输出信号，5 个正常，有 1 个输出为恒高电平，图 2-20 为驱动电路原理图，由图中可见，在驱动信号 U_1 为 0 时，U_G 电位为 0，U_E 电位为 +5V。$U_{GE} = -5V$；当驱动信号到来，驱动信号的幅值为电源电压 +20V，加在 IGBT 门极和发射极之间

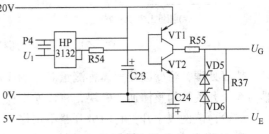

图 2-20　驱动电路原理图

的电压为 20V – 5V = 15V。现在没有驱动信号，U_{GE} 电压为 +15V，即驱动输出始终为 15V 高电平。

测量光电耦合器 HP3132 输出电压，接近 20V（电源电压）。出现这种现象有两种原因，一是器件 3132 损坏，使输出电压升高；二是 VT1 的发射极和基极之间短路，使 VT2 导通输出高电平。断电测量 VT1，发射极和基极之间的电阻为零，已经损坏。将 VT1 更换，驱动信号正常。

将损坏的开关器件和整流模块更换后，开机正常。

结论：该变频器损坏的根源是 VT1 老化损坏导致短路，使驱动电路输出始终为 15V 高电平，造成桥臂上的一个开关器件常通，当另一个开关器件驱动信号到来时，出现两个开关

器件直通状态，造成直流母线短路。巨大的短路电流烧坏了开关器件，同时也烧坏了整流模块。驱动电路一个小小的晶体管损坏，酿成了这么大的事故。

该故障是由专业人员处理的，是一个连锁故障，驱动电路损坏引起开关模块损坏，开关模块损坏引起整流模块损坏。

案例 24　三垦 7.5kW 变频器开关模块损坏导致输出电压不平衡

故障现象：一台三垦 VM05 型 7.5kW 变频器，工作中出现输出电压不平衡现象，变频器不能工作。

故障检查：变频器输出电压不平衡和输出断相有区别，输出断相时电动机是不能起动的，输出电压不平衡是桥臂上的一个开关管损坏或开关不良造成的。断电用万用表电阻档测量 6 个开关管的正反向电阻，均没有发现问题。将变频器调整为输出状态，检测 6 个开关器件两端的直流电压。将万用表拨到 500V 直流档，万用表的红表笔接直流母线的正端，黑表笔分别接 U、V、W 三相输出端，测量上桥臂 3 个开关器件；万用表的黑表笔接直流母线的负端，红表笔分别接 U、V、W 三相输出端，测量下桥臂 3 个开关管（见图 2-21）。开关器件正常时测出的电压应为 $U_{PN}/2$（U_{PN} 为直流母线电压），哪个开关管上的电压高于 $U_{PN}/2$，则哪个开关管工作不良或已经损坏。通过测量，U 相上桥臂上的开关管两端电压明显高于 $U_{PN}/2$，判断为该管损坏或驱动电路不工作。

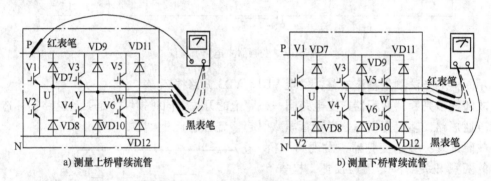

a) 测量上桥臂续流管　　　　　　　　b) 测量下桥臂续流管

图 2-21　用直流电压档检测开关器件的好坏

故障处理：将变频器解体，测量对应的驱动电路，正常，判断开关管损坏。因为该变频器的 6 个开关管为整体逆变模块，将该逆变模块更换，变频器运行正常。

结论：该例属于开关管门极开路不工作，造成变频器的输出电压不平衡。

案例 25　富士变频器因工作环境差造成模块损坏

故障现象：一台富士 7.5kW 变频器，在早晨上电工作时，没有工作多长时间，变频器便跳闸停机。

故障检查：解体变频器，发现变频器内堆积了厚厚的灰尘，变频器输出接线端有明显的跳火烧过的痕迹。检测发现逆变模块损坏。将电路板除尘，进一步检查驱动和相关其他电路，没有发现问题。

故障处理：清扫变频器内的灰尘、油腻，更换逆变模块，将短路烧痕进行绝缘处理，为变频器通电试机，恢复正常。

结论：由维修结果可见，变频器逆变模块的损坏就是因为灰尘造成的打火短路，使模块过电流损坏。变频器是需要定期维护保养的，这对减少变频器故障和延长变频器使用寿命是非常重要的。然而，很多变频器用户没有做到这一点，甚至连变频器需要维护保养的概念都没有。变频器只要能运行，就不管它。当变频器出现了故障，或修理，或买新的，再到下次损坏。

　　该例中变频器是在纺织车间使用的，空气中的飞絮等尘埃通过冷却风机带进变频器内，越积越多，最后导致尘埃堆积过多，加上油腻和潮湿引起变频器输出端漏电跳火，损坏了模块。

案例 26　艾默生 EV100 变频器紧急停机时过电流跳闸

　　故障现象：一台艾默生 EV100 变频器，功率为 5.5kW，用于高速绞线机。电动机参数为：额定功率为 3.7kW，额定电流为 8.1A，额定频率为 50Hz（最高用到 100Hz），额定转速为 1440r/min。变频器采用外端子 FWD、REV 控制运行（见图 2-22），外部模拟端子 VRF 给定频率，开环运行。设置加、减速时间为 40s，线性斜坡减速（见图 2-22b）。当外部出现断线、绞线或绞线机内部机械出现问题时，变频器必须马上停止运行，并与抱闸机构配合实现急停。该厂根据以往的经验对变频器进行设置后，当按下急停按钮 X1 时变频器报"E002"过电流故障。

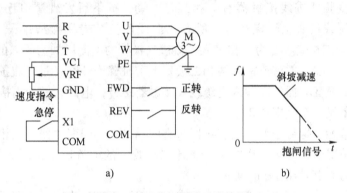

图 2-22　变频器端子连接图

　　说明：这个案例对于使用变频器的朋友很有帮助，这是一个现场工程师修改变频器参数的过程记录。变频器急停的概念是：按下急停按钮，变频器立即停止输出，抱闸系统将电动机转子抱住。该例因为参数设置不合适，没有达到理想的抱闸效果。

　　故障分析：变频器出现急停过电流故障，主要是由于变频器停机与抱闸抱紧时序配合不一致引起的。因为按下急停按钮后，变频器工作在减速停机方式，在变频器输出频率较高时，抱闸突然抱紧（见图 2-22b），产生了很大的堵转电流，超过了过电流保护值而出现故障。

　　故障处理：通过询问了解到，用户将多功能输入控制端子 X1 设置为 X1 = 35，其意义是外部停机指令。而停机方式由参数 F0.08 进行选择。设置为 F0.08 = 2，选择为减速停机。当按下急停按钮 X1 后，变频器报"E002"过电流故障。试着采取了以下方案：

　　1）将停机方式改为自由停机（F2.08 = 1），故障现象马上消失（变频器接到自由停机命令后立即停止输出）。但这样无法实现正常的减速停机（特殊停机和正常停机出现了矛盾），所以必须改回 F2.08 = 0。

　　2）将多功能输入端子 X1 设为停机直流制动功能，设置直流制动参数为

　　X1 = 19（将 X1 = 35 停机指令改为 X1 = 19 停机直流制动）；

F2. 09 = 35Hz（停机直流制动起始频率）；

F2. 10 = 0s（停机直流制动等待时间）；

F2. 11 = 20%（停机直流制动电流）；

F2. 12 = 2s（停机直流制动时间）。

修改后故障消除，并能快速停机。但依然存在上面提到的产生故障的隐患，因为变频器的输出速度经常变换，特别是电动机运行在100Hz时，如不重新调整F2. 09 ~ F2. 11的参数值，还会出现停机过电流跳闸。所以这也不是一个最佳的解决方案。

3）仔细阅读变频器说明书，X1设置选项37是"运行禁止功能"，该功能有效，变频器立即停止输出，即自由停机。将X1设置为：X1 = 37，试机，工作正常。变频器急停解决。

案例27　TD1000变频器因接线问题爆机

故障现象：一台TD1000-4T0015G变频器，在使用中突然爆机（整流模块炸裂），马上更换了一台备用机，在运行了10小时后备用机又出现爆机现象。

故障检查：电路中分别出现两次爆机现象，问题看来不在变频器，应该出在外电路。现场检查，发现变频器进线接触器有一相螺钉松动，拆下后发现螺钉已烧煳，与之连接的变频器输入电源线接头也已烧断，且所有电源线没安装专用接线端子，直接压接在接触器的接线端上。三相输入变为单相输入，流过二极管的电流增加为原来的1.73倍。

测量发现，变频器内部整流模块两相二极管上下桥臂均开路（过电流损坏）。

故障处理：更换变频器外部输入电源线及接触器螺钉，电源线做专用接线端子，重新紧固。更换变频器备机，系统恢复正常。

总结：由于接触器螺钉松动导致变频器只有两相输入，即变频器的三相整流桥仅两相工作，在正常负载情况下，参与工作的4个整流二极管上的电流比正常时大70%，整流桥因过电流导致几小时后PN结结温过高而损坏。

变频器出现了输入端断相故障，变频器本应该报输入断相或输入欠电压而跳闸，这是一个国产品牌变频器，为了适应国情，防止一些地方电压不稳定而出现跳闸，将欠电压跳闸电压设置得较低，变频器断相也不跳闸。看来凡事都有利有弊，在我国电源出现欠电压的概率要比断相的概率高，所以将欠电压跳闸电压设置得较低。

案例28　富士FRN7. 5G11S变频器试机时报"OC1"

故障现象：该变频器在调试中一开机就报"OC1"，"OC1"表示富士变频器"加速时过电流"。开始认为加速时间设置得较短，使变频器过电流跳闸。重新设置加速时间参数，开机后仍然跳闸。后来怀疑电动机有问题，将电动机断开重新试机，加速正常。检查电动机绕组，发现匝间有轻微短路现象。

故障分析：该电动机原来工作条件恶劣，绕组间绝缘性能已大大下降，工作在工频电源时由于电源是正弦波，对电动机的绝缘要求较低，匝间的轻微短路不会引起跳闸。而变频器一是过载能力差，反应灵敏，稍有过电流就引起跳闸；二是变频器输出电压为PWM波，对电动机绝缘要求较高，因电动机本身已经绝缘不良，故而引起匝间短路。

故障处理：更换一台新电动机试机，开机正常。

该例提示，一些变频改造工程，尽量不用使用了多年的老电动机。因为用了多年的电动机容易出现绕组老化、绝缘性能下降等问题，在使用中很容易出现击穿短路故障，严重时还会烧变频器模块。

案例 29　引风机变频器频率上升到 5Hz 时过电流跳闸

故障现象：一台锅炉引风机改造项目，用 55kW 变频器驱动 55kW 电动机。变频器安装好后试机运行，当频率上升到 5Hz 左右报"软件过电流"故障。

故障分析：该系统电动机到变频器的电缆长几十米，变频器控制线和相线电缆走的是同一线槽，怀疑变频器跳过电流故障是电磁干扰所致。

故障处理：根据以上分析，先把变频器控制线和相线电缆分开，在变频器输入和输出电源线上套上磁环，起动变频器，故障依旧。又采用了几种抗干扰措施，故障仍然不能排除。看来起动过电流不一定是电磁干扰所致。

观察引风机的停机情况，发现变频器停止输出时，引风机的叶轮在半小时后还在转动，看来引风机的叶轮惯性比较大，起动过电流很可能是因为负载惯性大造成的。

大惯性负载在起动时，理论上是增加加速时间。因为风机专用变频器还有另外一个问题，就是 U/f 线是减转矩特性，在低频时比正常的基本 U/f 线转矩小很多，为了提高低频起动转矩，可以设置低频转矩补偿或将风机的起动频率设置得较高。

将变频器起动频率提高到 3Hz，起动成功。

结论：该案例开始属于判断错误。电磁干扰不会造成有规律的起动过电流跳闸。起动过电流跳闸时增加低频转矩补偿或增加加速时间就可以解决。

案例 30　变频器空载正常，负载报过电流

故障现象：一台 75kW 变频器，拖动一台 55kW 电动机。在运行中总是跳"OC"过电流保护故障。

故障检查：变频器工作中报过电流，一般有下述原因：

1）变频器输出侧有短路现象，造成变频器的输出电流增大。

2）负载太重伴有冲击。当冲击负载较大时，变频器出现过电流。大惯性负载加速时间设置太短，也会造成起动过电流。

3）变频器逆变模块损坏，造成母线电流大（有的变频器输出电流检测电路安装在直流母线上）。

4）外部干扰信号太强，使变频器的检测电路工作不正常，出现误报（干扰信号太强同时也会使变频器的其他功能电路不正常）。

5）变频器检测电路误报。

首先检查电动机的负载情况，没有问题。再检查电动机，空载运行良好，变频器无过电流现象，说明电动机无短路现象。测量变频器的三相输出电压，平衡且对称，说明变频器的驱动和开关电路都没有问题。看来变频器误报的可能性大。

为变频器加载，轻载工作正常，负载稍大，变频器过电流跳闸。为了确定变频器是否真的过电流，测量变频器的输出电流，远小于变频器的额定电流，说明变频器过电流跳闸是误跳，即检测电路出现问题。

后来了解到，这台变频器被换过检测板。该厂技术员从另外一台相同型号的 45kW 的备用机上拆下检测板，替换下了原 75kW 变频器上的检测板。检测板更换之后，该变频器就经常出现过电流现象。

故障分析：45kW 变频器检测板是按照 45kW 的过电流值设置报警的，用在 75kW 变频器上同样还是按照 45kW 电功率进行过电流报警，所以没有达到 75kW 的过电流值就出现了过电流报警现象。如果将 75kW 的检测板更换到 45kW 的变频器上，就会出现过电流不报而损坏功率模块的事故。

案例 31　西门子 M440 变频器切换电路时变频器过电流跳闸

故障现象：一台西门子 M440 变频器，用于空气压缩机驱动。变频器在工作中经常出现"F0001"（过电流）故障。

故障检查：检查故障记录信息，发现故障信息记录中的故障时刻电流在变频器输出额定电流之内，并未达到应该过电流保护动作的值，可见过电流保护是由于瞬态大电流造成的。

检查变频器输出侧的电缆及电动机，没有相间短路或对地短路现象。

该变频器输出侧安装有接触器，用于进行变频-工频切换。切换电路如图 2-23 所示，控制信号来自 PLC。当 PLC 发出变频器停机信号后，再发出切换信号，在变频、工频切换之间设有延时，即 KM1 断开后，有几毫秒的延时，KM2 再投入。变频器设为减速停机方式。

初步判断是由于切换过程中各动作的时序存在问题，导致变频器在还有输出的情况下，输出侧接触器切断引起故障报警。将停机方式更改为自由停机，上述报警故障消除。

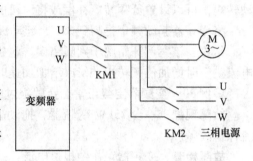

图 2-23　变频-工频切换电路

故障分析：为避免变频器输出侧接触器在变频器运行时断开和吸合，在变频、工频切换控制指令发出前向变频器发出了停机命令，但由于停机方式为减速停机，因为变频器速度尚未减到 0，即还有电流输出时输出侧接触器断开，在变频器相线上发生大的冲击电流，变频器出现"F0001"故障。

故障处理：变频器变频、工频切换按照以下步骤进行：①变频器自由停机（没有频率下降时间），0.4s 后 KM1 断开。0.4s 是给电动机的电感提供放电的时间。②再过 0.4s 后 KM2 闭合，这个 0.4s 是防止 KM1 没断开交流电倒灌损坏变频器。

在切换前一般将变频器的频率上升到 50Hz，当投切到工频时减小投切电流。

将切换端子 X1 设为：X1 = 37（运行禁止），变频器自由停机，KM1、KM2 按上述步骤设置，问题得到解决。

案例 32　变频器更换电容，开机电容爆炸

故障现象：一台三垦 SVF7.5kW 变频器，逆变模块损坏，更换模块后，变频器正常运行。由于该机运行环境较差，其内部灰尘堆积严重，且该机使用年限较长，决定对它进行除尘及更换老化器件的维护（机内电解电容器要求 4～5 年更换一次）。器件更换后，给变频器通电，上电一瞬间，只听"砰"的一声响，并伴随飞出许多碎屑，断开电源，发现 C14 电解电容爆裂。电解电容上电爆裂，一般就是安装时极性装反。于是根据其电路板上的正负极性标记，又重装了一只，检查无误，再次上电，电容又一次爆裂。

故障处理：于是进一步检查其电路，上电测量电容两端电压，发现电路板上的标记与实际值相反，说明是制版时将标记画错了。于是将错就错，把电容装反，再次上电，运行正常。这一点在后来检修相同型号的变频器时得以证实。

结论：变频器故障有的简单直白，有的关联着很多其他因素。简单的很简单，复杂的千变万化。应用变频器也好，维修变频器也好，只有认真学习，积累经验，才能得心应手。

案例33　高压绕线转子电动机由转子通电运行停机时过电流

故障现象： 一台10kV、380kW绕线转子高压电动机，通过变频器改造，由转子绕组通入三相交流电，定子绕组与三相电源断开，定子绕组是做三角形联结，构成闭合回路。如图2-24所示。该电动机每当停机时，变频器便出现过电流现象。

故障分析： 变频器在停机时出现过电流现象，一是停机时负载加重，使变频器的输出电流加大；二是电动机采取了制动措施，使电动机停机时变频器的输出电流增大。检查电动机拖动的负载，不存在停机负载加大现象，问题出在制动上。

故障处理： 变频器没安装制动电阻，采用直流制动。当变频器停机时，变频器输出一定的直流电，直流电使电动机得到制动转矩。通过检查，发现直流制动的电流设置较大，通过降低直流制动电流，变频器停机正常。该例变频器输出是集电环导电，集电环如果接触不良，极易损坏开关逆变模块。不提倡这样应用。

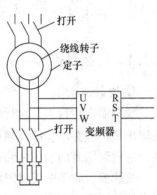

图 2-24　变频器连接图

案例34　变频器驱动振动器引起过电流跳闸

故障现象： 一台ABB公司的ACS800系列11kW变频器，驱动一台6.5kW振动器电动机。电动机是振动器的一部分，工作时电动机和振动器一起振动。变频器在工作时，有时报负载短路故障，跳闸停机。将电动机接到380V工频电源上，振动器工作正常。

故障分析： 首先确定是变频器误报还是电动机有问题。变频器距离电动机接线电缆10m，不存在分布电容漏电流大的问题，电动机能长期工作，变频器只是偶尔出现过电流现象，不像是变频器有问题，问题应该在外负载。

这应该是一个负载动态短路现象，不是绕组短路烧坏，应该是瞬间短路。瞬间短路的原因可能为电动机内出现金属异物，随着电动机的振动改变位置，当处在破损的绕组和外壳之间时，会出现短路过电流现象；接线端子松动，接线盒进入异物，随着电动机的振动造成瞬间短路。

将电动机改接到工频电源上，因为绕组没有实质性的短路，电动机是不会烧掉的，且工频电源的功率容量很大，一个6.5kW的电动机出现了瞬间短路，对电源不会有任何影响。所以改接到380V工频电源上电动机工作正常，电源更不会跳闸。

故障处理： 首先从电动机的输入电缆入手，电缆因为是移动作业，查看有没有硬伤及外皮破损，经过目测和测量，没有发现问题。拆开电动机接线电缆的接线盒，发现有点问题，接线盒中有异物，并发现打火痕迹，将异物清除，做绝缘处理，变频器报过电流现象消失。

结论： 负载短路分动态短路和静态短路，静态短路就是电动机的绕组烧死粘连、电缆击穿等，动态短路就是有可动的短路体，当短路体移到相应位置时出现短路。在故障的表现上静态短路时变频器开机就报警，动态短路是不定时的偶尔出现，具有偶发性。

第3章 变频器过载接地故障的维修

3.1 变频器过载故障简介

3.1.1 什么是过载

1. 过载特点

变频器在运行中，运行电流超过了额定电流值但又小于电流上限值 I_M，称为过载。变频器出现过载并不立即跳闸保护，而是先给出过载报警，通过一定的时间积累后才报过载跳闸。过载跳闸时间的长短和过载电流的大小有关，过载电流越大，跳闸时间越短。

变频器过载遵循反时限特性曲线规律，如图3-1所示。根据反时限特性，当变频器的输出电流达到额定电流的95%或工作时间达到1h时，变频器报过载跳闸。大家要注意变频器的这一特性，特别是在选用风机、水泵时，当变频器的工作电流较大，就要选择高一级功率档次的变频器，因为这些负载有时是连续恒功率运行的，虽然电流没有达到额定值，但因运行时间较长，变频器也会过载跳闸。

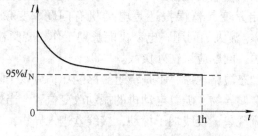

图 3-1　反时限特性曲线

在变频器的三相输出电流中，只要有一相电流过载，变频器就报过载，所以在诊断中，三相电流都要检测。

2. 过载情况

变频器报过载，分为两种情况：

1）电动机过载。当电动机的电流容量小于变频器的电流容量时，变频器又设置了电动机的过载保护电流值（即设置了电动机的电子热继电器，根据变频器的品牌不同，设置方法有所区别，有的变频器把设定的电动机的额定电流作为过载电流使用），变频器报过载是因为电动机过载。

2）变频器过载。当变频器和电动机的电流容量选择得相同时（变频器和电动机的功率容量相同），变频器报过载是因为变频器过载，但同时也是电动机过载。

在工程上，对风机水泵类负载变频器和电动机的功率多选择得相同，出现过载则为电动机和变频器同时过载；在机械传动中，因负载的冲击性，变频器的功率一般比电动机的功率选择得大，出现过载多为电动机过载。

3.1.2　过载的几种现象

1. 电动机工作过载

变频器设置了电动机的电子热继电器，或将电动机的额定电流预置到变频器，当机械负载过重，电动机过载，此时变频器报过载报的是电动机过载。

电动机出现了过载跳闸，首先电动机发热，用手触及电动机的外壳，明显发烫；在变频器显示屏上读取运行电流，与电动机的额定电流进行比较，明显偏大。

电动机出现过载的原因有

1）在人工喂料的负载系统中，控制喂料量，使电动机工作在额定状态，可避免工作中过载。如搅拌机、打浆机、提升机等。

2）在非人工喂料的系统中，负载的大小不可控，引起过载跳闸。解决的方法为：如果是电动机采用降速传动，并且电动机的工作速度较低，可考虑适当加大减速箱的传动比，以减轻电动机轴上的输出转矩。如果传动比无法加大，则应加大电动机的容量，否则长期过载要烧坏电动机。

如果是变频器和电动机的容量选择相同，电动机直接传动，如泥浆泵、风机等，工作中出现过载，是变频器的电流容量选择小，应换为大一级功率档次的变频器。

2. 变频器参数设置得不合理

电动机的电子热继电器电流设置得小于电动机的额定电流，电动机实际上没有过载，但变频器达到了设定的电流值，变频器过载跳闸。这种情况可以重新设置过载电流，将过载电流设置得大一些（一般设定电流为电动机额定电流的 $105\% \sim 110\%$）。

3. 变频器没有报过载，但电动机过载烧毁

这种现象是变频器的容量比电动机的容量选择得大，而变频器的过载电流没有改动，还是原来的默认值，当电动机过载时变频器不跳闸，时间一长便将电动机烧毁。

4. 负载异常或变频器异常引起过载跳闸

1）三相电压不平衡过载跳闸。变频器内部开关电路异常，如断相、输出电压不平衡引起某相的运行电流过大，导致过载跳闸。简单有效的方法是用交流电压表测量变频器的三相输出电压，以判断变频器是否断相或电压不平衡。电压不平衡大部分是变频器出现了问题。

2）误动作。如果电动机的发热量并不大，但变频器的检测电流偏大，导致变频器过载跳闸，是变频器的检测电路误动作。这种情况原则上要进行变频器过载保护电路的维修。

3）变频器容量选择得偏小，也是变频器工作中频繁报过载的原因。特别是矿山机械、提升机等重型负载，选择变频器容量时要留出足够的余量。

3.1.3　变频器接地故障

变频器接地故障分为接地漏电流大或变频器有实质性的接地故障。变频器报接地故障，是通过三相输出电流检测传感器检测到三相输出电流不为零（三相对称输出电流之和为零），多出的电流就为接地电流。所以变频器报接地故障，是报的三相输出端有接地故障。图 3-2 是电缆的分布参数引起的漏电流。该现象多发生在输出电缆较长的系统中，还有一种现象为变频器使用的是带漏电保护的那种隔离断路器，也会造成断路器跳闸。

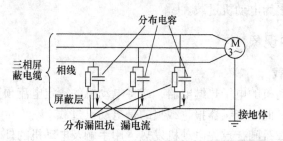

图 3-2　分布参数引起的漏电流

1. 容性接地漏电流大

安装变频器时，相线对屏蔽层（对地）分布电容、电动机绕组对地分布电容形成接地漏电流，该电流和电缆的长度、变频器的工作电压高低以及工作频率成正比。当电缆长度超过 150m，就要在输出端加装交流电抗器滤波消除容性接地漏电流。

2. 实质性的接地故障

电缆对地短路、电动机绕组对地短路、逆变模块对地短路，都会造成接地故障。输出端出现了接地短路故障，严重的接地故障用万用表的电阻档就可以测出，轻微的接地故障用 500V 绝缘电阻表可测量。

3.2　变频器过载案例

案例 35　更换电动机造成变频器报过载且频率不能上升

案例介绍： 一台西门子 M430 变频器，功率为 30kW，拖动一台 17.5kW 水泵恒压供水。系统采用电接点压力表控制，如图 3-3a 所示。控制原理为：电接点压力表外形如图 3-3b 所示，在压力表盘上有 3 个触点，压力指针为动触点，还有两个可移动触点，一个是低压力触点，一个是高压力触点。高、低压力触点的位置可以用表盘上的旋钮设置。当高、低压力触点的位置根据需要设定后，表的压力上升到高压力触点，指针和高压力触点闭合，输出高压信号；表的压力下降到低压力触点，指针和低压力触点闭合，输出低压信号，即高、低压力触点之间的压力差就是稳压误差，高、低压力触点的压力位置就是稳压值（高、低压力触点之间的压力差可以随意设置，两触点距离越近，压差越小，稳压精度越高）。

在图 3-3a 中，变频器将两个数字输入控制端子分别设置为 UP（升速端子）和 DOWN（降速端子），将电接点压力表的低压力触点连接到 UP，将电接点压力表的高压力触点连接到 DOWN，电接点压力表的指针触点连接到 COM（变频器公共端）。稳压过程为：当水泵的压力下降，指针触点和低压力触点接触，变频器升速，当水泵的压力上升，指针触点和低压力触点断开，变频器停止升速，恒速运行。当水泵的压力上升，指针触点和高压力触点接触，变频器降速，水泵的压力下降，指针触点和高压力触点断开，变频器又恒速运行。

该变频器管道压力设为 0.2MPa，变频器上限频率设为 50Hz，水泵在工作时，通过改变频器的输出频率，将压力稳定在 0.2MPa 附近。

故障现象： 变频器工作时，频率上升到 40Hz 左右时就不再往上升，水压没有达到预定的压力 0.2MPa，变频器报 "F0005" 过载故障。

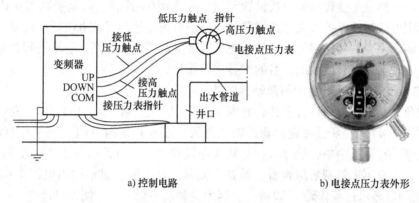

a) 控制电路　　　　　　　　　　　　b) 电接点压力表外形

图3-3　电接点压力表控制图

故障检查：该变频器的电接点压力表指示为0.05MPa，其指针触点和低压触点为闭合，变频器本应升速，可是变频器的输出频率停止在40Hz，报"F0005"过载故障。

将水泵的出水截门关小，变频器输出频率可以上升到43Hz，当管道压力上升到0.13MPa，频率也不再上升，仍然报"F0005"过载故障。

查看过载电流为33A，是17.5kW电动机的额定电流。怎么变频器频率上升到40Hz就达到电动机的额定电流呢？电动机损坏的可能性很小，因为电动机是防水绕组，电动机漏电变频器会报接地故障。通过用绝缘电阻表检测，电动机并无接地故障。根据变频器的输出频率能在40～43Hz变化，电动机又可长期工作，不像电动机有短路故障。

故障处理：后来通过询问用户，以前用的电动机为17.5kW，为了提高供水量，将电动机更换为25kW，变频器的参数没做相应改动，变频器还是按照17.5kW电动机的参数运行。西门子变频器具有电流限制功能，当达到设定的电流时变频器的输出频率就不再上升。重新按照25kW电动机设置变频器的工作电流，变频器工作正常。

结论：因更换了电动机，电动机参数没有做相应修改，变频器还是按照原来设定的电流进行报警。

案例36　更换为大容量电动机后变频器过载

故障现象：一台LG IH 55kW变频器，拖动一台4极55kW电动机，在运行过程中经常报过载跳闸，显示"OL"。

故障检查：变频器工作中出现了过载故障，首先要检查负载的工作情况。检查电动机驱动的机械负载，没有问题；检查电动机工作情况，没有异常的声音，温度也很正常，工作电流在额定值以下。变频器为什么会报过载呢？向用户了解变频器的历史情况，据用户反映，该变频器原来驱动的是37kW电动机，一向工作正常，当更换为现在的55kW电动机后，变频器才出现过载现象。

变频器在更换了功率大的电动机后才出现过载故障，可查看变频器的工作电流，并没有达到变频器和电动机的额定电流，变频器为什么会报过载呢？看来问题可能是出在参数的设置上。经检查，变频器过载极限电流是按37kW电动机的额定电流设置的，当变频器工作时，达到了该电流，变频器跳过载故障。

故障处理：按55kW电动机重新设置过载保护电流，该电动机的额定电流为103A，将过载保护电流按105%额定值设置，设置为110A，变频器工作正常。

结论：该案例也是变频器的参数设置问题。和案例35比较，都是变频器按原来的电动机设定的额定电流过载保护参数进行报警。西门子变频器达到了该电流后报过载、限制频率上升并不跳闸；该变频器达到了设定的电流导致变频器报过载跳闸，看来变频器相同功能的保护参数在表现上还是有区别的，目的都是进行保护。

案例37　西门子M430变频器起动报过载

案例现象：某企业有一口自备井，井深100m，由一台西门子M430 50kW变频水泵给车间供水（见图3-4）。水泵通过定时器控制，每天早晨6点定时开机，下午6点定时关机，泵房无人值守。有一天中午突然停电，变频器停机停水。几分钟后又来电，车间一看来电，就等着来水，水总不来就到泵房查看。看到变频器的显示屏上显示输出电流110A、输出频率10Hz，变频器显示过载代码"A0501"。因为变频器不能工作，便停机待查。

故障诊断：维修工程师到现场检查，开机一试，水泵工作正常。工作了20min后停机再试，又出现过载不能起动现象。

分析故障：是出在变频器还是负载，以确定维修方向。测量三相电流，测出的电流在42A左右，考虑到10Hz时测出的电流要乘以2.5倍的系数，乘系数后的电流和变频器显示的110A电流相近，说明问题出在负载而不是变频器。

负载是深井泵，水泵的导线浸泡在水中，如果导线漏电，变频器必报接地而非过载故障。只有水泵叶轮卡住一种原因了。这时听到管道中有流水的声音，一问值班电工，说是管道的单向阀已经损坏，刚才水泵工作中输送到管道中的水正在向井中倒灌。维修工程师恍然大悟，倒灌的100m高的水柱压在水泵的叶轮上，使叶轮不能转动，造成电动机转子堵转。问题查出来了。

停机，等到管道中的水停止流动，再重新起机，工作正常。

故障处理：更换单向阀。

结论：离心水泵因为是二次方减转矩负载，在频率低于50Hz时是不会出现过载或过电流跳闸的。一旦在起动或频率较低时报过载或过电流故障，首先要考虑到堵转和电动机绕组短路。

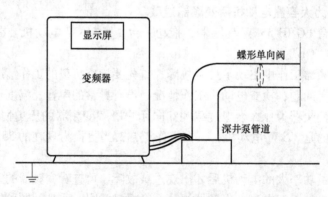

图3-4　变频水泵

案例38　引风机烟气大造成变频器过载跳闸

故障现象：一台高炉用22kW引风机，配用22kW富士风机专用变频器。引风机在出炉时因烟气量过大，变频器经常报过载跳闸。

故障分析：风机专用变频器一般过载能力较小，过载电流为额定电流的 110%～120%。当烟气量大时造成空气中粉尘粒子增加，空气的比重增加，风机的输出功率增加，变频器的工作电流增大。当电动机的电流超过了变频器的额定电流，工作一段时间后变频器就报过载跳闸。

故障处理：查看该变频器的工作电流，当没有出炉时，变频器的输出电流正常，当出炉时，变频器的输出电流明显增大。看来该变频器出炉时确实出现了过载现象。

该故障是变频器的容量选得偏小，风机在干净的空气中运行时，阻力不大，在粉尘粒子含量大的气体中运行时，阻力增加导致过载跳闸。将变频器更换为 30kW，不再出现过载跳闸现象。

结论：该例提出了一个关于变频器和电动机容量的选择问题。在进行风机和水泵变频器的选择时，一定要分析一下负载的性质。污水泵、泥沙泵、水泵的总扬程有时较大，当超过了水泵的额定值时，变频器的功率容量要比电动机的容量高一个功率档次；风机有气体浑浊、风道有落尘等现象，变频器的功率容量也要比电动机的容量高一个功率档次。在上述场合，变频器容量应选得大一些，免除了很多后顾之忧。

案例 39　矿井绞车变频器过载失控造成下滑故障

故障现象：有一矿井绞车，配用 AB 公司的 450kW/660V 变频器，拖动 370kW 电动机。绞车如图 3-5 所示，电动机通过减速器连接到卷筒。卷筒上缠绕有钢丝绳，当卷筒正转时，钢丝绳牵引煤车向上拉煤。在卷筒上配有制动盘，当电动机停止时，制动盘抱闸制动。

有一次绞车上行到一定距离时变频器突然跳闸，因抱闸系统没有起动，发生了煤车下滑冲撞事故。

图 3-5　矿井绞车外形图

故障分析：查看变频器跳闸故障记录，显示变频器过载。变频器为什么在上行到一定距离出现过载跳闸呢？

变频器报过载有两个条件，一是变频器的输出电流大于额定电流而小于过电流限流值（见图 3-6）；二是要有一定的时间积累。变频器在起动时就出现了过载现象，随着煤车上行到一定距离，变频器达到了累积时间，就过载跳闸了。变频器跳闸停止了输出，电动机失电失去动力，绞车在煤车的重力作用下产生下滑。

故障处理：检查变频器抱闸连锁控制，继电器触点失灵，更换继电器，故障排除。

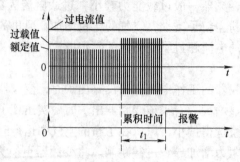

图 3-6　过载示意图

案例 40　管道堵塞连烧 5 台电动机

故障现象： 我国西北一石油化工企业，用一台 55kW 富士 5000P11S 水泵专用变频器驱动一台 36kW 电动机，用于油泵的驱动。变频器正常工作了 2 年以后，出现了烧电动机现象。为了防止变频系统跳闸造成液体断流，变频器没有设置电动机的电子热保护（电动机的过载保护）。因为设计时考虑到系统的稳定工作，变频器、电动机的容量选择得较大，因此在几年的工作中系统一直运行良好。当出现了烧电动机现象后，马上更换了一台新机，但新机没用多久又烧掉了。

故障分析： 在更换了第二台电动机后，对电动机的工作情况进行了检查。发现电动机的工作电流大于额定值。测量变频器的三相输出电压，发现电压平衡，说明变频器工作正常，是电动机负载过重。

因为几年来负载都很稳定，没有出现过电动机过载现象，现在出现了过载，一是管道中的工质发生了变化；二是管道出现了问题。图 3-7 是水泵扬程-流量图。图中 H 是扬程，即水泵的出口压力；Q 是水泵的流量；R 是管道中的管阻特性曲线。管阻特性曲线和管道的结构及液体的特性有关，管道的直径越小，液体越黏稠，管阻越大。图中 R_0 是管道正常液阻曲线，R_1 是管道发生堵塞时的液阻曲线。

在管道正常时，管道中的流量为 Q_0，扬程为 H_0，水泵的功率为 $P_0 = Q_0 H_0$；当管道出现了堵塞，液阻曲线变为 R_1，水泵的功率为 $P_1 = Q_0 H_1$。显然 $P_1 > P_0$。

根据上述分析，大家认为现在是冬天，温度很低，输油管道会受到影响，油的温度低导致黏度增加，管道阻力增加。但是变频器已经正常运行了几个冬天都没有问题，现在电动机过载，应该另有原因。随后检查管道，通过对管道进行详细的检查，发现有一段管道出现堵塞现象。

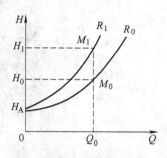

图 3-7　水泵特性线

故障处理： 本应立即进行管道更换，因为室外温度在零下几十度，工程受阻。只得给变频器设置了电动机电子热保护，当电动机达到一定的温度，变频器跳闸保护。当变频器跳闸后，不能立即起动。造成管道频繁断流。因为该管道不能随意停机，只能将电子热继电器取消。又考虑将电动机更换为大一级功率的，测量安装底座等结构尺寸，大功率电动机安装不上。不得已暂时只得采用了一个非常不合理的方法，多备了几台电动机，烧坏一台以最快的速度进行更换，所以在 3 个月中接连烧坏了 5 台电动机。

待天气回暖，将堵塞管道进行更换，故障排除，烧电动机现象不再发生。

总结： 在一个正常运行了几年的系统中，如果出现了过载现象，特别是烧电动机现象，首先要检查电动机驱动的负载是否出现了变化，虽然烧了电动机，但是原始原因不一定在电动机本身。

案例41　森兰变频器功率选择不合适而导致报过载跳闸

故障现象： 某企业用一台30kW森兰SB200变频器驱动一台30kW电动机，用于一台泥浆泵。在工作中变频器经常报过载跳闸停机。

故障分析： 泥浆泵属于冲击性负载，因为泥浆的浓度忽大忽小，水泵的输出功率也随着泥浆的浓度而变化。由例40的图3-7可见，在水泵流量不变的情况下，泥浆的浓度大，液阻线由 R_0 变为 R_1，扬程大，水泵的输出功率大，电动机输出电流大。因为电动机和变频器选择的功率容量相同，当电流达到了电动机的过载电流，变频器同时也会出现过载，随后变频器报过载跳闸。

查看变频器面板的输出电流值达到63A，大于变频器的额定电流，说明变频器工作中确实处于过载状态。

故障处理： 因为水泵的负载大小不可人为控制，出现上述情况是由于变频器的容量选择得偏小，更换了一台37kW变频器，故障被排除。

结论： 在变频器容量选择时，要按电动机的工作电流进行选取，变频器的功率只作为参考。因为变频器的输出功率为 $P=UI$，变频器工作中一般工作频率都低于50Hz，也就是输出电压低于额定值，可输出电流不变，即功率失去了参考意义。

变频器工作时，输出电流不能超过额定电流，当工作电压比较低时，电流达到了额定值，可变频器输出功率达不到额定输出功率，所以选择变频器的容量按工作电流选取。

按电动机的工作电流选择变频器，一般选出的变频器功率容量都大于电动机的功率容量，这就是为什么在很多工作场合变频器的功率容量都大于电动机功率容量1～2个档次。

案例42　变频器、电动机功率选择得偏小，工作中报过载跳闸

故障现象： 某企业自己设计安装了一套恒压供水系统，从深井中提水。采用深井泵，深井泵为电动机水泵一体结构，水泵配用45kW电动机，选择45kW的艾默生TD2100-4T0450S水泵专用变频器。系统安装完毕，在运行中用水量大时，变频器频繁报过载故障。

图3-8a为深井泵外形图，主要由两部分组成，一部分是深水电动机，一部分是多级加压离心叶轮。深水电动机因为同时潜入水中，故电动机的结构比一般电动机特殊。其结构形式分为干式、半干式、充油式、湿式4种。湿式就是将整个电动机浸泡在水中，水从定子和转子之间的空隙中流过，定子导线采用防水导线。多级加压离心叶轮是给水加压用的，水每通过一级离心叶轮加压，水压就增高一级，通过多级增压，达到要求的出口压力。改变电动机转速，可以改变水泵的出口压力和输出流量的大小。图3-8b是水泵安装图，安装时水泵不能探底，要留有至少3m的距离。

故障分析： 查看变频器的输出电流，超过了额定值，输出频率达到了50Hz，看来变频器和电动机是处于过载工作状态。根据变频器反时限过载特性，变频器超过了额定电流，会出现过载跳闸故障。分析原因，是工程测算有误，在用水量大时，水泵的供水流量不足，变频器升速，同时变频器的输出电流增加，造成过载跳闸。

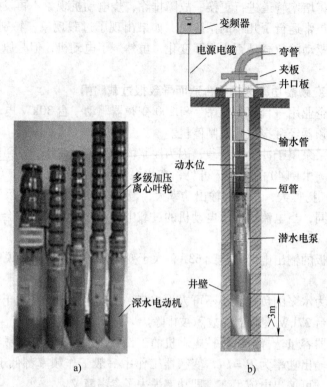

图 3-8　深井泵外形图和安装图

故障处理： 将变频器更换为艾默生 TD2100-4T0550S、55kW 的高一级功率档次的变频器，问题得到解决。

总结： 本例是在工程测算时变频器（和水泵）的容量选小了。实际上这种现象是经常发生的，如果在测算时电动机工作在额定状态，就要选择高一级功率档次的变频器，以防止投入工作后变频器出现过载或过电流跳闸等现象。

案例 43　西门子 M440 变频器内部故障造成变频器工作中过载

故障现象： 毛纺厂梳毛机设备，选用两台 5.5kW/380V/11A 西门子 M440 变频器，驱动两台 5.5kW 电动机同步运转。其中一台运行两年后经常报 "F0011" 或 "A0511" 故障代码，变频器跳闸停机，而另一台变频器运行良好。

故障分析： 将电动机传送带摘掉，用手盘动电动机及设备，没有异常沉重的感觉，说明没有卡死现象。将两台 5.5kW 电动机互换，还是原来的变频器报警，确定是变频器问题而不是电动机问题。

故障处理： 变频器出现过电流、过载、接地等故障，是通过变频器的输出电流取样、放大、模-数转换电路处理，再将检测信号送到单片机，由单片机做出报警判断。该案例因为是误报，就是检测电路和信号处理电路出现了问题。

将变频器返厂维修，经厂家处理，问题解决。

案例 44　三菱 25kW 变频器电动机工作噪声大，变频器报过载故障

故障现象： 一台 25kW/380V 三菱变频器，拖动 22kW 电动机，工作中电动机噪声大，变频器报过载故障，因而跳闸保护。

故障诊断：变频器报过载故障，说明电动机的电流大。查看变频器的显示电流，大于电动机额定电流。检查电动机和负载，没有问题。起动变频器，用真有效值万用表交流 500V 档测量三相输出交流电压。测量电路如图 3-9 所示，测量时起动变频器，工作频率为原来工作状态。测量结果：UV 交流线电压为 315V，UW、VW 交流线电压为 200V 左右，为三相交流电压不平衡。判断 U、V 两相正常，W 相有问题。

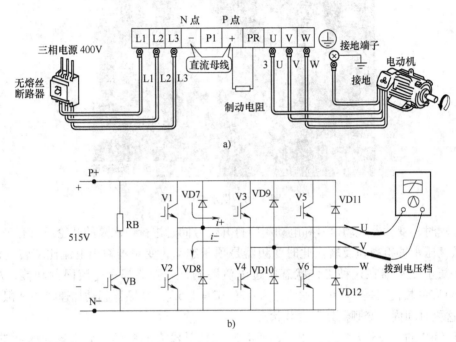

图 3-9　逆变电路测量

将万用表拨到直流档，用直流档测量各相电压有无直流量。由图 3-9b 中 U 相电压可见，该相电压是由上下桥臂 V1、V2 交替工作得到的，如果有一只管子不工作，这一相输出的电压就是直流电。分别测量三个线电压的直流电压：UV 直流线电压为 0V，U 相和 V 相正常；UW 直流线电压为 -190V、VW 直流线电压为 +190V。这两个线电压出现很大的直流量，分别跨接 W 相，判断 W 相有一只开关管不工作。

故障处理：变频器返厂维修，故障排除。

结论：变频器整流模块损坏，可以自己更换，因为整流模块是非关联器件，更换一只新的就可以工作。逆变模块是关联器件，工作时和驱动电路相关联，往往因为驱动电路还有问题，使换上的新模块不能工作，甚至出现直通炸机。

案例 45　ABB 公司的 ACS800/450kW 变频水泵，起动时变频器过载爆机

工程介绍：某市水务局，有两台 450kW 水泵，分别用两台 450kW/690V 的 ABB ACS800 变频器驱动。ABB 的 ACS800 系列变频器是机械传动工程变频器，有超强的过载能力。多用在矿山机械和要求过载能力很强的场合。ABB 的 ACS510 系列变频器才是水泵专用变频器，该水务局为了变频器耐用，选择了 ABB 的 ACS800 变频器驱动水泵，事与愿违，这两台变频器在不到一年的时间，均在起动时出现了过载爆机故障，共花去维修费 60 万元。

故障分析：供水管道如图 3-10 所示。水泵工作时，将低压管道中的水通过水泵升为高压，经过电动阀门进到高压管道。

图 3-10　供水管道

在起动时，变频器起动信号和电动阀门打开信号同时进行。水泵的叶轮还没有来得及转动，就被高压水冲得高速反转。此时变频器是顶压起动，变频器输出电流比堵转电流还要大。为了防止变频器在这种工作状态中过电流跳闸，变频器都有电流限制功能，ABB 的 ACS800 限流参数代码是 20.03，默认值为：$20.03 = 1.5 I_N$。变频器起动加速时间一般为20～30s，在这段时间内，变频器处于过载状态。

对于 ABB 的 ACS800 系列变频器，短时间过载是没有问题的，如果较长时间的过载，使逆变模块的温度持续上升，IGBT 的饱和电压 U_{CEM} 和温度成正比，温度 $T(P) = I_C \times U_{CEM}$，这是一个正循环过程

$$T\uparrow \rightarrow U_{CEM}\uparrow \rightarrow T(P) = I_C \times U_{CEM}\uparrow$$

当 IGBT 达到温度的极限值时，就会瞬间爆机损坏。

故障处理： 爆机故障是维修成本最高的，更换功率模块需要维修费 30 万元。当第二台变频器发生爆机故障之后，又花去 30 万元，水务局长着急了，寻求故障不再发生的方案。IGBT 损坏的根源是顶压起动，解决的方法要从消除顶压起动入手，要延迟电动阀门的开启时间。以变频器在管道恒定压力时的频率为参考，再结合变频器的加速曲线，给出 PLC 延时定时器的定时时间。首先观察变频器面板上的起动电流，起动时通过多长时间达到稳定值，这个时间就是 PLC 延时定时器的延时时间。通过几次试验设置，使变频器在启动时过电流现象消失问题得以解决。

结论： 机械系统抱闸使电动机堵转过载爆机、风机水泵顶压起动过载爆机，这种例子很多。当变频器较短时间的过载没有问题，而长时间连续过载就会引起爆机。

案例 46　160kW 变频器检测电路故障而报过载

故障现象： 一台 160kW/380/320A 国产变频器，驱动水泵工作，工作中突然过载跳闸。

故障诊断： 查看变频器显示面板工作电流为 380A，超过了变频器额定电流 320A，变频

器处于过载状态。用电流表测量三相输出电流，均在 280A 左右，小于变频器的额定电流，实际没有过载。判断变频器 380A 电流为误报。

变频器出现误报，主要发生在取样传感器和信号处理板。该变频器工作环境恶劣，粉尘很多，变频器附近振动很大。是否变频器的电流检测霍尔传感器出现了问题？因为霍尔传感器怕振动，将变频器分解，测量霍尔传感器的 4 条引出信号线，发现其中一个霍尔传感器电流信号线不通。

故障处理：更换一只同型号霍尔传感器，通电试运行，变频器工作正常。

结论：变频器工作在多粉尘的恶劣工作环境中，原则上要将变频器安装在具有防尘措施的控制柜中。控制柜外形如图 3-11 所示，控制柜的柜门加密封条，进风孔加装防尘网，引风机的位置要安装在变频器的正上方。

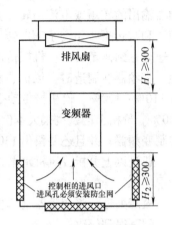

图 3-11　防尘控制柜

变频器不要安装在振动较强的环境中，如振动较强的机械传动设备、大型电动机等的旁边，因为变频器内部有些器件怕振动，电线的接头长时间振动会松动、折断，变频器的功率模块紧固螺钉会松动造成散热不良而损坏。

变频器工作在振动、多粉尘中，要定期检查和除尘。

案例 47　变频器在起动时电动机抖动报过载

故障现象：一台 3.7kW 安川 616G5 变频器，故障现象为起动时电动机抖动，变频器报过载，无法正常运行。

故障诊断：起动变频器，用指针式万用表交流电压档测量三相输出电压，发现电压严重不平衡，怀疑开关模块损坏。

分解变频器，将开关模块的母线电压断开（防止测量损坏模块），用示波器测量变频器的 6 路开关驱动信号，发现一路信号为一条直线，测量该路信号的光电耦合器（PC929）的输入和输出端，输出端没有信号。判断为该路的光电耦合器已经损坏。

故障处理：将光电耦合器更换，再测量输出端，输出信号和其他各路相同。将开关模块的母线电压恢复，通电试机，变频器的三相输出电压平衡，接上电动机，抖动现象消失，变频器也不报过载。电动机带载运行，一切正常。

案例 48　电动机漏电造成变频器过载

故障现象：一台 15kW 变频器，驱动一台 15kW 电动机。正常运行一年多以后，变频器出现运行一段时间就报过热故障。

故障诊断：查看变频器显示电流为 42A，高于额定电流 32A。检查电动机的发热情况，电动机温度确实比以往温度高。测量三相输出电流，其中一相电流为 26A，其他两相电流为 38A，怀疑电动机绕组内部短路。造成温度高的原因就是工作电流大，查看电动机的工作电流也确实比较大。

故障处理：将电动机解体检查，发现其中一相绕组有短路故障，更换新机后故障排除。

案例 49　变频器选型错误而无法工作

故障现象：某企业选用一批风机水泵专用变频器用于炼胶机，炼胶机是挤压性设备，炼出来的胶用于电缆的原材料。变频器安装后试机，变频器不能起动，一按运行就过载保护。

故障分析：风机水泵是流体性负载，在离心泵或轴流泵工作时，其转矩-转速特性按二次方减转矩变化。图3-12中的减转矩特性曲线，当转速较低时，需要的转矩 T 很小。变频器输出的电流也很小。

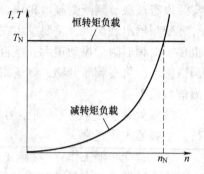

图中恒转矩负载特性曲线是机械传动负载曲线，变频器输出的转矩或电流与转速无关。由图中可见，恒转矩线和减转矩线相交于额定转速，也就是说水泵在额定转速时达到额定转矩；机械传动在起动时就达到额定转矩。变频器在制造时，风机、水泵的过载能力很小，只有110%~120%，而机械传动变频器过载能力为150%~

图3-12　变频器转矩特性

200%。价格上区别也很大本例变频器因用于挤压性设备，初始阻力很大，一般要选择矢量控制变频器，并且还要留出130%~150%的功率余量。

通过以上分析，风机水泵专用变频器因为过载能力很差，不能应用在冲击性的机械传动中。

故障处理：将变频器全部更换为矢量控制变频器，并在容量的选择上提高一个功率档次，问题得到解决。

案例50　富士G11变频器工作中报过载故障，频率不再上升

故障现象：一富士G11变频器，额定参数为110kW/380V/220A，变频器设定工作频率为45Hz，一天频率上升到30Hz就不再上升，并且出现振荡现象，变频器报过载故障，如图3-13所示。

故障诊断：因为该故障非常奇特，请求厂家技术员前来处理。厂家技术员到现场后，查看变频器显示电流为320A，远高于220A额定电流，变频器出现严重过载情况。变频器过载一般为负载重、电动机绕组短路、变频器误报等几种情况。首先要界定问题是出在变频器还是负载。测量变频器三相输出电流，测出的三相电流都在170A左右。略小于180A的工作电流，负载和电动机工作正常。判断变频器320A电流为误报。

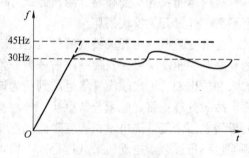

图3-13　变频器故障频率曲线

造成变频器误报的电路有检测传感器和检测信号处理板，变频器要进行解体检查。

故障处理：将变频器解体，首先检查变频器取样电路。该变频器是电阻取样，取样电阻是一块由电阻温度稳定系数非常小的金属材料制造，如康铜、铁镍合金等，并且阻值和频率无关，如图3-14所示。取样板是由螺栓和母线连接，在检查取样板时，发现一块取样板中的电阻棒有一根断裂，造成总阻值增加。更换该取样板，开机试运行，工作正常。

结论：该机起初是更换的信号处理板，信号处理板更换后故障依旧，才检查信号取样板，因为信号取样板故障率很低。

为什么过载时频率不能上升到设定值还出现振荡？是因为320A达到了变频器的默认限

流值，频率就不再往上升。

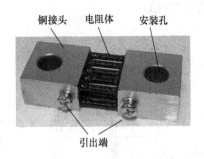

铜接头　电阻体　安装孔

引出端

图 3-14　取样模块

案例 51　50kW 变频器控制一台碎石机，工作中频繁过载跳闸

故障现象：一台 50kW 碎石机，配用 50kW 变频器，工作中频繁过载跳闸。

故障分析：碎石机是通过挤压，将大的石块压碎，作为建筑、铺路的石材，如图 3-15 所示。该机工作时，属于冲击性负载，当石块比较大，硬度比较高时，需要的冲击力要成倍增加。工作中用电流表测三相输出电流，一般情况下电流在额定电流以下，当遇到投料增加、石块坚硬等情况，变频器立刻过载。

故障处理：通过过载观察和测算，将变频器更换为 75kW 变频器，即为电动机容量的 1.5 倍，工作正常。

结论：在选用变频器时，一般遵循以下方法：

飞轮　　　　进料口

皮带轮

图 3-15　鳄式碎石机

风机、水泵负载，电动机和变频器的功率比例按 1:1 选择；输送泵、除尘风机，电动机和变频器的功率比例按 1:1.2 选择；一般机械传动，电动机和变频器的功率比例按 1:1.2 ~ 1.3 选择；提升机类，电动机和变频器的功率比例按 1:1.3 ~ 1.5 选择；冲击性、静摩擦力大的负载，电动机和变频器的功率比例按 1:1.5 ~ 2 选择。在选择变频器时，宜大不宜小，多留出一些功率余量，工作中可免除不必要的跳闸。

案例 52　伦茨 EVS9324 工作过载（输出电压不平衡）

故障现象：一台伦茨 EVS9324 变频器，工作中报过载，测量输出电流大，测量变频器的三相输出电压，输出电压不平衡。检查电动机没有问题。

故障处理：变频器出现输出电压不平衡故障，就是不平衡相的 IGBT 开关模块不工作或者已经损坏。检查 U 相 IGBT 逆变模块（BSM25GD120）正常，再检查该模块驱动电路电压，发现静态电压不正常，+15V 和 -10V 电压没有（见图 3-16），没有该电压，IGBT 输入端就没有驱动信号，则 IGBT 不工作。进一步检查，是开关电源的开关变压器损坏，更换一个相同型号的开关变压器，电路恢复正常。

结论：该变频器是硬件损坏造成的变频器输出不正常。当变频器出现输出工作状态不正常，首先用真有效值万用表测量一下输出电压是否平衡，该操作有助于做出是变频器故障还是外围电路故障的判断。如果输出电压断相或不平衡，一般就是变频器的硬件出现了故障，避免在外围电路检查上浪费大量的时间。

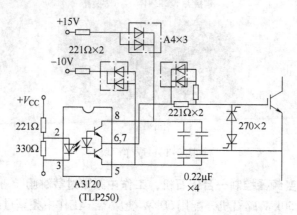

图 3-16　伦茨 9300 系列变频器驱动电路

3.3　变频器接地故障案例

案例 53　一台丹佛斯 22kW 变频器，运行中经常报接地故障

故障现象：某单位一台丹佛斯 22kW 变频器，驱动 22kW 电动机用于水泵。变频器到电动机的电缆长 120m，变频器运行中经常报接地故障，有时一星期就报 2～3 次。检查电动机和变频器，都没有问题，电缆绝缘也正常。

故障分析：变频器报接地故障，除了实质性的接地故障之外，就是电缆太长，3 条相线到铠甲之间的分布电容较大，产生了较大的分布接地电流。如果电缆长度超过 100m，就要在输出端加接交流电抗器，以滤除高次谐波，降低接地电流。图 3-17 是变频器输出电缆加装交流电抗器的情况。

变频器的输出是 PWM 波，频率在 1～20kHz 范围内可调。工程上一般使用频率为 3～10kHz。图 3-17a 是变频器的输出波形，图中高次谐波就是 PWM 波，基波就是电动机上的低频调速正弦波，频率在 0～50Hz。在使用长电缆输出时，电缆相线和相线之间、相线和屏蔽层之间，都存在分布电容，图 3-17b 中的电容 C 就是相线和屏蔽层之间的分布电容。该电容大小和电缆的长度成正比。下面分析接地电流。

电容的容抗为

$$X_C = \frac{1}{2\pi f C}$$

电容中的电流为

$$I_C = \frac{U_C}{X_C}$$

由上述二式可见，电缆越长，频率越高，促使电容的电流 I_C 上升。为了降低 I_C，在变频器的输出端串联交流电抗器，如图 3-17c 所示。变频器的输出电压通过电抗器滤波，高次谐波被滤除，剩下的就是基波，也就是图 3-17a 中的 3kHz 以上的频率成分没有了，只有 0～50Hz 的工频电压，在分布电容 C 中产生的漏电流就微乎其微了。所以当变频器的输出电缆较长时，变频器厂家提倡在变频器输出端增加交流电抗器。

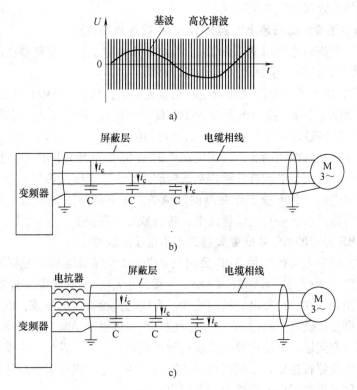

图 3-17　变频器输出电缆加装交流电抗器

故障处理： 在变频器的输出端增加了一台厂家提供的交流电抗器，故障排除。

案例 54　一台 FRN220G11-4CX 变频器一起动就报接地跳闸

故障现象： 一台 FRN220G11-4CX 变频器，配用 200kW 电动机用于鼓风机。变频器一直工作良好，没有出现过接地故障，有一天一起动就报接地跳闸。

故障处理： 变频器跳闸后能复位，说明变频器没问题，问题出在负载一侧。将三相输出电缆从变频器上卸掉，用绝缘电阻表测量三相电缆到地的绝缘电阻，发现有一相接地。进一步检查，将电动机分解，发现一相绕组和定子铁心短路。将绕组进行绝缘处理：绕组和铁心之间更换绝缘材料，灌注树脂绝缘漆，加热固化。绝缘恢复后组装试机，故障排除。

案例 55　接地体开路造成变频器损坏

故障现象： 某企业电动机和变频器共用同一接地体，因接地体出现开路故障，造成变频器损坏。接地体连接如图 3-18 所示，变频器的外壳和漏电电动机的外壳连接到同一接地体的接地线上，因接地体开路，电动机对地又漏电，则加在变频器的外壳上为三相交流电的线电压。该电压造成变频器硬件的击穿损坏。

故障处理： 当时因为是多台变频器损坏，考虑到是电源的问题，检查三相电压正常。后来发现变频器带电，总接地体开路。

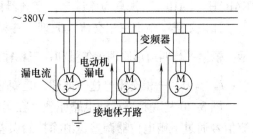

图 3-18　接地体连接

结论：该故障是总接地体开路造成的，在负载接地时，原则上是每个负载独立接地，如果需要共用接地体，则接地体必须可靠。

案例 56　施耐德变频器频率上升到 20Hz 时报接地短路故障

故障现象：一台施耐德 160kW 变频器，驱动 110kW 电动机。变频器在起动时，频率上升到 20Hz 跳闸停机，故障记录显示"电动机短路"。

故障检查：用 500V 绝缘电阻表测量电动机接地电阻，只有 0.5MΩ，绝缘电阻太小。将电动机串联电焊机烘干 24h，接地电阻变为 10MΩ（合格）。通电试机，变频器频率上升到 30Hz 时又显示"电动机短路"。分解电动机，将三相绕组的星形接点（绕组尾端接点）打开，测量三相绕组之间的线间绝缘，发现电动机的 U 相和 W 相相间短路。因为电动机是露天安装的，前一天下过雨，电动机受潮，造成线间绝缘电阻下降而击穿。

结论：非防水电动机是不能工作在潮湿环境的，更不能淋雨，因为电动机的止口、轴承、接线盒都有可能进水，一旦电动机漏电，将会威胁人身安全。

案例 57　ABB 公司的 ACS800 变频器工作中报接地故障

故障现象：旋转窑电动机配用 ABB 公司的 ACS800 变频器驱动，变频器运行中出现故障报警停机，故障显示代码"EARTH FAULT"接地故障。故障现象不连续，有时几天一次，有时几个月出现一次。检查电动机的绝缘没有问题，检查输出电缆，也无问题。在故障发生时，有时立即复位就可重新起动，有时复位几次也可以起动起来。后来联系厂家进行检查，变频器内部没有问题，外部也没有发现接地点现象。后来又发生一次接地停机，反复复位均不能起动。变频器报接地，报的就是三相输出电缆、电动机的定子绕组接地。检查没有实质性接地，那就是容性零序电流或变频器误报。

故障分析与处理：仔细阅读使用说明书中的接地故障保护说明，其中有"传动单元的 EMC 滤波器包括连接在主电路与壳体之间的电容器，这些电容器和长的电动机电缆增加了接地漏电电流，可以引起漏电保护器动作……，接地故障保护基于变频器输出端零序电流传感器检测到的接地漏电电流大于设定值"等相关解释。再结合该变频器的接地报警故障，判断该变频器不是实质性的接地，而是出现了较大的零序电流造成的。

通过修改参数将该功能屏蔽，将参数"30.17 EARTH FAULT"修改为"WARNING（警告）"，开机起动，显示面板上仍有报警状态显示，但变频器能够正常工作。怀疑零序电流传感器的灵敏度太高，厂家技术员将零序电流传感器的灵敏度调整到最低，显示面板上还是有"WARNING"显示。

进一步检查变频器的三相零序电流传感器，发现 3 个相线上的 3 个零序电流传感器输出不平衡，随即将 3 个电流传感器进行了更换。更换后变频器的报警消失，将参数"30.17 EARTH FAULT"恢复为原设定，变频器再没有出现接地报警故障。

知识扩展：根据三相交流电原理，三相交流电大小相等，相位互差 120°，如图 3-19a 所示。根据平行四边形原理求矢量和，三相输出电流之和为 0。在图中：$i_V + i_U = -i_W$，$i_W + (-i_W) = 0$。三相交流电这一原理，是变频器电流检测的基础。

图 3-20 是变频器检测电路原理，在图中，通过电阻取样或是霍尔器件取样，取出的电流信号通过平衡电位器调整，消除初始误差，使三个检测信号之和为 0。然后进行放大，放大到一定值后，输入到加法放大器。当三个信号都正常，加法放大器输出信号为 0。当出现

了接地电流，三个检测信号不再平衡。如 U 相出现接地，电流增大，三相电流之和如图 3-19b 所示，不等 0 的部分被放大器放大，输出为接地信号，如图 3-20 所示。如果三相电流出现不平衡、断相，都能检测出来进行报警。

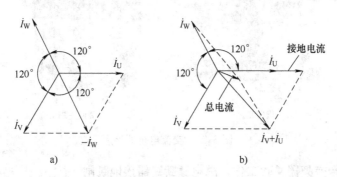

图 3-19 三相交流电原理

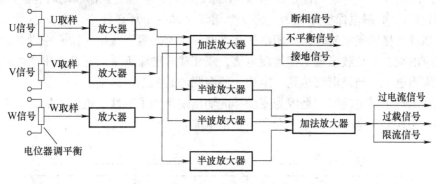

图 3-20 信号处理电路

三相检测信号通过半波整流，变成直流，再相加放大，就得到过电流、过载、限流等信号。总之，有关输出电路电流的报警都是三相输出电流检测的结果。

从维修角度分析，3 个电流传感器本身损坏，检测出来的信号不准确，变频器就产生误报；传感器后续的电路出现故障，信号处理不准确，变频器也会误报。处理变频器输出电流故障的检修思路：变频器和负载分开，变频器没问题，就是负载有问题，负载没问题就是变频器有问题，用万用表、电流表和绝缘电阻表进行诊断。

案例 58 台达 45kW 变频器工作中隔离断路器总跳闸保护

案例现象： 台达 45kW 变频器，驱动一台 45kW 水泵电动机，工作中总电源隔离断路器跳闸保护，影响到正常工作。

故障分析与处理： 开始考虑到断路器容量小，进行了更换，无效。该断路器带有接地保护，分析可能是变频器的接地电流引起的，就把接地线断开了，断开接地线后果然就不再跳闸。工作了一段时间，厂长觉得不安全就恢复了接地线，又继续跳闸。查看变频器说明书，电缆超过 100m 要加装交流电抗器（见图 3-21），通过咨询电抗器厂家，电抗器必须和变频器的功率配套使用，电抗器功率选大了，电感量不够，无滤波作用，电抗器功率选小了，绕组线细发热量大，容易烧毁。根据厂家建议，买了一台和变频器功率配套的电抗器，安装上以后，断路器不再跳闸。

横向走线　　　　　　　　竖向走线

图 3-21　交流电抗器外形

案例 59　多台变频器并联工作，总电源断路器接地跳闸

故障现象：有 4 台西门子 MM440 45kW 变频器并联安装在同一电网（见图 3-22）。在试机时电网总隔离开关——漏电保护断路器 QF 总是跳闸，单台变频器起动时也跳闸。

故障分析：QF 漏电保护原理为，将 3 个相线穿过一个环形铁心，在铁心上绕制一个多匝线圈。当没有接地漏电流时，三相电流是平衡的，流入等于流出，铁心中没有磁通，线圈中没有感应电流；当负载出现了接地漏电流，三相输入电流不平衡，铁心中产生磁通，在线圈中就感应出电流，当该电流达到一定值，便会驱动跳闸系统跳闸。

该案例出现了漏电跳闸，是因为变频器的输出端出现了容性漏电流。因为输出电缆、电动机等存在接地分布电容，该电容会产生接地电流。

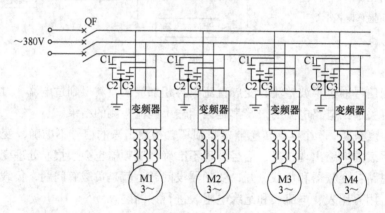

图 3-22　变频器接线图

故障处理：查看漏电保护断路器 QF 的跳闸电流为 30mA，变频器的漏电流肯定要大于 30mA，所以变频器工作就跳闸。建议将漏电保护断路器 QF 更换为普通断路器，企业不同意，和企业协商，将每台变频器的输出端增加了一台交流电抗器，滤除高频载波成分，减小漏电流；在变频器的输入端每相对地并联一个 0.22μF 的高压无极性电容器（见图 3-22），跳闸现象消失。

案例 60　西门子 6SE7018 变频器工作中报 "F026" 接地故障

故障现象：一台西门子 6SE7018 变频器通电后显示正常，但起动运行后，则显示

"F026"接地故障。

故障分析：查变频器使用手册，报"F026"为过电流或者变频器对地漏电。检查变频器的输出外线，用绝缘电阻表测量电缆和电动机的接地电阻，均正常；电动机没有短路故障，即外线没有接地和过电流现象。问题应出在变频器的内部。

分解变频器，逐个检查主回路的元器件并加电测试，均没有发现问题，检查驱动电路、驱动信号和 IGBT 等都正常，最后怀疑电流检测电路有问题。将 3 个霍尔电流传感器进行更换，故障依旧。测量 3 个霍尔电流传感器的辅助电源为 ±15V，也正常，问题只有在电流检测放大处理电路了。重新检查该电路的运放器件 TL084，发现一个回路输出不正常，检查外围元器件没有发现问题，只能是 TL084 本身有问题。

故障处理：更换 TL084，重新起动，变频器恢复正常运行。

结论：在变频器的检测电路中，比较容易出现问题的是霍尔电流传感器和运算放大器。霍尔电流传感器怕振动，运算放大器是模拟放大器，容易损坏。

当检查电缆和电动机没有问题，就要怀疑变频器是误报了，误报就是变频器的检测电路或检测放大电路出现了问题，变频器就要解体维修了。

案例 61　丹佛斯 5011 变频器显示"alarm 14"接地报警

故障现象：变频器工作时，显示屏上出现"alarm 14"报警，变频器不能工作。重新送电后按"reset"键能复位，再起动时再次报警，变频器仍不能工作。

故障分析：查操作手册，"alarm 14"为接地报警。检查电动机和相关电缆并无接地故障，故障应出在变频器内部。

主要检查取样传感器和信号处理板。霍尔传感器电流取样板如图 3-23 所示。测量 3 个霍尔电流传感器的 ±15V 电压，均正常；检测 3 个霍尔电流传感器的输出信号，均正常；进一步检查信号分压板的 3 个输出信号，U 相信号明显偏高。

信号分压板是一个陶瓷基厚膜电路，分压电阻 R501 直接制造在陶瓷基片上。测量 U 相的分压电阻 R501，已经开路。因为该电阻开路，U 相检出的信号不经分压就直接输出，所以该相检测信号明显偏大，造成变频器三相检测信号不平衡，变频器便报接地故障。

故障处理：因为 R501 电阻是直接制造在陶瓷基片上，必须将陶瓷基厚膜电路一起更换。因相同规格的厚膜电路一时难以找到，便采用一个相同阻值的、

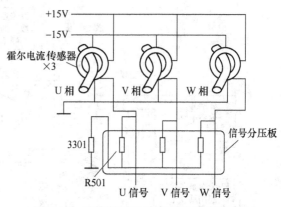

图 3-23　丹佛斯 5011 变频器电流检测电路

大功率贴片电阻进行替代，焊接在陶瓷基板上。重新起动变频器，运行正常。

总结：接地故障是变频器较常出现的一个问题。在排除了变频器外围电路的原因之后，问题就在变频器内部了。变频器最可能发生故障的部分就是霍尔传感器和信号传输电阻，由于它们受温度、湿度、腐蚀气体等环境因素的影响较大，工作点很容易发生飘移，导致接地报警。

第4章 变频器欠电压、过电压故障的维修

4.1 变频器输入控制电路分析

4.1.1 三相电源输入电路

1. 变频器三相输入电路结构

图 4-1 是变频器常用连接图，在图中，断路器作为隔离开关使用，只用于变频器长期断电或维修断电，必须要有明显的断点，断开或闭合一眼就能看到。交流接触器是工作开关，控制变频器的通、断电。交流电抗器是变频器三相输入交流电流滤波的，因为整流电路会产生大量的高次谐波，对电网有干扰，是一个可选件，有的变频器可不安装。高频噪声滤波器是滤除共模干扰信号的，防止变频器干扰和变频器工作在同一电网上的弱电电器，也是一个可选件，干扰小可不安装。

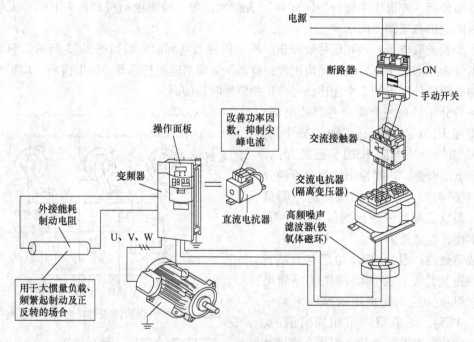

图 4-1 变频器常用连接图

2. 输入电路器件故障

上述这些电器作为变频器电源的控制电器，有一个损坏，变频器就会出现输入断相、输入欠电压等故障。所以变频器外电路造成变频器欠电压（工程上简称欠电压）报警，首先要检查这些部件接触是否良好。检查时断开断路器，用手拉导线看是否松动，用万用表测量

接触电阻，观察是否变形、变色。

3. 变频器主电路

变频器主电路如图 4-2 所示。图中，VD1~VD6 组成三相整流电路，将三相交流电整流为直流电。整流电压波形如图 4-3 所示。

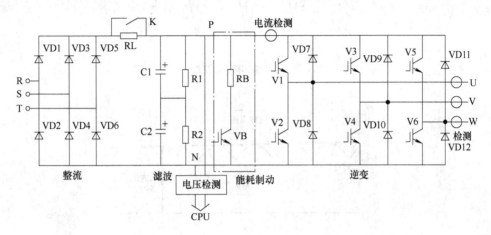

图 4-2　变频器主电路

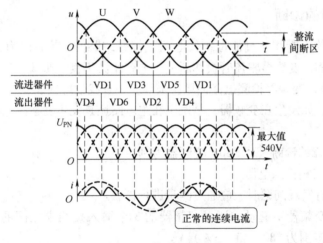

图 4-3　整流电压波形

通过 VD1~VD6 交替导通，在直流母线 P、N 之间得到 6 脉波直流电，即 1 个周期有 6 个小波峰。如输入电压为 380V，整流后直流电压平均值为 515V，波峰值为 540V，用万用表直流档测量的是平均值。如果有一路断相，或者整流二极管损坏，电路就变为单相整流，波形如图 4-4 所示，输出平均电压为 324V（有效值的 0.9 倍）。

4. 滤波电路

图 4-2 中的 C1、C2 是滤波电容，其作用就是将整流后的小波峰滤除。通过滤波，可以使平均电压在空载时达到最大值。在负载时随着输出电流的增加，电容放电加快，电压会下降。滤波特性如图 4-5 所示。

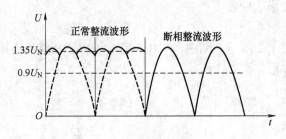

图4-4　断相整流波形

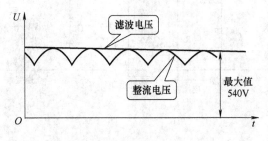

图4-5　滤波特性

4.1.2　电路故障的诊断

变频器出现"输入断相、直流母线欠电压"报警或跳闸。其原因为：三相电源出现故障，如欠电压、断相；变频器整流管损坏断相、电容滤波不良、限流电阻 RL 损坏、继电器接触不良（或损坏），变频器检测电路损坏误报等。在查找故障时，首先要界定故障发生在外电路还是变频器；如发生在变频器，是发生在主电路还是发生在检测电路，之后才能实施维修。

1. 内外电路故障的诊断（以 380V 变频器为例）

（1）空载测量三相输入电压

当直观检查没有发现问题时，应通过测量进行检查。

空载测量就是变频器不起动，测量变频器的 3 个输入接线端之间的线电压 U_{RS}、U_{RT}、U_{ST}。3 个电压正常范围为 380 × （1 ± 5%） V。

（2）带载测量

起动变频器，电动机转动，变频器输出电流逐渐增加。带载测量时，如果是发生在起动时报欠电压，就要监视测量。在测量时如发现某相电压随着频率的上升而持续地下降，则这一相上的低压电器触点、接头接触不良。如果测量时线电压低于 380 × （1 - 10%） V 变频器跳闸，是外电路电压低；如果三相电压均正常，则问题在变频器。

2. 变频器欠电压内电路测量

当判断故障在变频器时，首先测量变频器直流母线，将万用表拨到直流 1000V 档，测量变频器 P、N 两点之间的电压。测量时变频器要满载工作，若测得电压在 515 × （1 - 5%） V 之内，变频器跳闸，则是变频器误报；若测得电压超出 515 × （1 - 10%） V，则可能整流管损坏。判断整流管损坏可以用测量直流电阻加以判断。

3. 变频器过电压的测量

变频器出现过电压报警或跳闸，一种情况是三相输入电压高，直流母线电压也高；另一种情况是电动机被负载拉着快转，出现倒发电现象。回馈电能通过逆变电路整流，给直流母线充电，造成 P、N 两点间电压升高。最常见的倒发电情况发生在惯性负载停机降速时和位能负载下降时。

三相输入电压高好判断。电动机倒发电就要测量直流母线。有时是瞬间倒发电，必须用万用表监视测量。一旦确定是电动机倒发电，根源就是电动机被负载拉着瞬间快转，应检查电动机和负载。

当直流母线电压正常，变频器仍报过电压，则是变频器误报，问题在检测电路。

4.1.3　变频器电压取样和信号处理

1. 电压取样电路

电压取样电路如图 4-6 所示，直流母线电压 U_{PN} 通过 R1、R2 分压，在 R2 上取出信号电压，因为这是直流高压，不能和低压共地，通过光电耦合器加以隔离，电压信号通过光电管的发射极传到运算放大器的输入端，由运算放大器放大后，进行模/数转换，转换为数字信号传导至 CPU，因为 CPU 只识别数字信号。在 CPU 的存储单元存储着欠电压、过电压、正常电压的标准值，将检测到的电压和这 3 个标准值比较。

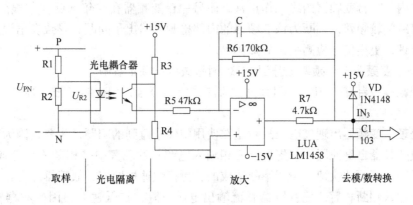

图 4-6　取样和信号处理

1）起动时母线电压达到标准值，起动接触器 K 闭合（见图 4-2），短路限流电阻 RL，变频器完成起动。

2）当电压达到了过电压标准值，先开起制动电阻，如没有制动电阻，则报警；电压再升高则跳闸。

3）电压低于欠电压标准值，欠电压报警，再低则跳闸。

只要报输入电压低、输入电压高，就是该电路检测的结果。

2. 电压误报故障的处理

当诊断出变频器跳闸是变频器误报，就要对硬件电路进行检修。解决方法为：

1）更换新机。对功率比较小、维修价值不大的变频器，更换新机是最好的选择。

2）更换电路板。发现变频器的故障在哪块电路板上，即将该电路板换新，这是变频器厂家和变频器用户采用的通用方法。

3）芯片级维修。芯片级别的维修技术含量很高，能做到的人不多，一般都是很专业的技术人员才能胜任。

4）变通应用。变通应用就是变频器带病工作，是以取消保护功能为代价，日后再发生外部故障时也不能保护。如西门子M430变频器报欠电压跳闸，设置P1254＝0（P1254是直流母线电压自动检测，＝1为检测，＝0为不检测）。变频器跳闸信号被屏蔽，当真发生了欠电压也不进行保护。修改取样电路R2电阻，也可以消除误报。

4.2　变频器欠电压跳闸案例

案例62　恒压供水系统变频器误报欠电压故障

故障现象：一台三垦160kW变频器，在工作中，偶尔报欠电压停机。该变频器用于恒压供水系统，在一年前有时就报欠电压跳闸，复位后能正常工作。最近一段时间，跳闸比较频繁，一个星期就跳几次，影响到正常工作。

故障检查：首先测量三相交流电压，均为385V，正常；再测量直流母线上的电压，带载时为510V，正常。该厂共有两台同型号的三垦160kW变频器，将两台变频器起动，输出频率都调整为40Hz，再测量两台变频器的直流母线电压，均为505V。

故障判断：由于两台变频器型号相同、功率相同，且外加电压和母线电压均相同，都在正常范围之内，一台变频器始终工作正常，而另一台变频器在一年前就偶尔报欠电压故障，近期又报警跳闸较频繁，判断为该变频器的内部检测电路出了问题，导致发出误报。

故障处理：更换信号检测板，故障排除。

案例63　变频器工作频率上升到15Hz时报欠电压保护跳闸

故障现象：一台富士FRN11G11S变频器在频率上升到15Hz时，报"LU"欠电压保护跳闸。

故障处理：变频器出现欠电压故障是在使用中经常碰到的问题，主要是因为三相主电源电压太低或变频器自身原因。首先检查三相输入电源，发现其中一相断相。检查断相电压，是串联在断路器下面的快速熔断器熔断造成的，更换快速熔断器，故障排除。

结论：输入端断相后，使变频器整流输出电压下降，在低速时，因变频器输出电流较小，变频器内的直流母线靠充电电容器的充放电作用，还可以维持较高的电压，但在输出频率调至一定值后，直流母线电压下降到变频器下限电压检出值，变频器报"LU"欠电压保护跳闸。这就是变频器断相时频率上升到15Hz才报欠电压跳闸的原因。

案例64　西门子M430变频器遭雷击，修复后工作中报欠电压跳闸

故障现象：一台西门子M430变频器，功率为30kW，工作中遭雷击跳闸。

故障检查：首先检查变频器外围电路，发现控制接触器线圈烧断、低压导线烧断、380V指示表头烧坏、表头的前面板炸飞、指示灯烧断。

故障处理：首先将变频器的外围电路修复，然后检查变频器。测量变频器的三相输入端子到直流母线的直流电阻，6只整流管均正常，内部没有短路现象。给变频器通电，变频器工作正常。进一步对变频器进行检查，各项参数和雷击前没有变化，变频器系统修复。变频器在工作了1h以后，报欠电压跳闸停机。

根据变频器欠电压跳闸的检测顺序，首先测量三相输入电压，发现断相。查找断相原

因，当检测到变压器的低压配电柜时，发现 380V 三相低压有一相快速熔断器熔断，更换后变频器工作正常。分析原因，熔断的快速熔断器实际上在雷击时就已经受损，但没有完全熔断，当变频器工作后，相线电流增大，受损的快速熔断器熔断。

案例分析：变频器控制系统遭到雷击，外围电路烧得如此严重，为什么变频器毫发无损？西门子变频器在应用中都反应雷电跳闸太灵敏，此次雷击发生在夜晚，雷电频繁，在小的雷击发生时变频器就已经跳闸，接触器断开。后来发生了大的雷击，已经和变频器无关。

攀枝花市有一化工企业，因为西门子变频器遭雷击跳闸太灵敏，影响了生产，一气之下全都更换为 ABB 变频器，减少了雷击跳闸次数。后来遭到一次大的雷击事故，多台 ABB 变频器损坏，损失很大。为了防止变频器遭雷击跳闸损坏，在变频器控制柜中增加氧化锌小型避雷器，效果很好，加装位置为变频器的三相进线端，如图 4-7 所示。

案例 65　西门子 M440 变频器工作中应报过电流但报欠电压

故障现象：一台新安装的西门子 M440、4kW 变频器，驱动一台 4kW 电动机，变频器和电动机均为同一品牌，由同一供应商提供。该变频器安装好后，工作中频繁报欠电压并跳闸。

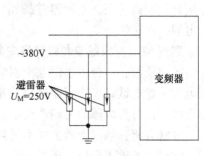

图 4-7　避雷器安装

故障检查：测量交流输入电压为 380V，正常（变频器停机测量）；测量直流母线电压（空载）为 510V，正常。因为是新变频器，内部电路故障的可能性很小。半个月时间没找出故障所在，偶尔发现配用电动机的功率为 5.5kW（供应商发错，安装马虎），随后由供应商进行了更换。电动机更换为 4kW 后故障消除。

案例分析：本案例本质上是小功率变频器驱动大功率电动机，变频器应报过载（过电流），怎么会报欠电压呢？原因分析如下：

1）该变频器距离电源变压器较远，工作时电源线上的电压降落较大。更换电动机后，变频器空载测量为 380V，带载时测量下降为 365V。电动机更换前，变频器带载测量该电压可能会更低。

2）西门子变频器在欠电压故障中有两点说明，分别为"供电电源故障"和"冲击负载超过了规定的限定值"，冲击负载超过了规定的限定值也就是负载过重。本例为小功率变频器驱动大功率电动机，为变频器的负载过重，输出电流增加，造成直流母线电压下降，变频器报欠电压故障。

本例提醒大家，变频器安装前要考虑电源线的线损。

案例 66　电源线电压降落大导致变频器欠电压跳闸不能工作

故障现象：某企业一台 200kW 变频器，距离变压器 200m，采用 50mm² 铜芯电缆，变频器工作时频繁报欠电压跳闸，不能工作。

故障分析：变频器空载时输入端电压为 380V，带载时下降到 360V 以下，因电源电缆的截面积选得小，线损太大，造成变频器欠电压跳闸。根据欧姆定律，可求得线损为

$$\Delta U = I_L \Delta R = I_L \frac{\rho l}{S} = 400 \times \frac{1.75 \times 10^{-8} \times 200}{50 \times 10^{-6}} V = 28V$$

式中　I_L——相线电流有效值，单位为 A；

ΔU——线损电压有效值，单位为 V；

ΔR——相线电缆电阻，单位为 Ω；

ρ——铜导线电阻率，单位为 $\Omega \cdot m$；

l——导线长度，单位为 m；

S——导线截面积，单位为 mm^2。

由计算可知，电缆的线损太大。

故障处理： 将变压器的高压分接开关调高了两档，变频器空载时线电压达到 420V，带载时保持在 390V 左右，变频器工作正常。工作了一段时间后，发现了两个问题，一是当变频器停止工作时，线电压太高，使工作在同一电网上的其他电器过载；二是变频器工作时线损太大，易造成电缆发热。后来将电缆更换为截面积是 $90mm^2$ 的铜芯电缆，变压器的高压分接开关调高一档，变频器空载和带载时电源线电压均保持在 380～400V 内，变频器和其他电器工作正常。

案例 67　变频器控制柜现场安装时欠电压跳闸

故障现象： 一台用于供水控制的 30kW 变频器控制柜，安装好后运到现场调试，接好三相电源，通电试机。变频器运行后报欠电压跳闸，测量三相输入电压，均为 385V，因为是新变频器，自身故障的可能性很小，怀疑电动机有问题。

故障分析： 第二天两个技术员到现场，分析故障原因。又将变频器起动了一次，问题依旧，测量三相输入电压，还是 385V。电动机是深井泵专用的防水电动机，如果有问题，则变频器会报接地故障，不会报欠电压，且电动机一直在应用。

一个人起动变频器，另一个人用万用表测量三相电压，当变频器的输出频率达到 40Hz 左右时，三相电压从 385V 下降到 360V，变频器又报欠电压跳闸，原来是相线的线损大造成故障。为什么水泵可以长期工作，变频器就跳闸呢？电动机是非智能电器，电路中又没有安装保护电器，只要不会过电流烧毁，电动机就可以一直工作。

故障处理： 更换线径较大的三相导线，变频器报警解除。

结论： 三相电源线如果只连接电动机一类非智能电器，当出现了欠电压情况时，只要电动机能转动，就不会引起人们的注意。导线上的线损大，白白浪费大量的电能，还会因电动机电流大烧毁电动机。而智能电器从设计上避免了线损过大的情况。

案例 68　富士变频器在有大功率设备起动时报欠电压，显示"lu"

故障现象： 一台富士 FRN200G11-4CX 变频器，在起动大功率设备（起动 4000kW 同步电动机）时，该变频器报欠电压跳闸，但在同一电源上工作的其他两台富士 FRN22G11-4CX 变频器不跳闸。

故障处理： 在大功率设备起动时，引起电源电压瞬间下降，当电压下降到变频器设定的下限值时，变频器欠电压跳闸。此种跳闸属于变频器瞬间停电保护跳闸，因为电源电压瞬间下降时间很短，当大功率设备起动后即自动恢复正常，为了防止变频器跳闸之后不再起动而影响生产，变频器都有"瞬间停电自起动功能"，该功能可通过参数进行设置。

该富士变频器"瞬间停电自起动功能"参数为"F14"，检查变频器该功能参数的设置，保持为出厂默认值"F14 = 1"，将该参数修改为"F14 = 3"，"F14 = 3"为"瞬时停电自动再起动"。自该参数修改后，大功率设备起动时，变频器不再发生欠电压跳闸现象。

同时查看了另两台变频器，该参数已经修改为"瞬时停电自动再起动"。

案例 69 富士 FRN30G11-4CX 变频器通电就报欠电压跳闸，显示 "lu"

故障现象： 一台富士 FRN30G11-4CX 变频器，通电就报欠电压跳闸，显示 "lu"。

故障诊断： 首先测量三相输入电压，正常。空载测量直流母线电压，较低（测量方法如图 4-8 所示），判断是变频器内部出了问题。断开三相输入电压，10min 后测量三相输入端（R、S、T）到直流母线（P、N）之间的直流电阻（测量方法如图 4-9 所示）。将数字万用表拨到晶体管档，将指针万用表拨到 ×100Ω 低阻档，测得 6 只整流二极管的正向电阻。数字万用表测得在 400kΩ 左右，指针万用表测得在 500～1000Ω。主要看 6 只二极管正向电阻的一致性要好；测量反向电阻阻值时，指针万用表表针不动，数字万用表显示为无穷大。经过测量，6 只二极管均是好的。

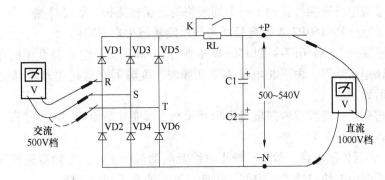

图 4-8 输入和直流母线电压测量

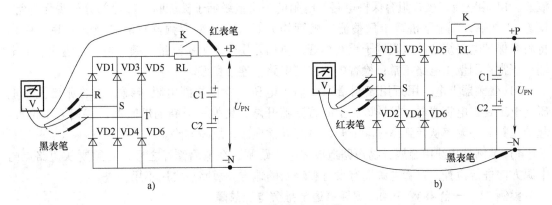

a)　　　　　　　　　　　　　b)

图 4-9 测量整流二极管

因为在测量 6 只整流二极管的过程中也测量了限流电阻，电阻导通且阻值小，说明限流电阻也是好的。剩下的只有并联在限流电阻上的继电器（接触器）了。经操作人员回忆，通电后没有听到继电器 K 吸合的声音，判断为继电器不吸合。将变频器分解，测量继电器的线圈直流电阻，正常。给线圈单独加上 24V 直流电，继电器吸合，则问题发生在继电器的驱动电路。通过进一步检查，原因是为继电器供电的 24V 电源上的一只稳压集成块 IM7824 损坏。

故障处理： 将该集成块更换为同型号的新品，变频器恢复正常。

案例 70 丹佛斯 VIT5004 型 4.5kW 变频器加载时报欠电压故障

故障现象： 通电显示正常，加负载后报欠电压故障，显示 "dc link undervolt（直流回路电压低)"。

故障分析和处理：变频器报欠电压故障主要有两种可能，一种是外电路故障，发生的概率较高；另一种是变频器内部器件损坏，发生的概率较低。所以当变频器出现欠电压报警时，首先要检查一下外电路，防止走弯路。

测量该变频器的三相输入电压（测量方法参考图4-8和图4-9），显示正常。测量直流母线电压，空载时正常，带负载时电压下降，在变频器输出为10Hz左右时，变频器跳闸，这种现象是变频器整流电路断相的表现。因为输入三相电压正常，问题应该出在整流二极管上。

应用前一例的测量方法测量整流桥的6只整流二极管，经测量发现该整流桥有一路桥断臂开路，造成整流电路断相。更换了一个同规格的三相整流桥，故障排除。

案例71　富士FRN160P7-4型变频器工作中突然报欠电压跳闸

故障现象：富士FRN160P7-4型160kW变频器，380V交流电来自低压配电室，通过隔离开关和三相快速熔断器，由三相电缆送至变频器。变频器在运行中其内部突然"砰"的一声异响，随后跳闸停机。

故障检查与处理：变频器内部出现异响并跳闸，说明变频器内部出现了硬件故障，造成主电路损坏。首先进行下列检查：

1）检查变频器外围电路。输入、输出电缆及电动机均正常，变频器进线所配快速熔断器未熔断。变频器内部快速熔断器完好，说明其逆变回路无短路故障。

2）打开变频器外壳，发现三相交流输入端子内部的3个铜母线之间有明显的短路放电痕迹，L1相整流二极管阻容保护电路的电阻的一个接线端子被烧断，其他部分外观无异常。检查L1相输入端上下桥臂4只整流二极管均完好（大功率变频器整流二极管并联应用）。将阻容保护电路烧断的电阻端子重新焊好，再用万用表电阻档测量变频器主回路输入、输出端均正常；测量主电路正常；检查内部控制电路，连接良好。

3）变频器上电，用万用表测量三相输入电压，发现烧断电阻接线端子的那相没有电压，电工到配电室查看，发现该相上的熔断器开路，更换一只新的熔断器，三相电压正常。起动变频器，频率从低到高逐渐上升，没有异常现象，故障排除。

4）本例是相线由金属异物短路造成欠电压跳闸，在电路修好之后，必须要从短路点向电源方向进行检查，查看电源端有没有被烧断的地方。短路点之后不用检查。

案例72　一台4kW小功率变频器通电报欠电压故障

故障现象：变频器在运行中报欠电压，复位后再起动，变频器显示直流母线没电。

故障检查与处理：首先测量三相输入电压，均正常。测量变频器的直流母线电压，为零。造成直流母线没电的原因有：6只整流二极管全部开路；限流电阻断开；短路限流电阻的继电器不闭合。将变频器断电，测量三相输入端子R、S、T和直流母线P、N之间的直流电阻，发现整流桥上桥臂的3只整流二极管都不通，3只整流二极管同时损坏的可能性很小，限流电阻开路的可能性很大。

将变频器分解，直接测量限流电阻，阻值正常，问题应出在限流电阻到直流正母线之间的电路中。翻到电路板背面的焊盘，发现限流电阻引脚和覆铜板的焊盘开焊，限流电阻引脚的周围打火烧出了一周黑圈。将引脚打磨干净，加入松香助焊剂，重新焊牢，变频器修复。

结论：变频器通电没反应，一般为直流母线没电，因为低压开关电源由母线供电，所以应首先检查整流电路和限流电阻。

案例 73　西门子 M430、30kW 变频器经常报欠电压停机

故障现象：西门子 M430、30kW
变频器，在使用过程中经常报欠电压
停机，复位后再次开机可能又正常。

故障检查：测量三相输入电压和
直流母线电压，均正常。经过较长时
间的观察，发现在出现跳闸停机前，
继电器（见图 4-10 中的 K）吸合不
正常，发出"哒哒"的响声，即变频
器报欠电压跳闸是继电器吸合不正常
造成的。

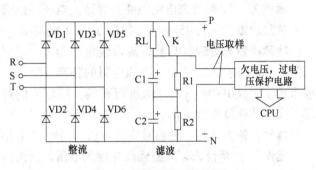

图 4-10　限流电阻连接图

故障处理：分解变频器，变频器限流电阻 RL 和继电器 K 连接如图 4-10 所示。检查继
电器线圈直流电阻，正常。继而检查线圈的供电电路，结果发现，开关电源供继电器线圈的
一路电源上的滤波电容漏电，造成该路电压偏低且不稳定，当电压低于继电器的吸合值，继
电器便出现乱跳不吸合现象。将该电容更换，故障排除。

结论：变频器限流电阻串联在滤波电容上，当继电器触点接触不良时，直流母线失去滤
波作用，两端电压降低，变频器便报欠电压跳闸。

案例 74　康沃 CVF-G-5.5kW 变频器欠电压没有输出

故障现象：变频器开机后面板有频率显示，频率改变正常，但变频器没有输出，电动机
不转动。

故障检查：测量三相电源电压和直流母线电压，均正常。变频器没有输出，一是驱动信
号没给上；二是 IGBT 开关器件不工作。因为变频器的面板有频率显示，问题应该出在末端
电路。根据维修从易到难、从简到繁的原则，首先测量变频器的逆变电路。在变频器分解前
测量三相输出端子 U、V、W 到直流母线 P、N 之间的直流电阻（见图 4-11），发现上桥臂
的 3 只续流二极管都不导通。因为 3 只续流二极管（VD7、VD9、VD11）同时开路的可能性
很小，应该是正母线开路的可能性最大。

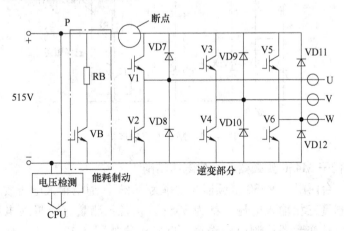

图 4-11　逆变电路断点图

分解变频器，发现 IGBT 模块的正母线端子和覆铜板的焊盘开路，端子和焊盘之间出现一圈黑色的打火烧痕。将焊盘周围清洁处理，添加助焊剂焊牢，故障排除。

案例75　变频器充电电阻断开导致欠电压不能起动

故障现象：一台45kW变频器，通电不能起动。

故障检查与处理：测量直流母线电压为零。通过对变频器解体检查，发现是限流电阻（见图4-2中的RL）开路。因该电阻的替换电阻一时无法找到，变频器又不能长时间停机，故采用了一只100W白炽灯泡进行替换，将灯泡的灯口引出两条导线接于原限流电阻的两端，变频器恢复正常工作。

结论：该方法是一种临时应急方法，当购到合适的限流电阻时，再进行替换。

案例76　两台55kW变频器先报欠电压，后无电

故障现象：一台55kW变频器，驱动一台45kW电动机用于抽油机。抽油机在工作时做往复运动，当空载下行时电动机产生回馈电能，由外接制动电路将其回馈电能消耗掉。制动电路由制动电阻RB和制动器件VB组成，制动电阻RB和制动器件VB是外选件，独立安装在变频器外部，通过导线连接到直流母线的P、N外端子上（见图4-12）。某天，变频器在工作中报欠电压跳闸，复位后再起动，变频器无电。

故障处理：测量输入电压为380V，正常，测量直流母线发现没有电压，判断为变频器故障。将变频器拆除，换上一台新的同型号变频器，开机又报欠电压，怀疑外电路有问题。断电5min，待滤波电容的电压充分放电后，用万用表电阻档测量直流母线两端电阻，阻值为十几欧，再测量制动器件（IGBT开关器件），已经短路。将制动器件换新，故障排除。

结论：因为检查变频器故障时，漏掉了外选件的检查，造成连续损坏变频器现象。

烧坏限流电阻的原因分析：如图4-12所示，当VB短路，RB成为整流电路的负载，通电瞬间，继电器因为还没有得到闭合信号，此时直流母线电压就加在RL和RB串联电路上。RB的阻值小、功率大，RL的阻值大、功率小，串联电路通过的是同一电流，根据串联电路功率分配原理，阻值大，分得的功率多，阻值小，分得的功率少，$P_{RL} \gg P_{RB}$，所以通电瞬间RL烧断。

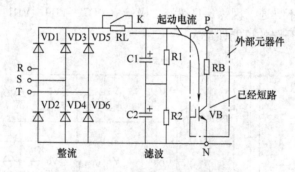

图4-12　制动电路的连接

案例77　西门子M430变频器误报欠电压跳闸

故障现象：一台西门子M430变频器，功率为30kW。通电报欠电压故障，不能工作。

故障检查：测量三相输入电压，都为385V，正常；测量直流母线电压为540V，也正常。判断报欠电压是变频器检测电路误报。拆机检测如图4-13所示，限流电阻RL正常，继电器 K 不闭合。进一步检查，发现继电器线圈没有 24V 电压。用外接直流电源给继电器线圈加上 24V 直流电，变频器依然报欠电压。根据上述现象，判断故障在电压控制板上。

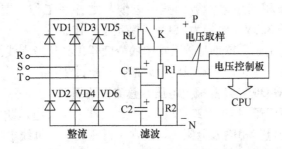

图 4-13　西门子 M430 变频器电压取样电路

故障处理： 更换电压控制板，故障排除。

结论： 变频器报欠电压跳闸，如果测量外电路和变频器的直流母线电压都正常，就是变频器电压检测控制电路故障。

案例 78　汇川 MD380 变频器空载正常，带载便报欠电压跳闸

故障现象： 一台 22kW 汇川 MD380 变频器，起动时报欠电压跳闸。

故障分析： 一台新安装的 22kW 汇川 MD380 变频器，起动时输出频率上升到 20Hz 左右，变频器报欠电压跳闸。跳闸后测量三相输入电压，均为 390V，不欠电压不断相。测量变频器直流母线电压，空载时为 540V，起动变频器后测量，随着变频器输出频率的上升，直流母线电压下降。当电压下降到 460V 左右时，变频器又报欠电压，该故障很像输入端断相或整流二极管损坏。因为三相输入电压已经测量，并不断相，那就是变频器内部有的整流二极管损坏。将变频器断电，用万用表的 ×10Ω 电阻档测量变频器的三相输入端到直流母线的电阻，测得整流二极管没有开路故障。

重新梳理思路：变频器为新机，一般不会有质量问题，问题最大可能还是出在外电路。将变频器重新起动，用电压表监视三相输入电压，发现随着变频器输出频率的上升，三相电压在逐渐下降，当下降到 350V 时，变频器报欠电压故障。

因为三相电源电缆的截面积较小，阻抗较大，当变频器工作时，随着电流的逐渐增大，在导线上的电压降也逐渐增大，当变频器输入端的线电压下降到一定值时，便造成变频器欠电压跳闸。

故障处理： 更换输入电缆，故障排除。

案例 79　一台 160kW 变频器，通电起动便报欠电压跳闸

故障现象： 一石化企业，自己安装了一台富士 FRN11G11S 变频器，参数为 160kW/380V/320A，变频器距离变压器 200m，变频器安装完毕，试机工作时变频器报欠电压跳闸。观察三相电源电压指示表头，发现变频器工作频率上升到 40Hz，表头指示电压下降到 350V，变频器跳闸。变频器输入电缆采用的是三相铜芯铠甲电缆，电缆截面积为 $50mm^2$。变频器停机时，电源电压指示为 390V，也就是在电缆上有 40V 压降。

故障处理： 考虑到更换电缆投资较大，就调整变压器的升压开关，将电压升高了 40V，变频器空载时为 420V，开机工作电压为 380V，变频器工作正常。

该变压器除了为变频器供电之外，还担负着车间其他电器的供电，由于电压升高，灯具频繁损坏，电动机工作过热。因为提高了变压器输出电压，工作中在变频器电缆上的电损为 $P = 3IU = 3 \times 300A \times 40V = 36kW$，电损太大。

最后又购买了一条相同规格参数的铠甲电缆与之并联工作，变压器出口电压调整为 400V，变频器工作电压 380V，电损为 18kW。满足了工作条件。

结论： 在变频器应用中，特别是较大功率的变频器，必须考虑线路电损的问题。变频器和变压器距离越短越好，变频器厂家规定距离最长不超过 250m。

案例 80　西门子 M430 变频器报欠电压，整流模块损坏

故障现象： 一台西门子 M430、22kW 变频器，工作中报欠电压跳闸。

故障检测： 首先测量三相输入电压，均正常。再测量直流母线电压，空载正常，带负载时电压下降，下降到 460V 左右，又报欠电压跳闸，测量方法如图 4-14 所示。判断为整流模块损坏。

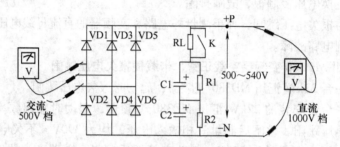

图 4-14　测量输入和直流母线电压

对整流模块直流电阻进行测量，测量电路如图 4-15 所示。用指针万用表测量，档位拨到 $\times 100\Omega$ 低阻档，黑表笔分别接 R、S、T，红表笔接正母线，测量上桥臂的 3 只二极管的正向电阻（见图 4-15a）；红表笔分别接 R、S、T，黑表笔接负母线，测量下桥臂的 3 只二极管的正向电阻（见图 4-15b）。哪一只不通，哪一只损坏。在测量时导通应有几百欧的直流电阻，如果电阻为零，则管子击穿。

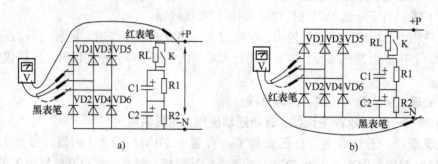

图 4-15　测量整流二极管电阻

通过测量，VD3 和 VD4 损坏，开路不通。

故障处理： 更换整流模块，试机正常。

结论： 本例是整流管损坏造成的欠电压故障。案例中给出了检查测量方法，该方法测量时可以不拆解变频器，直接在路测量，是现场工程技术人员判断变频器主电路故障的简单方法。

案例 81　ABB 变频器制动选件短路造成欠电压跳闸

故障现象：一台 ABB ACS800、4kW 变频器，工作中报欠电压故障，静态测量逆变模块正常，而整流模块损坏。

故障检查：整流模块损坏通常是由于直流负载过载及短路和元器件老化引起的。断电后测量直流母线 P、N 之间的反向电阻值（用指针万用表，红表笔接 N，黑表笔接 P，见图 4-16）。该阻值的大小可以反映直流母线是否有过载短路现象，测出 P、N 间的阻值为 150Ω，正常值应大于几十 kΩ，说明直流负载有过载现象。逆变模块是正常的，可以排除，检查滤波大电容器、均压电阻均正常，测量制动 IGBT，已经损坏而短路。拆下制动电阻 RB，再测量 P、N 间的直流电阻，阻值正常。

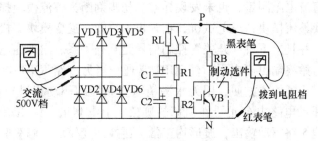

图 4-16　测量直流母线

故障处理：制动 IGBT 和整流二极管封装在同一个整流模块中，将整流模块更换，故障排除。

结论：制动选件 VB 损坏的原因可能是由于变频器减速时间设置过短，制动过程中产生了较大的制动电流，VB 因过电流而损坏。VB 损坏短路后，制动电阻直接并联于 P、N 母线上。整流模块输出的电流一部分供逆变电路，一部分供制动电阻。制动电阻流过的电流约为总电流的 1/2，这大大加重了整流模块的负荷，因此整流模块中的个别二极管因过电流而损坏。

案例 82　台达变频器继电器触点烧连而损坏整流模块

故障现象：台达 VFD-A、11kW 变频器，工作报欠电压故障，静态测量逆变模块正常，整流模块损坏。

故障分析与判断：测量直流母线 P、N 之间的反向电阻值正常。初步判断直流负载无过载、短路现象。测量整流二极管，有一路桥臂二极管损坏。更换整流模块，故障排除。

变频器工作了几天后，开机又报欠电压故障。静态测量逆变模块正常，整流模块又损坏。变频器为什么总是损坏整流模块呢？整流模块损坏一般是电路中有短路现象或模块自身质量原因。因损坏了两个模块，自身质量原因的可能性不大，重点应检查短路原因。

在拆卸变频器过程中，发现主电路中有发生过跳火的痕迹，短接限流电阻的继电器有些变形，进一步检查发现继电器触点因跳火烧接在一起，将限流电阻短路。因为变频器在起动时没有了限流电阻的限流，滤波电容起动的瞬间相当于短路，巨大的冲击电流损坏了整流模块。

故障处理：将继电器和整流模块一起更换，变频器恢复正常工作，半年内没有发生烧整流模块现象。

案例 83　西门子变频器滤波电容短路而烧整流模块

故障现象：西门子 MMV 6SE3225、37kW 变频器，工作中报欠电压跳闸。

故障检查： 检查三相输入电压，没有问题。问题出在变频器。测量直流母线电压，低于正常值，怀疑整流二极管损坏。断电测量整流二极管，有 2 只开路。拆开变频器，发现滤波电解电容有漏液痕迹。进一步检查有 2 只滤波电容损坏漏液，并有严重漏电现象。

故障处理： 更换漏电电容，清洗漏液电路板。更换整流模块，变频器恢复正常。

案例 84　西门子变频器驱动电路损坏烧整流二极管

故障现象： 一台西门子 MMV 6SE3221 XA1275DV539A、11kW 变频器，工作中损坏停机。

故障诊断： 首先测量三相电源电压，均正常，断电测量 6 只整流二极管的正向导通电阻，发现个别二极管损坏。再测量直流母线 P、N 两点之间的反向电阻，阻值在正常范围内。逆变电路通过直流电阻测量，也未发现异常。初步判断为整流模块损坏。

故障处理： 更换整流模块，通电试机，在开机的瞬间，逆变模块爆机。逆变模块是由驱动信号控制工作的，并且上下桥臂开关管控制信号是互补关系。出现通电爆机，一般是一路驱动信号电路损坏，始终输出高电平，使 IGBT 常通，当另一路 IGBT 导通时，两只管子直通短路，造成爆机。为了检查方便，用无水酒精对变频器的驱动板进行清洗。在清洗（检查）过程中，发现驱动电路中有元器件损坏的迹象，上电测量，该驱动电路输出的始终是高电平。再测量其他 5 路驱动输出，波形均正常。更换逆变模块，修复驱动电路。试机时为了保险起见，在直流母线避开滤波电容的一侧串联白炽灯泡限流。开机试验，工作正常。撤掉白炽灯泡，接上电动机，运行正常。

结论： 变频器因为驱动电路损坏造成 ICBT 直通，直通电流烧掉了整流二极管，变频器断电。更换二极管后，因为损坏的驱动电路仍然造成 IGBT 直通，故 IGBT 损坏。

案例 85　某煤矿有一台 110kW、ABB ACS800 变频器，起动时报欠电压跳闸

案例现象： 该变频器工作中偶尔报欠电压跳闸，查看三相电压指示表头电压都在 385V，正常，测量变频器三相接线桩电压正常，变频器复位重起，工作正常。后来变频器在起动过程中报欠电压跳闸，变频器不能工作。复位后重起，频率仍然上升到 30Hz 左右就跳闸。后来咨询厂家售后，售后告诉用户电工，起动时监视测量变频器三相输入电压，如果是变频器的问题再去处理。

电压测量： 在起动变频器的过程中监视测量变频器 3 个接线端的线电压，有一个线电压为 385V 不变，另两个线电压从 385V 开始下降，当下降到 300V 左右，变频器跳闸。

变频器输入相线的 3 个线电压指示表头都在 385V 不变，变频器接线端线电压下降为 300V，问题出在断路器到变频器接线端之间的控制电器。

故障处理： 由图 4-17 中可见，中间控制电器就是断路器和接触器，故障就在接触触点和外接端子上。先将断路器断电，用手拉动接

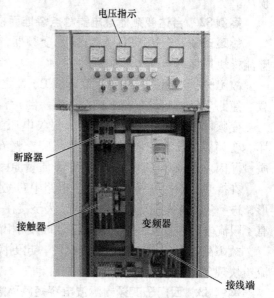

图 4-17　变频器控制柜

线，接线一般是非常牢固的，用手一拉就可判断是否松动。当拉到断路器的一条接线时，有松动的感觉，对该线进行紧固，通电试机，电压正常。

结论：功率端子松动造成接触电阻大引起欠电压停机。

案例 86　继电器不能脱开，并烧整流管

故障现象：一台 11kW 汇川 MD380 变频器，已经工作了几年。某天起动后出现欠电压跳闸，并且变频器内部发出烧焦的气味。

故障检查：测量三相输入电压，均正常，变频器起动便报欠电压，问题可能出在变频器内部（结合焦煳气味）。

该变频器采用的是整流、逆变一体化的 IPM，测量 IPM 的逆变部分，正常，初步认定电动机无过载、短路现象。测量 IPM 的整流部分，发现个别整流二极管开路。

观察变频器的电路板，发现充电限流电阻和 24V 继电器因打火熔接在一起，再测量 24V 继电器的触点，已经烧连短路。因为继电器的触点烧连短路，使限流电阻失去了限流作用，当变频器起动时，电容瞬间强大的冲击电流将整流二极管烧断。

充电限流电阻和继电器的工作过程为：变频器通电瞬间，经限流电阻限流对滤波电容充电，防止瞬间过大的充电电流损坏整流二极管。当直流母线的电压升到接近额定值时，继电器动作，短接限流电阻，变频器进入正常工作状态。

故障处理：更换变频器功率板上的 24V 继电器和 IPM，变频器恢复正常。

结论：变频器的 24V 电压低、触点吸合颤动、工作环境不好、触点中有灰尘，都会造成触点的接触电阻增大、发热而熔焊短路，最后失去开关功能。

案例 87　施耐德 ATV61F 变频器通电无输出且电动机不转

故障现象：某水泥厂有一台 45kW 施耐德 ATV61F 变频器，使用几个月后，出现通电无显示、电动机不工作现象。

故障处理：根据故障现象，问题可能出在变频器的主电路。经开盖检查，变频器直流母线的熔断器熔断，其他功率器件没有损坏。初步判断熔断器熔断是雷击损坏（损坏前出现雷电天气），就直接更换了一只熔断器。

在变频器通电测试时，听到输入端交流接触器吸合后发出"啪啪啪"的响声，怀疑接触器里面进入了灰尘，造成触点接触不良。拆开接触器上盖，里面果然有不少灰尘，用毛刷将线圈、主触点和铁心的灰尘清理干净，可用细砂纸对主触点进行打磨。经过这些处理后，变频器重新通电，接触器响声消除，恢复正常。可靠起见，将接触器互换。

再分析变频器的熔断器熔断的原因，很可能是接触器吸合不良，造成变频器直流母线频繁的冲击电流，使熔断器熔断。

结论：该案例是变频器的一个间接故障，工作环境恶劣不但对变频器有影响，对其他电器也有影响。

案例 88　艾默生 TD2000-4T2000P 变频器防雷板损坏造成输入欠电压跳闸

故障现象：一台艾默生 TD2000-4T2000P 变频器起动后报"P. OFF（输入欠电压）"故障。

故障检查与处理：检查输入回路，电压正常，测量直流母线电压为 546V，正常。变频器应不是实质性的电压低，怀疑是变频器的电压控制检测电路有问题出现的误报。将电压控制检测板更换后，起动后仍报"P. OFF"故障。

随后仔细检查变频器的开关电路板和主控制板的附属电路，发现变频器三相输入端的防雷板上的 3 只熔断器中有两只损坏，处于开路状态。将损坏的熔断器更换后，"P. OFF" 故障消除，变频器运行正常。

案例分析：原来该变频器的输入电压检测电路的输入信号是经过防雷板转接后接入的，当防雷板上的熔断器损坏 1 只时，对于输入断相检测电路来讲相当于缺了一相，故变频器报"P. OFF（输入欠电压）"故障。

结论：本案例中对变频器的整体检查思路是正确的，即变频器报欠电压，如果不是实质性的欠电压，就是报警检测电路出现问题。因为该变频器的报警检测电路和一般变频器有些区别，一般变频器的电压检测信号取自直流母线，该变频器取自三相电压的防雷电路。因防雷电路没有安装在控制电路板上，所以更换控制电路板无效。

案例 89　一台 4kW 变频器通电后无显示

故障现象：一台 4kW 变频器，通电和没通电一样，变频器显示屏不亮。测量三相电源电压，均正常，测量直流母线电压，为零。

故障检查：为变频器断电，用万用表 ×100Ω 电阻档测量三相输入端到直流母线的直流电阻，如图 4-18 所示。在测量中，发现 VD1、VD3、VD5 均不导通，判断 RL 限流电阻断路。

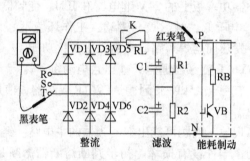

图 4-18　变频器输入电路

故障处理：分解变频器，测量变频器的限流电阻，阻值正常。测量 VD1、VD3、VD5 正反向电阻，均正常。将电路板翻到背面，发现制动电阻引脚和覆铜板焊盘之间开焊。打磨焊点，重新焊牢，变频器故障排除。

结论：变频器的硬件故障并不都是器件损坏，电路板开焊也是一个常见故障。当器件的发热量较大时，引脚热胀冷缩，当焊锡达到疲劳极限时便出现开焊现象。

案例 90　LG SV030IH-4 变频器屡烧整流管

故障现象：一台 LG SV030IH-4 变频器，工作中报欠电压。检查时发现整流桥损坏，更换后工作正常。运行不到一个月，又出现欠电压报警故障，检查发现整流桥再次损坏。

故障检查：根据损坏现象，怀疑电路中有短路过电流现象。根据电路工作原理，检查并联在直流母线上的各个元器件。

单独检查电容，正常。单独检查逆变模块，无不良症状，检查各个端子与地之间也未发现绝缘不良的问题。再仔细检查，发现直流母线回路端子 P、N 之间的塑料绝缘有碳化迹象，拆开端子查看，果然端子之间碳化已经相当严重。

故障处理：更换损坏的整流桥和碳化绝缘板，变频器恢复正常。

结论：该故障多发生在环境恶劣、潮湿多粉尘的场合。首先是绝缘体表面因潮湿出现爬电，爬电后使绝缘碳化，碳化后又使爬电加强，如此循环，造成绝缘层整体碳化。碳化后绝缘体变成导电体，造成整流桥过电流损坏。

案例 91　变频器显示正常无输出

故障现象：一台 5.5kW 小功率变频器，工作中出现显示正常，但没有输出，变频器不报警。

故障检查：首先测量变频器的供电电压和直流母线电压，均正常。变频器的操作面板显示正常，开机时操作面板上有频率显示，变频器升速时显示升速，降速时显示降速，就是没有输出频率，电动机不转。

断电用万用表的低阻档测量三相输出端到 P、N 直流母线之间的直流电阻，以检查模块的质量情况（见图 4-19）。当测量上桥臂上的 3 个续流二极管的正向电阻时，发现 VD7、VD9、VD11 均不导通，判断模块损坏。

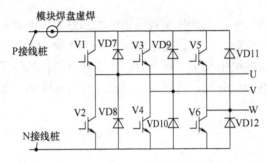

图 4-19　变频器逆变模块虚焊图

故障处理：分解变频器，发现模块的正母线端子与焊盘虚焊，重新焊接后变频器工作正常。

结论：该例也是虚焊，用测量变频器外端子直流电阻的方法就可以测出，该测量方法操作简单、安全、准确率高，是现场工程师最常用的检测方法。

4.3　变频器过电压故障案例

案例 92　工频泵拉闸停机、变频泵报过电压跳闸

故障现象：某水务局一台 100kW 工频泵和一台 160kW 变频泵并联为市区供水，当 100kW 工频泵拉闸停机时，160kW 变频泵报过电压跳闸。

故障分析：工频泵和变频泵的管道连接如图 4-20 所示。两泵除了出水口连在一起，没有其他的联系，也就是工频泵停机时造成管道中水压（或流量）的变化，影响到了变频泵。

水泵在工作时，水在管道中高速流动，因为管道很长，水流形成很大的惯性。当工频泵突然停机时，管道中的补水减少，因为惯性原因，管道中的水继续流动，管道中出现空化现象，形成负压。因外界大气压高于管道中压力，外界大气压压着水从水泵中流入，此时变频泵的叶轮就变成了水轮机，由水推着快转，此时电动机的转子转速高于定子旋转磁场的转速，电动机变为发电机。电动机发出的电能回传到变频器，使直流母线电压上升，因而变频器报过电压跳闸。

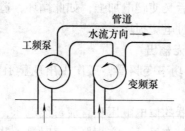

图4-20　工频泵和变频泵的管道连接图

故障处理：变频器外接制动电阻。

案例93　一台90kW鼓风机，变频器停机时报过电压跳闸

故障现象：某企业一台90kW变频器，驱动一台90kW鼓风机，在停机时，变频器报过电压跳闸。

故障分析：在变频系统中，电动机出现回馈电能都是因为电动机的转子转速高于定子旋转磁场的转速。在风机停机时，如果设置了较短的频率下降时间，因风机的叶轮惯性很大，转速下降得较慢，变频器的输出频率下降得较快，一旦电动机的转子转速高于变频器的输出转速，电动机便向变频器回馈电能，使得变频器出现过电压跳闸。如图4-21所示。

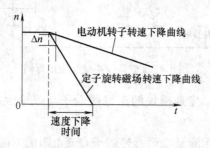

图4-21　电动机旋转磁场和转子转速下降曲线

故障处理：遇此情况，可以将变频器设置为自由停机，即当变频器需要停机时，将变频器频率下降时间设为0；也可以将变频器的频率下降时间设置得长一些，即控制电动机产生一定的回馈电能，得到一定制动转矩，又不造成变频器过电压跳闸。还可以设置变频器的限压功能，在不过电压的情况下可平稳停机。

案例94　一台J9-75kW变频器在停机时报"OUD"过电压故障

故障现象：一台新安装的J9-75kW变频器，在安装调试结束后交付使用的过程中，当停机时出现过电压跳闸现象。

故障分析：变频器停机时出现过电压现象，就是电动机出现了电能回馈。当电动机的惯性较大，其转子转速高于定子旋转磁场的转速时，电动机变为发电机，发出的电能通过逆变电路的6只续流二极管整流为直流电，加在直流母线上。当电压升到760V以上时，变频器报过电压跳闸。

故障处理：该变频器设置了频率下降时间，将频率下降时间从原来设置的20s延长到

30s，故障排除。

案例 95　数控机床加工过程中变频器报过电压跳闸

故障现象：某数控机床采用 FRN11G11S-4CX 富士变频器，变频器功率为 11kW，驱动一台 7kW 异步电动机，拖动数控机床的主轴运行。在加工一个圆盘工件时，变频器运行中出现"OU3"恒速过电压故障。

故障分析：由于变频器在复位后能正常运行（变频器跳闸能复位，说明变频器本身就无问题），所以应重点检查变频器在运行中直流母线的电压变化情况。测量变频器直流母线电压 U_{PN}（见图 4-22a），在工件吃刀前运行中的电压有上升现象，当电压上升到 760V 时，变频器报"OU3"恒速过电压故障。从此现象可以看出，变频器在工作中确实出现了电能回馈。机床在一般工作中是不会出现电能回馈的，分析此次加工的工件为一圆盘形，直径较大，并且偏心（见图 4-22b）。当工件转动后，在吃刀前因为工件没有车削阻力，当质量重的一边转到向下运行时，给机床主轴施加了一向下的转矩，拉着主轴快转，造成电动机发电回馈，变频器报过电压跳闸。

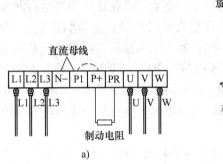

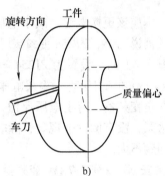

图 4-22　变频器端子排列和工件

故障处理：变频器出现过电压跳闸，是因为工件偏心造成的。按照工件的偏心程度，在质量轻的一端增加了配重，既解决了变频器电能回馈导致的跳闸问题，又解决了因工件偏心造成机床振动大而影响加工质量的问题。

案例 96　有一热力公司，采用 ABB 公司 ACS510 变频器驱动循环泵，起动时报过电压跳闸

故障现象：循环泵是用在密封环境下驱动液体循环工作的。热力公司供热管道就采用了循环泵，如图 4-23 所示。一热力公司，采用 ABB 公司 ACS510 变频器驱动循环泵工作，某天，配电室跳闸停电，但很快就来电，变频器重起。可起动时变频器过电压跳闸。复位重起了几次都过电压跳闸。

故障分析：管道中的水具有很大的惯性，在流动起来之后只有将惯性能消耗完才能停止。水泵在起动时叶轮仍然被水冲得高速运转，变频器设置的起动频率较低，这就出现了电动机转子转速高于变频器的输出转速，满足电动

图 4-23　循环泵外形

机倒发电条件，电动机变为发电机。

要想解决此问题，可以修改变频器的起动频率。过了一段时间，管道中的水停止流动，重起成功。

案例97　西门子M430变频器，三相交流电停电后再来电变频器起动报过电压

故障现象：一台西门子M430变频器，功率为45kW，驱动水泵工作。该变频器由一台100kVA的变压器独立供电。变压器距离变频器300m。一天晚上，一只黄鼠狼跑到变压器上被电死，同时造成变压器相线与地短路，上一级变电所继电保护动作跳闸。当将黄鼠狼移走，变电所再重新合闸给电后，变压器的输出电压达到450V，变频器一起动就报过电压跳闸，不能起动。

因为变压器三相输出电压高造成变频器不能起动，就通过变压器的高压调整开关下调了两档，电压空载为390V，变频器起动正常。当变频器频率上升到45Hz，变频器报欠电压跳闸。用万用表电压档测量变频器工作时的电压，当频率上升到45Hz时，电压下降到350V，变频器跳闸。原因是变压器到变频器的距离较远，相线的截面积不够大，产生的电压降太大。

故障处理：本应该更换电缆，减小电损，但企业要求先让变频器运行起来，更换电缆以后再说。查变频器说明书，P1254是变频器直流母线电平自动检测设置，=0为禁止，=1为使能。默认值是=1的。设置为P1254=0，禁止电压检测。再把变压器的输出电压调整为430V，当变频器工作在50Hz时，输入电压维持在390V，变频器工作正常。

说明：现在是变频器没有了电压保护，以后再出现电压异常，可能会损坏变频器。因为变频器负载是水泵，没有倒发电现象，除非变压器出了问题造成电压的大幅度变化，但这是小概率事件，问题不大。

案例98　台安N2系列3.7kW变频器在停机时报"ou"过电压

故障现象：一台台安N2系列3.7kW变频器，设置了停机制动，安装有制动电阻，以往工作正常，没有出现过停机跳闸现象，现在停机时报"ou"跳闸。

故障分析与处理：该机以往停机正常，现在出现过电压故障，问题应该出在制动电路或变频器本身。

在变频器停机时，为了使电动机尽快停止，变频器设置了较短的频率下降时间，因负载的惯性较大，停机时电动机转子转速大于停机测量制动电阻的阻值。测量制动开关器件（ET191）时，发现门极和发射极之间已击穿，失去了开关作用。当直流母线电压上升到760V时，因开关器件不导通，制动电阻不工作造成变频器过电压跳闸。更换一只新的开关器件，变频器停机正常。

案例99　一台三垦SVF303变频器通电就显示"OV"过电压故障

故障现象：一台三垦SVF303变频器，通电显示"OV"过电压。

故障分析与处理：变频器出现了过电压故障，一般是电源端电压高，经整流后使直流母线上的电压高于正常值；再一个就是电动机出现了再生电能回馈，使直流母线电压升高。如果上述原因都不是，就是变频器的检测电路出现故障，产生了误报。该例因为电动机还没有起动，没有回馈电能的产生。

测量三相输入电压，均正常，测量直流母线电压，也正常。问题应该是误报，更换检测板，故障排除。

案例 100　富士变频器经常出现"U002"过电压报警

故障现象：4 台 22kW 电动机，原来采用丫- △起动，后来改用富士变频器软起动。富士变频器在起动时，经常出现"U002"过电压故障。

故障处理：测量三相输入电压，虽然有些波动，都在 $380 \times (1 \pm 10\%)$ V 以内，富士变频器是能够在这个电压范围内正常工作的。测量直流母线电压低于 550V，也属正常。检查变频器的参数设置，也正常。变频器复位后能正常工作，但过不了多久又出现同样的故障。因为报警时变频器的直流母线电压并不高，问题只能是变频器误报了。因为是新变频器，电路硬件出现故障的可能性很小。

最后查阅变频器使用说明书，发现该变频器的电压保护值是通过跳线设置的，改变跳线重新设置过电压限定值，故障排除。

案例 101　东元 7300PA 变频器减速制动过电压造成开关模块损坏

故障现象：一台东元 7300PA、75kW 变频器，工作中出现 IGBT 模块炸裂现象。检查 U、V 相模块均已损坏，驱动电路因受强电冲击也有个别元器件损坏。修复后交付使用，运行一段时间后又出现模块炸裂，检查又为两相模块损坏。为什么总炸裂模块呢？

故障检查：到生产现场观察，原来变频器的负载为风机，因工艺要求，运行 3min 就需停止，必须在 30s 内停机。为快速停机，用户将控制参数设置为减速停机，将减速时间设置为 30s。

在减速停机过程中（风机实验需 30min 才能自由停止），电动机出现再生电能回馈，使变频器直流回路电压升高，变频器经常因过电压而跳闸。当偶尔来不及跳闸而使直流母线的电压继续升高时，超出了 IGBT 的电压安全工作范围，造成模块炸裂。

故障处理：变频器重新修复后，增加了制动单元和制动电阻，以后再没有发生模块炸裂故障。

第5章 变频器过热故障的维修

5.1 变频器过热故障的原因

5.1.1 变频器过热保护取样电路

1. 取样温度传感器的安装

变频器在工作中，发热量最大的是变频器主电路中的整流和逆变电路。整流和逆变电路的功率模块固定在散热器上，在散热器的上部或下部安装排风风扇，通过风冷的方式进行散热。

图 5-1 是变频器整流、逆变模块和温度传感器的外形图，图 5-2 是功率器件在散热器上的安装图，温度传感器安装在散热器上靠近逆变模块的位置。

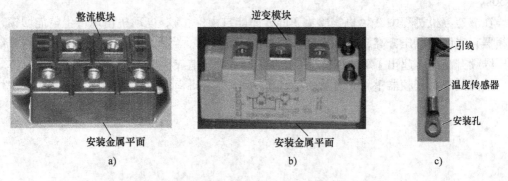

图 5-1 变频器整流、逆变模块和温度传感器外形图

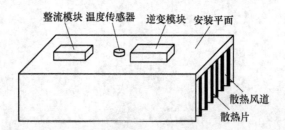

图 5-2 散热器外形及功率器件安装图

变频器的散热器分为安装部分和散热风道。安装部分是一块较厚的铜板（或铝板），对安装平面的平整度和光洁度要求很高，安装前先在安装平面上涂以导热硅脂，然后将整流模块和逆变模块的金属安装平面紧贴在散热器的安装平面上，最后用螺钉将模块紧固。因模块和散热器的安装平面热阻很小，模块的热量很快传导到散热器而散掉。温度传感器安装在散

热器靠近逆变模块的地方（见图 5-2），安装时也是涂上导热硅脂，以保持良好接触，当模块的温度发生变化时，被温度传感器检测出并转换为电流信号。

散热器的另一面安装着很多散热片，工作时变频器垂直安装，下面（或上面）安装有排风扇，可及时地将热量吹走。

2. 温度传感器

变频器一般采用热敏电阻型温度传感器。该传感器是一个热敏电阻，它的电阻值随温度的上升而减小（负温度系数），将温度的变化转换为电阻两端电压（或电流）的变化，当温度达到了设定值时，电阻两端电压也达到了设定值，变频器便报警。图 5-1c 是温度传感器的外形图，通过安装孔安装在散热器上。

热敏电阻型温度传感器常出现的故障为电阻老化或开裂。老化是电阻的温度特性发生了变化，出现阻值变大或变小的现象，表现为报警温度不准确，没达到设定的温度提前报警或达到设定的温度又不报警；开裂表现为通电就报警或过热不报警。

热敏电阻型温度传感器因为输出的是较弱的模拟信号，该信号通过放大电路放大后再转换为数字信号传到 CPU，当变频器因为接地不良或电源输入/输出端没有采用良好的消除电磁干扰的措施时，会在传感器的探头到放大电路之间感应到电磁干扰，该干扰信号会造成变频器误报。如果变频器的工作电流正常，散热器温度并不高，变频器出现过热停机，有可能就是电磁干扰造成的，此时要对变频器采取抗干扰措施。

散热器报警温度为 80℃ ±5℃，低于或高于此温度报警就是误报。

5.1.2　变频器过热跳闸原因

变频器在工作中出现了过热跳闸，主要有以下几个方面的原因。

1. 变频器工作电流过大

当变频器工作时，工作电流超过了额定电流，模块的电损增加，温度上升，散热器的温度随之上升，变频器出现过热跳闸。

2. 环境温度过高引起变频器过热

当环境温度超过 40℃时，变频器要降额使用，否则因为热量散不出去导致变频器报过热故障。

3. 变频器散热不良

变频器因为应用时间较长，导致灰尘堵塞风道、散热风机运行缓慢等，造成变频器的散热能力下降，变频器报过热故障。

4. 变频器的检测电路误报

变频器的温度检测传感器损坏、插头接触不良、检测信号处理电路故障、电磁干扰等都会造成变频器误报。

5.1.3　变频器过热故障的诊断思路

1. 变频器报过热同时也报过载

变频器报过载，就是变频器的输出电流大于额定电流。同时变频器逆变、整流模块的工作电流也大于额定电流，造成模块温度上升，变频器报过热，在这种情况下解决了变频器过载，过热也就解决了。

2. 环境温度过高引起过热

变频器是以环境温度 20℃ 为标准，当环境温度超过了 40℃ 时，变频器就要降额使用。海拔高于 1500m 时，空气密度低，冷却效果下降，变频器也会报过热。

3. 变频器工作和环境温度都正常，变频器报过热

这种情况下变频器报过热就是散热不良。检查冷却风扇是否停转、是否转动慢及通风道是否堵塞。风扇有问题更换新机，通风道堵塞应用高压空气吹尘疏通。

5.2　变频器过热故障案例

案例 102　织布机变频器过热跳闸

故障现象： 某企业有多台由德国引进的织布机，每台织布机均由一台 4kW 变频器进行驱动。设备工作了几年后，陆续有些变频器出现过热跳闸，甚至个别变频器模块损坏。

故障分析： 检查织布机的负载情况，没有变化；查看变频器的工作电流，也在额定电流之内，和以往没有区别。观察冷却风扇的转速，也没有问题。因为过热跳闸并不频繁，又因为该变频器安装在织布机的下部，必须趴在地上才能检查，维护很不方便，因此没有对变频器采取进一步的检查维护措施。变频器出现报过热故障后，休息一会儿又继续正常工作。

故障处理： 有一天，一台织布机上的变频器烧毁，功率模块损坏。在分解变频器查找损坏原因时，发现变频器的散热器中堵满了很多棉絮，因为棉絮堵塞了散热风道（堵塞位置见图 5-3），使变频器的散热能力下降，模块长期处于过热状态而损坏。

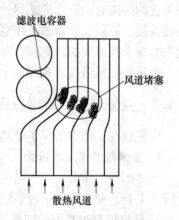

图 5-3　变频器散热风道堵塞

根据该损坏的变频器的风道堵塞现象，判断其他报过热的变频器风道可能也已经堵塞。将经常报过热的几台变频器拆下来检查，发现风道确实出现了不同程度的堵塞。将堵塞的棉絮清除，变频器便不再报过热故障。

结论： 变频器出现过热跳闸甚至损坏的原因是风道堵塞而造成的散热不良。

案例 103　罗克韦尔 AB 110kW 变频器翻车机应用过热爆机

发电厂卸煤翻车机，外形如图 5-4 所示。其结构原理为：翻车机的两面有两个侧环，侧环上安装有环形齿条，可由减速器拖动环形齿条转动。在翻车机上安装有机械手，当车皮运行到翻车机内部时，翻车机通过两面的机械手将车皮卡住，使车皮能随翻车机一同转动。卸煤时翻车机正向旋转 180°，将车皮中的煤倒掉后再反向旋转 180°，完成一次卸煤工作。翻车机卸煤效率很高，适合高效卸煤的场合。

该翻车机采用两台电动机驱动，通过减速器分别驱动两个侧环上的齿条旋转。电动机为 10 极，总功率为 $2 \times 36kW$，总额定电流为 160A，额定转速为 580r/min。变频器选用罗克韦尔（AB）变频器，型号为 PF700，功率为 110kW，额定电流为 220A。

故障现象： 翻车机在工作中，变频器经常出现过热跳闸，并因过热每年损坏一台变频器，3 年坏了 3 台。

图 5-4　翻车机外形

故障分析： 该翻车机具有抱闸功能，翻车机停止时，抱闸系统将电动机的转子抱住，防止翻车机转动。每完成一次卸煤循环，就有两次松闸抱闸过程。在开始翻车时，变频器起动，抱闸松开，侧环转动。当转到 180°，车皮底朝天，电动机停机抱闸，开始卸煤，在卸完煤开始返回时，电动机松闸，侧环反转 180°，电动机又停止并抱闸。

当翻车机开始起动时，因为松闸时间延迟，电动机不能转动，造成变频器工作电流上升，电流高达 340A（变频器的额定电流为 220A）。当松闸后，电动机的工作电流下降到 80A。因为翻车机是连续工作的，当连续翻了若干车皮后，因为变频器过电流造成模块过热，当热量累积到一定程度，变频器便报过热跳闸。

根据电动机的工作原理，计算变频器达到电动机额定电流的输出频率。先将转差 $\Delta n(\Delta n = n_1 - n)$ 换算为变频器的输出转差频率 Δf，对该电动机，$n_1 = 600\mathrm{r/min}$、$n = 580\mathrm{r/min}$、$\Delta n = 600\mathrm{r/min} - 580\mathrm{r/min} = 20\mathrm{r/min}$。

根据公式 $\Delta n = n_1 - n$，有

$$\Delta n = \frac{60f_1}{p} - \frac{60f}{p}$$

整理有

$$\frac{\Delta np}{60} = \Delta f$$

式中　p——电动机的磁极对数，该电动机为 10 极，$p = 5$。

将 p 代入上式，得

$$\Delta f = \frac{20 \times 5}{60}\mathrm{Hz} = 1.67\mathrm{Hz}$$

当变频器输出频率为 1.67Hz 时，变频器输出电流达到额定值 220A，该电动机有额定转矩 T_N，抱闸系统就应该马上松闸。因为该翻车机松闸是液压控制，时间上严重滞后，造成变频器起动时严重过电流。

故障处理： 电动机抱闸系统是由 PLC 控制的，利用变频器的限流功能进行限流。该变频器限流参数码是 "148"，默认值为 148 时为 340A，即变频器出现过电流时，达到 340A 就不再增加。变频器的限流值是可以设置的，设置范围是额定电流 I_N 的 20% ~ 200%。

修改变频器的限流值，将限流值修改为变频器的额定电流220A，即148＝220A。当变频器松闸延迟时，其最大输出电流为220A，变频器不再过电流，也就不再过热，变频器也就不再损坏。

结论：该案例实际上就是进行了一个参数的优化工作。参数优化在变频器的应用中很重要，当变频器应用一段时间后，根据出现的问题，将个别参数进行一些修改，能收到很好的效果。

案例104　一台280kW电动机在变频器改造后发热严重

故障现象：一台280kW、4极电动机，竖直安装，原来供电是380V交流电网，后来改用变频器供电。变频器工作频率为30Hz左右。改造完以后，电动机发热严重，需经常停机散热。

故障分析：变频器工作时输出的是PWM波，脉冲频率在3kHz以上，造成电动机铁心磁偶极子振动加速，发热量增加；电动机是由自己后轴上的风扇自冷散热，风扇的输出功率 $P = kn^3$，当电动机的工作频率为30Hz，风扇的输出功率约为50Hz供电时的22%，可见自给风扇的冷却功率远远不能满足冷却的需要。为了解决这个问题，可以在电动机的尾部安装独立供电的恒速风机，或更换专用电动机。

故障处理：因为电动机已经安装，位置不能变动，不得已在电动机的四周安装了4台风扇进行侧吹，使电动机的温度下降，解决了停机散热问题，但电动机的温度还是偏高。

案例105　空气压缩机每工作十几分钟就报过热停机

故障现象：一台55kW变频器配用55kW电动机用于空气压缩机。该空气压缩机进入夏季后出现过热跳闸现象，开始几天出现一次，后来每过十几分钟就出现一次，使空气压缩机不能正常工作。

故障检查：测量变频器的输入电压和电流和以前没有变化，查看变频器的冷却风扇，转速没有问题。该车间工作环境不太好，粉尘较多，怀疑变频器的散热片散热不良。目测散热片通风道，发现散热片上附着了一层厚厚的黑色灰尘。用高压空气将散热片风道进行吹尘处理，并连同风扇扇叶的灰尘一起清除，开机运行，变频器过热现象不再发生。

变频器运行了几天后，又出现过热跳闸现象。并且跳闸和天气有关系，遇到下雨天气，气温比较凉爽，变频器就工作正常。用手触及变频器的散热片，感觉温度不是很高，看来变频器过热跳闸是检测电路出现了较大的检测误差导致误报。

故障处理：将变频器分解，变频器的温度传感器是热敏电阻型的。拔掉热敏电阻接线端子，变频器正常运行。测量热敏电阻阻值，在室温下是7.6kΩ。热敏电阻供电电压为5V。给热敏电阻加温（可用打火机晃动烘烤，注意火焰和电阻的距离），阻值明显减小，说明该传感器还有热敏功能。将热敏电阻重新接回电路，变频器仍然在工作中报过热。因为身边没有该热敏电阻的参数，又怀疑该热敏电阻有问题，用一个2kΩ的可调电阻与它串联，改变可调电阻的阻值，使传感器回路的总阻值在8kΩ左右，又接回到变频器，开机运行，几天中没有发生过热停机。判断为传感器老化，热敏参数发生了变化。

向变频器厂家购得一同型号热敏电阻传感器，将原传感器进行了更换，变频器过热跳闸现象排除。

结论：当热敏电阻型传感器老化变质时，其阻值偏离了正常值，变频器的报警温度也会偏离设定的正常值。阻值变小会出现实际温度没有达到报警温度时便提前报警（本例就是），当阻值变大时会出现实际温度已经达到了报警温度而不报警的现象，这会使模块过热而损坏。

案例 106　台达 30kW 变频器开机 15min 过热跳闸

故障现象： 一家养殖场，有一台 30kW 台达变频器，驱动 22kW 饲料粉碎机。变频器工作 15min 就报过热跳闸。

故障检查与处理： 该变频器工作环境不好，粉尘很多，设备上都是饲料粉尘，所以怀疑变频器散热不良。开机检查，发现变频器散热器上的风扇不转。更换同型号风扇，故障排除，如图 5-5 所示。

冷却风扇

图 5-5　台达变频器

案例 107　22kW 变频器驱动 18.5kW 电动机，低速时报过热跳闸

故障分析： 电动机驱动的是卷绕设备，将电缆卷绕成线轴，如图 5-6 所示。在卷绕过程中，电缆的张力是不变的，随着线轴直径的增加，转速下降，转矩 T 上升，转矩和电动机的电流 I 成正比，也就是电动机在低速时工作电流大，高速时工作电流小。在卷轴开始时，电动机高速转动，工作电流为额定值，随着卷轴直径的增加，转速下降，电动机电流超过额定电流，变频器过载，模块发热量增加，变频器便报过热。

图 5-6　电缆线轴

故障处理： 两种方案，一种是选择合适比例的减速器，使变频器尽量工作在高速区域；另一种是增加变频器容量，当电动机在最低速时，变频器工作在额定电流以下。

案例 108　一台台达 55kW 变频器，通电后过 10s 显示 "OH" 过热故障

故障现象： 一台台达 55kW 变频器，通电显示正常，10s 后显示 "OH" 过热报警跳闸。

故障检查： 变频器如果是检测电路损坏，应该通电就跳闸，而过 10s 后再跳闸，应该另有原因。变频器复位后重新起动，发现风机不转。该变频器的风机是三线结构，红线接 24V 电源的正极，黑线接电源的负极（GND），蓝线是检测线，接到 "RON" 端子。蓝线将风机的转速以脉冲形式传到变频器的 "RON" 端子，当变频器起动后发现该端子没有脉冲，说明风机不转，变频器输出报警信号。

将风机拆下检查，发现与风扇定子绕组串联的一个热敏电阻已经开路，将该电阻短路，风扇运行正常。

案例 109　佳灵变频器通电就报 "FL" 过热跳闸

故障现象：一台佳灵 T9、90kW 变频器，通电就报 "FL"，且不能复位。

故障分析与处理：因为正常过热要有一定的时间累积过程，该机为通电就跳 "FL"，且不能复位，变频器内部损坏的可能性较大。检查温度保护电路，此机温度保护器件为 85℃ 常闭感温开关，经测量后为感温开关开路引起保护，换一个新的感温开关，故障排除。

结论：变频器过热跳闸，如果通电就跳，主要原因是感温器件损坏（不是变质），首先检查变频器的感温器件，如果不是感温器件损坏，再检查其他相关电路，以避免检查过程中走弯路。

案例 110　一台 45kW 变频器，工作中不定期报过热跳闸

故障现象：一台 45kW 变频器，工作中不定期报过热跳闸，变频器风扇通过检查没有发现问题，散热器经过了除尘，变频器工作中也没有过电流现象。

故障检查：变频器过热跳闸，实际上并没有过热，问题应该是变频器误报。变频器出现误报的主要原因是检测传感器、检测信号放大和处理电路等有问题。

将变频器拆解，找到检测传感器探头。该传感器探头是热敏电阻型的，将引线插头拔下，测量电阻的阻值正常。用手指捏住感温头，电阻阻值变化。用手指弹动感温头，内部没有虚接现象，判断检测传感器探头没有问题。再目测感温信号处理电路，外观没有问题。因为受到检测手段和检测技术的制约，检查到此只得结束，将传感器探头插回原插座，将变频器恢复原状后通电试机。本以为这次检查没有找出故障所在，没有解决任何实质性问题，可通过这次检查之后，变频器再没有出现过热跳闸现象。

变频器运行了两个月，又出现过热跳闸现象。根据前前后后变频器的跳闸情况分析，变频器误报是肯定的，可是误报怎么和检查了一次有关系呢？上次检查只是动了传感器探头和接插件，变频器正常了两个月又出现问题，是否过热检测回路中有虚接现象呢？再一次拆解变频器，先仔细观察变频器过热检测回路中的各个环节，发现传感器探头引线接插件的底座插针有虚焊现象。用电烙铁进行补焊，发现该插针不吃锡，表面已经氧化。用小刀将氧化层刮干净，点上松香，重新焊牢。再检查其他部位，没有发现可疑之处，估计问题就出在该插座。将变频器恢复原状后通电试机，半年内没有再报过热，看来问题就是出在该接插件虚接。

结论：变频器没有实质性的故障，变频器报警跳闸，这种情况就是误报。出现误报的原因一是检测电路有问题；二是受到了电磁干扰。检测电路有问题又分硬故障和软故障，硬故障通过测量工作点和电路参数就可以发现，软故障因为故障现象时有时无，查找起来比较困难。要通过综合分析，估计故障的部位，再辅以观察、测量、分析等方法进行排除。一个软故障有时要通过几次反复的过程才能解决。

案例 111　一台东元 5.5kW 变频器工作半小时后报过热停机

故障现象：一台东元 5.5kW 变频器，驱动 2.2kW、4 极电动机。变频器工作频率为 25Hz（考虑到变频器低频工作，变频器容量选得大）。变频器往常工作良好，现在工作不到半小时就出现过热停机，电动机的声音和以往有些区别。

故障检查：检查变频器散热风扇转速正常，检查变频器散热器也无堵塞。检查电动机无

短路接地现象。用万用表交流电压档测量变频器的三相输出电压，发现输出电压不平衡。改用直流电压档测量，发现个别线电压有很大的直流量，说明有的开关管不工作。卸掉电动机，空载测量，三相输出交流电压仍不平衡，仍有很大的直流量，确定是变频器故障，返厂维修，故障排除。

结论：变频器的逆变电路有问题，反映在电动机的工作上，如电动机发热、声音异常、输出转矩下降等，变频器伴随有报过电流、过载、过热等。最省事的检查方法就是测量三相输出电压是否平衡，如不平衡，将万用表拨到直流电压档进行测量，如果测量出较大的直流量，就是有的开关管不工作。下面介绍一下测量原理。

变频器逆变电路如图 5-7 所示，V1 ~ V6 是 6 只开关管，V1、V2 是 U 相开关管，V3 ~ V4 是 V 相开关管，V5 ~ V6 是 W 相开关管。当上桥臂 V1、V3、V5 导通时，相线上电流流出；当下桥臂 V2、V4、V6 导通时，相线上电流流进。流出和流进，相线得到交流电。这个交流电可以用万用表交流电压档进行测量。如果上、下桥臂上有一只开关管不工作，电流就只向一个方向流动，这就是直流电。直流电可以用万用表的直流电压档进行测量。

变频器驱动信号是由 CPU 产生的，准确度很高，对应的三相输出电压误差很小（很平衡）。这是用万用表交流电压档测量电路有无问题的基础，如果出现不平衡，就有了问题。但是，变频器的输出电压受电动机影响，电动机三相绕组不平衡，变频器三相输出可能就不平衡，所以测量出变频器的三相电压不平衡也可能是电动机三相绕组不平衡造成的。用万用表的直流电压档测量，只要出现较大的直流量，就是一个桥臂上的开关管不工作。如果没有直流量，电压不平衡的原因就在电动机绕组。

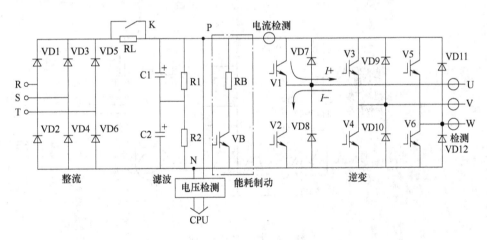

图 5-7　变频器逆变电路

案例 112　一台富士 FM15G11-4CX 变频器通电就显示散热片过热（OH1）

故障现象：一台新安装的富士 FM15G11-4CX 变频器，安装完毕调试试机时，一通电就报散热片过热故障，显示"OH1"。

故障检查：变频器一通电就报过热故障，显然不是真正的过热，因为热量有一个累积的过程。

变频器通电就报过热，只有两个可能，一是变频器内部故障；二是变频器外部故障。因为变频器是新的，内部损坏的可能性不大。只剩下一种可能，就是变频器外部故障。变频器应用电路如图 5-8 所示，电路的外接端子除了主电路端子之外，就是 3 个数字端子和 2 个模拟端子。数字端子就是闭合有效、打开无效，不存在连接问题。检查模拟端子，将模拟电流端子断开，故障依旧；将模拟电压端子"12"断开，故障依旧。用万用表直流电压档测量模拟电压端子"10V"和公共端"CM"之间的电压，只有几伏。拆掉电位器，再次测量，10V 电压恢复正常，原来是外接"目标给定"电位器的电阻值过小所致。将该电位器更换为 4.7kΩ，通电开机，过热故障报警信号消除。

故障分析： 按照常理，模拟电位器的阻值小，拉低了 10V 电压，只能使端子"12"的电压可调范围变窄，与变频器报过热没有任何关系。问题出在哪呢？原来该 10V 电压和温度取样传感器用的是同一个电源，10V 电压下降，同时也拉低了温度取样传感器的供电电压，造成取样信号下降，取样信号的下降值正好和变频器的过热信号相等，变频器误认为出现了过热而跳闸。

结论： 该案例是变频器的某项功能有问题，变频器却报另外一项功能故障，而且这两项功能是不相关的。变频器在应用中，类似这种现象是有的，例如西门子 440 变频器，冷却风机的转速低，变频器报风机故障，但同时也报变频器过电流、过载等故障。后来通过检查，是风机的 24V 供电电源滤波电容漏电，造成容量下降，使风机的供电电压降低造成风机转速低。更换电容后，风机工作正常，过电流报警现象也消失了，实际上它们也是共用一路电源。这给我们又提供了一个排除故障的思路：如果变频器报警很乱，可能就是变频器的低压供电电源有问题。

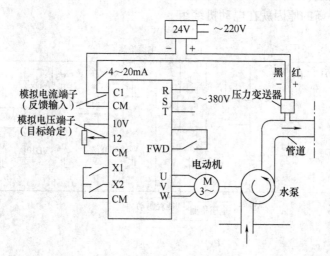

图 5-8　变频器应用电路

案例 113　施耐德变频器风机损坏造成变频器过热跳闸

故障现象： 某水泥厂应用一批施耐德变频器，运行不到一年，多台变频器出现停机故障，变频器报过热，显示故障代码"OFH"。复位后仍能起动，工作几个小时后又报相同故障。

故障检查： 检查变频器负载，没有问题；检查变频器工作电流，正常；检查变频器冷却情况，发现变频器的散热器风量小。经过检查，有的风机轴承损坏，有的绕组烧坏。原因是风机的质量差，联系厂家，更换后问题解决。

总结：如果同一品牌同一批次的变频器，损坏的都是相同的部件，就是这个部件在质量上存在欠缺或者不适合工作在该环境。如风机的轴承密封不好，工作在水泥、矿山等硬颗粒粉尘多的环境中，就容易损坏。

案例 114　变频器非过电流但屡烧电动机

工况介绍：某铝厂有 3 个油隔泵站，每个泵站有 3 台喂料油隔泵，分别担负着 2 台熟料窑的供料任务，是生产流程中的一个关键环节。泵站原来的驱动采用绕线转子式电动机，后来通过变频器改造，电动机没有更换。

油隔泵为恒功率负载，电动机采用变频器变频驱动，根据生产需要，调节电动机的转速以改变熟料窑的下料量。因泵的流量不同，1 号泵站电动机工作频率为 25Hz 左右，2、3 号泵站电动机工作频率均为 30Hz 以上。9 台电动机投用以来运行一直稳定，基本上满足了生产要求。

故障现象：从 7 月份起，电动机普遍发热严重（电动机不过载、变频器指示不过电流）。1 号泵站电动机过热尤为明显，3 台电动机先后发生了匝间短路故障。该故障电动机为 10 极、115kW。因无同型号备用电动机，用别处改造换下的 8 极、130kW 电动机替换。可替换后发现，与原 115kW 电动机相比，电动机过热现象更为严重，虽然加了轴流风机冷却，但运行不到一周就又发生绕组烧毁故障。起初以为是电动机质量有问题，便又换了 1 台 8 极、130kW 电动机，可运行时间不长，再次发生绕组过热烧毁。

变频器及油隔泵电动机型号如下。

变频器：富士 FRN160P5 型，5 台；富士 FRN160P7 型，4 台。

原电动机：JR127-10 型（绕线转子式），380V、115kW、238A，B 级绝缘，重量为 1590kg。将转子集电环输出端短路，作笼型电动机使用。原电动机损坏后代换电动机：JS127-8 型（笼型转子），380V、130kW、249A，B 级绝缘，重量为 1300kg。

故障分析：

1）高次谐波引起电动机的效率和功率因数变差，使得电动机损耗增加。因变频器输出的电压为 PWM 波，含有丰富的高次谐波。由于电动机是按正弦波电源制造的，当有高次谐波电流流过电动机绕组时，使铜损增大，引起附加损耗，造成绕组发热。有资料表明，变频器传动与工频电源传动相比，电流约增加 10%，温升约增加 20%。

2）电动机低速运转，使得散热能力变差。因使用变频器调速后，电动机的输出转速低于其额定转速，因冷却风扇装在转子轴上，转子转速低使冷却风扇转速低，冷却效果大幅度下降。

3）因为变频器输出电压的变化率 du/dt 很高，使得电动机故障率增加。目前低压变频器大都是交-直-交变频器，其逆变部分是将直流电压转换为三相交流电压，通过控制 6 个桥臂的开关器件导通和关断来实现三相交流电压的输出。输出电压为 PWM 波，它加到电动机绕组上虽然与正弦波电压等效，但实际上是由一系列矩形波组成的，由于该电压变化率 du/dt 很高，使电动机绕组的电压分布变得很不均匀，使绕组匝间短路的故障增加。从该厂电动机损坏的故障来看，几乎全是匝间短路。由此可见，变频器控制对电动机的绝缘耐冲击电压能力要求更高。

4）粉尘造成电动机散热不良。原 115kW 电动机发热除上述原因之外，还由于该电动机长期运行在粉尘含量较高的环境中，未定期清扫，造成定、转子风道堵塞，致使气流不畅，散热效果降低，尤其是夏季，环境温度高，电动机工作温度大幅升高，导致电动机过热烧毁。

5）代换的电动机过热损坏除了上述原因之外，还有代换的电动机的重量轻。轻型电动机工作在轻载、非连续工作的场合，这也是引起发热的原因。

解决方案：

1）合理选用电动机，原电动机如果工作频率达不到30Hz，要选用变频器专用电动机。

2）加强电动机的计划检修，尤其在夏季来临前，要对定、转子风道进行清扫、除尘，改善电动机的散热条件。在夏季时采用外加风机对电动机强迫风冷。

3）将变频器的定子过热保护参数的整定值调小，最好在电动机绕组内配PTC热保护，由变频器数字输入控制端子控制，电动机达到保护温度值，变频器跳闸停机。

4）提高电动机的绝缘材料等级，在检修电动机时，将B级绝缘提高为F级绝缘，以提高匝间绝缘性能及绕组的耐热能力，这样可从根本上解决电动机使用寿命短的问题。

5）尽可能提高电动机的运行频率。针对1号泵站电动机运行频率低的问题，将原传动带轮改为小带轮，通过计算其运行频率可达到30Hz以上。使用证明，电动机工作频率在30Hz以上时，基本可以解决自带风扇电动机的散热问题。

在采取了以上措施和手段以后，基本上保证了油隔泵电动机的平稳运行，避免了电动机损坏对生产造成的影响。

结论：变频器应用，原则上不用旧电动机，因为旧电动机绝缘性能已经大大下降，而变频器对电动机绝缘要求要比工频应用高。工频电动机一般为B级（温度130℃），变频器要求为F级（温度155℃）。工作频率低于30Hz，要采用变频器专用电动机，专用电动机的后端加装独立轴流风机散热，绝缘等级高于普通电机，转子是深沟槽结构，起动转矩大。

改变电动机带轮的传动比至关重要，传动比增加，电动机的转速增加，转矩下降，定子电流下降，电动机的温度下降，避免了电动机过热烧毁。

第6章 变频器电磁干扰故障的维修

6.1 谐波及干扰的概念

6.1.1 谐波的概念

1. 谐波的产生

在交流电中，高于基波的频率成分称为高次谐波。谐波在电工技术中有利有弊，在变频器工作中产生的高次谐波都是无益的。

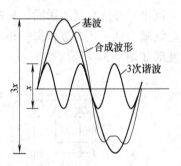

图 6-1 基波和一个 3 次谐波合成一个非正弦波

图6-1是基波和一个3次谐波合成一个非正弦波的情况，理论分析可以证明，任何一个非正弦波，都是多项高次谐波相叠加的结果。也就是任何一个非正弦波，都可以分解为多项高次谐波相叠加的形式。表6-1是几种非正弦波的傅里叶分解函数式，由分解函数式可见，高次谐波的次数理论上是无穷的，也就是说一个非正弦波可以产生频率非常高的高次谐波。

表 6-1 非正弦波的傅里叶分解

波　　形	展　开　式	说　　明
$f(\omega t)$ 波形，峰值 A_m，周期 π、2π 的三角波	$f(\omega t) = \dfrac{8A_m}{\pi^2}\left(\sin\omega t - \dfrac{1}{9}\sin3\omega t + \dfrac{1}{25}\sin5\omega t - \cdots + \dfrac{(-1)^{\frac{k-1}{2}}}{k^2}\sin k\omega t + \cdots \right)$ （k 为奇数）	交流非正弦波 $A_j = 0$，只含有奇次项
$f(\omega t)$ 波形，峰值 A_m，周期 π、2π 的方波	$f(\omega t) = \dfrac{4A_m}{\pi}\left(\sin\omega t + \dfrac{1}{3}\sin3\omega t + \dfrac{1}{5}\sin5\omega t + \cdots + \dfrac{1}{k}\sin k\omega t \right)$ （k 为奇数）	交流非正弦波 $A_j = 0$，只含有奇次项
$f(\omega t)$ 波形，峰值 A_m，周期 $\dfrac{\pi}{2}$、$\dfrac{3\pi}{2}$ 的全波整流波	$f(\omega t) = \dfrac{4A_m}{\pi}\left(\dfrac{1}{2} + \dfrac{1}{1\times3}\cos2\omega t - \dfrac{1}{3\times5}\cos4\omega t + \dfrac{1}{5\times7}\cos6\omega t - \cdots \right)$	直流非正弦波 $A_j = \dfrac{2A_m}{\pi}$，只含有偶次项
$f(\omega t)$ 波形，峰值 A_m 的锯齿波	$f(\omega t) = \dfrac{1}{2}A_m - \dfrac{A_m}{\pi}\left(\sin\omega t + \dfrac{1}{2}\sin2\omega t + \dfrac{1}{3}\sin3\omega t + \cdots \right)$	直流非正弦波 $A_j = \dfrac{1}{2}A_m$，含有奇次项和偶次项

由表6-1中我们注意到矩形方波的谐波情况，它的高次谐波为奇次谐波，幅值衰减较慢。5次谐波的幅值为基波的1/5，n 次谐波的幅值为基波的1/n。在低压变频器中，逆变电

压的幅值为 540 ~ 1000V，逆变电压载波频率为 1 ~ 20kHz，波形为矩形波。如果以 3kHz 常用载波频率计算，则它的 99 次谐波频率为 29.7MHz，谐波幅值为 5.45 ~ 10.9V。可见矩形波到 99 次谐波还有较大的幅度，它可以产生较强的辐射干扰。

频率非常高的高次谐波具有很强的辐射能力，对周围环境形成电磁干扰，使易感设备工作不正常。工作在交流电网上的电器是按工频 50Hz 正弦交流电设计的，如果通过了其他频率的谐波电流，会使这些设备的损耗增加，不能正常工作甚至损坏。所以我们必须知道谐波的规律和防止的方法。

2. 低压变频器输入、输出端谐波的产生

图 6-2 是典型低压变频器主电路图。输入由 6 只二极管组成三相全桥整流电路；输出由 6 只 IGBT 组成逆变电路。6 只整流二极管在整流过程中，因为将 3 个正弦交流电整流为 1 个直流电，必然在任何瞬间，只能有两相导通（有电流），一相休息（没电流）。哪一相最高，电流就由哪一相流进；那一相最低，电流就由哪一相流出；不高不低的相中没有电流。整流波形如图 6-3a 所示。

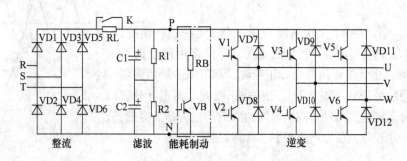

图 6-2　典型低压变频器主电路

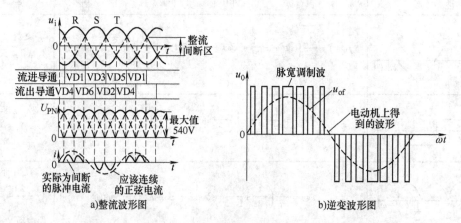

a)整流波形图　　　　　　　　　　b)逆变波形图

图 6-3　整流和逆变波形图

图 6-3a 中标出的"整流间断区"就是暂时不导通的相。整流后的直流电压每个周期有 6 个小波峰，称为 6 脉波整流电路。380V 变频器整流后电压最大值为 540V，波形如图 6-3a 所示。

由整流电路的相线电流波形可见（图 6-3a 中下面的电流波形图），相线电流一是不连续；二是每个半周为两个脉冲，与正弦波相差甚远，含有大量谐波成分。

6.1.2　变频器输入谐波分析与抑制

1. 整流谐波电流

图 6-4a 是三相整流电流波形图。三相交流电本来是光滑的 50Hz 正弦波，但整流时流进变频器的电流每个半周有两个尖峰电流。因为电流的不连续，造成变频器三相输入电压波形出现畸变，如图 6-4b 所示。在图中，本来是光滑的正弦波，出现了局部塌陷。

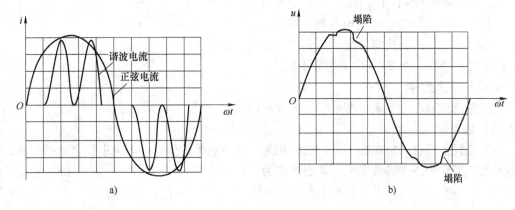

图 6-4　谐波电流和电压

根据谐波理论分析，交流电网中出现高于 50Hz 的频率成分称为高次谐波，在 6 脉波整流中，产生的谐波以 5 次、7 次最大，11、12 次幅度较小，17、19 次幅度更小。图 6-5 是实际测量的电流谐波棒图，图中给出了谐波的幅度和频率。

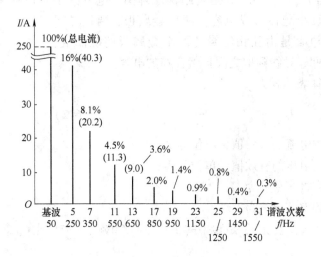

图 6-5　谐波幅度棒图

说明：图 6-5 是由一台 200kW 变频器，驱动 132kW 笼型电动机，用于离心水泵，变频器工作在 50Hz 时，测得的总电流和各高次谐波电流。变频器内置了直流滤波电抗器，高次谐波有所减弱，占总电流的 38% 左右。没有直流滤波电抗器时总谐波占总电流的 43% 左右。

测得结果为：总电流为 250A，5 次谐波电流 40.3A、7 次谐波电流为 20.2A、11 次谐波电流为 11.3A、13 次谐波电流为 9A 等（见图 6-5）。总谐波电流为总电流的 38% 左右，也就是 250A 的总电流中含有 95A 的谐波电流。

2. 变频器输入端传导干扰

传导干扰就是沿着相线产生的干扰。在图 6-6 中，设 Z_1 是变频器的阻抗，I_1 是流过 Z_1 的电流。如果电路中 $R_线 = 0$，$U = E$，电流 I_1 尽管变化，但 U_{ab} 不变，所以 Z_2 负载不受影响。

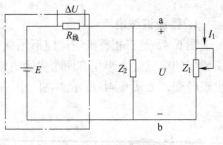

图 6-6　电路分析图

如果 $R_线 \neq 0$，则有 $U_{ab} = E - I_1 R_线$，$E = \Delta U + U_{ab}$，ΔU 就是形成传导干扰的电压降。当电流 I_1 变化时，ΔU 按照 I_1 的变换规律变化，Z_2 中的电流按照 ΔU 的规律变化，即 Z_2 受到了传导干扰。

3. 电路三大元件

电工电路中有三大负载，即电阻、电容和电感。

（1）电阻

电阻是耗能元件，将电能不可逆地转化为热能。电阻工作时电流大小符合欧姆定律，和频率无关，工作中不受谐波影响。其表达式为

$$U = I R \qquad I = U/R \qquad R = U/I \tag{6-1}$$

式中　U——电路电压，单位为 V；

　　　I——电路电流，单位为 A；

　　　R——电路电阻，单位为 Ω。

（2）电容

图 6-7a 是电容符号，图 6-7b 是其结构原理图。电容的定义为：互相绝缘的两个导体形成电容。两个金属板、两根导线之间都存在电容。电容是由互相绝缘的两个金属板卷绕而成。分布电容是导线之间、导线到地之间自然存在的电容。

电容的欧姆定律表达式为

$$I_C = \frac{U_C}{X_C}, X_C = \frac{1}{2\pi f C} \tag{6-2}$$

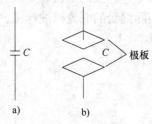

图 6-7　电容

式中　I_C——电容中电流的有效值，单位为 A；

　　　U_C——电容上电压的有效值，单位为 V；

　　　X_C——电容容抗，单位为 Ω；

　　　f——工作频率，单位为 Hz。

由式（6-2）可知，容抗 X_C 是频率的函数，X_C 和频率 f 成反比：$f\uparrow \rightarrow X_C\downarrow \rightarrow I_C\uparrow$。

（3）电感

当导体中通入变化的电流时，在导体周围将产生变化的磁场，变化的磁场阻止电流的变化。为了衡量磁场阻止电流变化的能力，用电感 L 和感抗 X_L 来表示。当电感制造完毕，L 即为常数。在交流电路中，电感的欧姆定律表达式为

$$I_L = \frac{U_L}{X_L}, X_L = 2\pi f L \tag{6-3}$$

式中　I_L——电感中电流的有效值，单位为 A；

U_L——电感上电压的有效值,单位为 V;

X_L——电感的感抗,单位为 Ω,由式中可见,X_L 是频率 f 的函数,两者成正比;

f——工作频率,单位为 Hz。

由电感表达式可见,$f\uparrow \to X_L\uparrow \to I_C\downarrow$。即频率越高,感抗越大,频率越低,感抗越小,$f=0$,$X_L=0$。电感在变频器应用中有交流电抗器,变压器、电动机等。

4. 传导干扰

(1) 功率因数补偿器受到的电磁干扰

功率因数补偿器是三相交流电网中必须安装的设备,就是将电容并联在电网上。工作中会受到高次谐波的传导干扰,高次谐波的频率越高,干扰电流越大。下面分析谐波对功率因数补偿器的干扰。

图 6-8 是变频器整流电路谐波干扰分析图。图中 220V 交流电是正弦波,变频器整流电流出现大量高次谐波,谐波电流通过电阻 $R_{线}$ 产生谐波电压降。根据欧姆定律,电压降和电流保持线性关系。电压降按照电流的谐波分布,即这些电压谐波对并联在电网上的电容器产生了传导干扰。

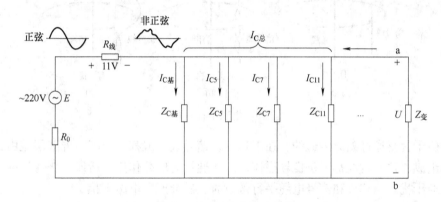

图 6-8 谐波干扰分析图

设:三相电源频率 $f_N=50$Hz,电压 $U_N=220$V,通过电容的总电流为 1A(一个电流单位)。又设变压器到变频器之间的电损 $\triangle U=5\%E$,即变频器电流引起的相线电压降为 11V。计算电容中各次谐波电流。

电网出现 11V 的谐波电压,这个谐波电压加到电容上产生谐波电流。为了分析方便,将电容的容抗用谐波容抗来表示,$Z_{C基}$ 指的是基波容抗,Z_{C5} 指的是 5 次谐波容抗,……以图 6-5 为依据,按图中电流的百分比进行计算。

电容中的总电流为各容抗电流之和,即

$$I_{C总}=I_{C基}+I_{C5}+I_{C7}+I_{C11}+\cdots$$

$$I_{C总}=1A+1A\times(16\%\times5+8.1\%\times7+4.5\%\times11+3.6\%\times13+\cdots)\times5\%$$

$$=1A+1A\times(0.8+0.567+0.495+0.468+\cdots)\times5\%$$

$$\approx1.33A$$

根据上述的定量分析可见,当电源的线损为 $5\%U_N$ 时,相线上并联的电容中电流增加了 33%,使电容出现过载。造成电容过热。如果线损再增加,使谐波电流进一步增加,会造成电容鼓包或爆炸。

（2）高次谐波对电动机的影响

电动机是感性负载，因为感性负载中的电流随着频率的增加而下降，所以高次谐波对电动机影响不大。但高次谐波会使电动机铁心的磁偶极子振动加剧，使绕组电流出现趋肤效应，造成电动机热量增加。

5. 电磁干扰

变频器整流造成相线中大量的高次谐波电流，根据法拉第电磁感应定律，当相线中有电流时，在相线周围将产生磁场，磁场方向用右手定则进行判断，如图6-9所示。当电流发生变化，磁场也发生变化，变化的磁场穿过信号线时，在信号线中产生感应电流。相线电流频率越高、电流越大，信号线中感应电流越大，如图6-9a所示。因为大功率变频器的电流在几百安培，所以产生的干扰是非常强的。

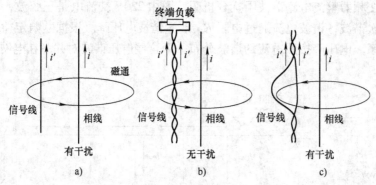

图6-9　电磁干扰示意图

该电磁干扰是通过磁通传递的，在工程上，信号线一般都带屏蔽，屏蔽层是由铝箔和铜丝编制网组成，这些材料都不是良导磁体，对磁通没有屏蔽作用。所以，普通的屏蔽电缆不能屏蔽磁通干扰。当相线和信号电缆平行敷设时，就会产生电磁干扰。

一般信号电缆都是双绞线，产生的感应电流总是在回路中方向相反，互相抵消，不会出现干扰，如图6-9b所示。如果信号线接头出现走单，电磁干扰就出现了。

防止输入电缆对信号线的干扰，一是将两线隔开一定距离，二是将信号电缆穿入铁管中敷设，因为铁管是良导磁体。

6. 交流电抗器的使用

电抗器对高次谐波具有很强的抑制作用。为了抑制变频器工作时对三相电网产生的干扰，在变频器输入端加装交流电抗器；为了抑制变频器工作时对输出端产生的干扰，在变频器输出端加装交流电抗器，如图6-10所示。交流电抗器是可选件，一般情况下可以不安装。

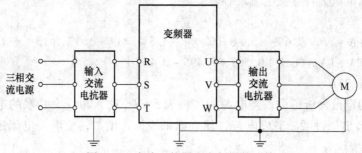

图6-10　交流电抗器和变频器的连接

6.1.3　变频器输出端的电磁干扰及分类

图 6-3b 是变频器逆变电压波形，逆变电压基波是 $0 \sim 50 \mathrm{Hz}$ 可调，脉宽调制波频率在 $1 \sim 20 \mathrm{kHz}$ 可设。现在一般变频器脉宽调制波频率选择为 $3 \sim 10 \mathrm{kHz}$。脉宽调制波形为矩形，由表6-1 可见，矩形波高次谐波为奇数次，即 3 次、5 次、7 次、…、k 次，其幅值为 $\frac{1}{3}(U_\mathrm{m})$、$\frac{1}{5}(U_\mathrm{m})$、$\frac{1}{7}(U_\mathrm{m})$、…、$\frac{1}{k}(U_\mathrm{m})$。可见脉宽调制波的谐波幅值大、衰减慢。理论证明，电压频率越高，在电容中流过的电流越大；在电感中（直导线）流过的电流频率越高，电磁辐射能力越强，法拉第电磁耦合强度越大。

图 6-11 是变频器逆变电路的电磁干扰路径图，图 6-12 是变频器输出端电磁干扰的分类。电磁干扰分为传导干扰和空间干扰。

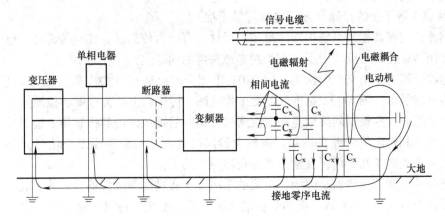

图 6-11　变频器逆变电路电磁干扰路径

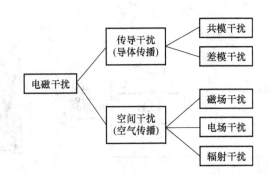

图 6-12　电磁干扰分类

1. 传导干扰

传导干扰通过电网线路传播，输入端存在传导干扰，输出端也存在传导干扰。传导干扰又分为共模干扰和差模干扰。三相干扰信号之和不等于 0 的干扰信号，叫作共模干扰。三相干扰信号之和等于 0 的干扰信号，叫作差模干扰。变频器整流产生的谐波干扰电流，因为三相电流之和为 0，是差模干扰。差模干扰可通过加装交流电抗器滤除。

三相接地电流产生的干扰就是共模干扰。因为接地电流是从三相电流中分离出的电流，使三相电流之和不等于 0，共模干扰可用套磁环的方法加以滤除。

2. 空间干扰

空间干扰通过非接触传播，如电场、磁场、空气等传播。

磁场干扰是最隐蔽、又是干扰比较强的一种干扰。电场干扰是基于电容效应，主要发生在电路板中布线之间。辐射干扰是基于电磁波原理，在干扰中表现比较弱。

6.1.4　电磁干扰的分析与排除

1. 差模传导干扰的排除

差模传导干扰主要发生在变频器的输入和输出端。如输入端整流产生的高次谐波、输出端脉宽调制波，都属于差模干扰。

消除该干扰的方法就是加装交流电抗器。输入端交流电抗器的感抗大、输出端交流电抗器的感抗小，两者不可互换。

2. 共模传导干扰的排除（零序电流传导干扰）

传感器是变频器控制系统中应用最多的器件，有压力传感器、流量传感器、电子秤、水位计等常用传感器，在应用中受电磁干扰是最头疼的问题。

传感器一般都是由交流电供电。将 220V 单相交流电通过开关电源，变为 24V 直流电，为传感器电路供电。图 6-13a 是传感器受干扰框图。传感器由开关电源、检测探头、模拟放大器 3 部分组成。变频器的接地零序电流通过传感器的接地线传到传感器，通过分布电容传到检测探头，和检测信号混在一起，被放大器同时放大。本来零序干扰信号只是 mV 数量级，被放大器放大了几千倍，在输出端显现出很大的干扰。

由此分析可知，传感器是因为把微弱的零序电流通过内部放大器放大才引起的干扰，如果传感器没有放大器，mV 数量级的干扰信号就形不成干扰。在恒压供水应用中有一种机械式远传压力表（见图 6-13b），把水的压力通过电位器转换为电信号，虽然控制精度不高，但没有电磁干扰。

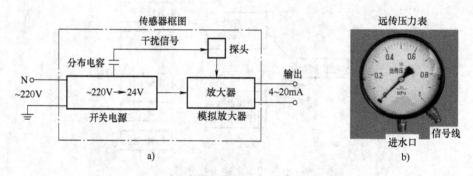

图 6-13　传感器受干扰框图与远传压力表

当传感器出现了共模传导干扰时，在电源线上套磁环可以消除零序电流，如图 6-14 所示。磁环可以直接套在相线上，也可以在磁环上并绕 3～5 匝，这样效果更好。

磁环消除零序共模信号的原理为：在图 6-14b 中，相线中流进的电流和地线中流出的电流总是大小相等、方向相反，产生的磁通相互抵消，磁心中磁通为 0。如果出现流进和流出的电流不相等，出现分流（分流就叫共模电流），产生的磁通不为 0，磁心中就产生了分流磁通，磁通产生了感抗，对分流具有阻碍流动的作用。当磁环的感抗达到一定值，分流就被抑制。所以在磁环上绕制的匝数越多,效果越好。

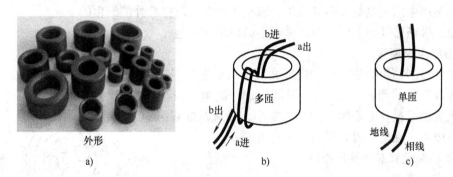

图 6-14 磁环和绕制方法

抑制三相电路的零序电流,同样可以在 3 个相线上套磁环。

3. 磁场干扰的排除

1)电缆沟、电缆桥架平行走线,将信号电缆穿入铁管中敷设,相线电缆采用铠甲屏蔽电缆。

2)控制柜中将强电电器和弱电电器分区安装,必要时中间用铁板隔离。

4. 电场干扰的排除

电场干扰是由分布电容造成的。分布电容无处不在,导线和导线之间都存在分布电容。解决电场干扰的方法就是强电弱电分区,并加金属板隔离。

5. 辐射干扰的排除

辐射干扰主要是干扰弱电电器,为近距离干扰。防护方法采用屏蔽电缆,且屏蔽层可靠接地。

6.1.5 变频器接地

1. 电场屏蔽原理

在电路安装时,都离不开屏蔽,先分析一下屏蔽原理。图 6-15 是两个金属空腔,图 6-15a中空腔的金属层没有接地。当空腔外部出现变化的电场 E 时,根据电场感应原理,在空腔的外表面感应出等量异号的电荷,和外电场平衡。空腔的内部电场为 0,即空腔屏蔽了外电场对腔内的干扰。由此可见,信号电缆在外部都要增加金属屏蔽层,用以屏蔽外电场对信号电缆产生的干扰。

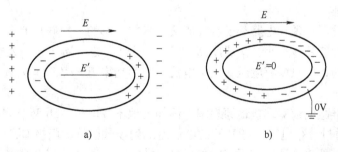

图 6-15 金属空腔

图 6-15b 是金属空腔内电场不为 0，因为金属空腔接地，金属空腔体为等电位，在金属空腔外部不产生感应电场，即屏蔽了金属空腔内电场对空腔外部产生的干扰。

结论： 屏蔽必须用金属材料，屏蔽层必须可靠接地。

2. 磁场屏蔽原理

磁场屏蔽必须用导磁材料，最好又廉价的导磁材料就是铁、铁板或铁管。图 6-16 是磁场屏蔽原理，将电缆穿入铁管中，因为铁管是良导磁体，磁阻非常小，磁通在低磁阻的铁管壁中流动，铁管中没有磁通，干扰被屏蔽。

3. 单端接地和双端接地原理

（1）单端接地

屏蔽电缆单端接地原理起源于晶体管时代，距今有几十年的历史，老一代工程师都是学的单端接地。晶体管是电流控制器件，在基极加上一个小电流 i_b，在输出端得到一个大电流。图 6-17a 是接地分析图，假如大地不等电位（实际上大地电位是不相等的），ab 两点间有 10V 的电位差。当双端

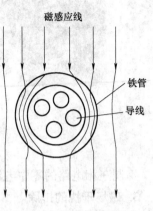

磁感应线

铁管

导线

图 6-16　磁场屏蔽原理

接地，在屏蔽层中就会出现电流 i，电流 i 产生磁场，磁场在信号线中产生感应电流 i_b，i_b' 被晶体管放大，就出现了干扰电流。如果单端接地，干扰电流就没有了。所以，晶体管电路的屏蔽电缆必须单端接地，双端接地就会出现干扰。

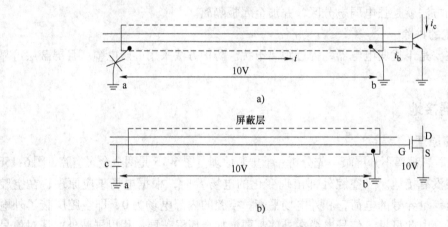

a)

屏蔽层

b)

图 6-17　变频器接地分析

（2）双端接地

随着科学的发展，现在电路都已经集成化，米粒大小的一片硅片上，就可以集成上亿只半导体器件。因为芯片体积小，集成度高，发热是个大问题。为了避免发热，这些半导体器件都必须是场控的，即只要有电压，无需电流。因为功率 $P = UI$，$I = 0$，$P = U \times 0 = 0$。所以场控器件不耗电。

图 6-17b 是屏蔽电缆双端接地原理图。假如大地不等电位，ab 两点间有 10V 的电位差，单端接地。a 端通过分布电容，将 10V 的电位差加到场效应管的门极 G，$U_{GE} = 10V$，场效应管进入导通状态，即出现了电磁干扰。如果将 a 端接地，通过屏蔽电缆将 ab 两点电位拉平，$U_{GE} = 0V$，场效应管就没有了干扰信号。所以，现在屏蔽电缆要求双端接地，单端接地就会

出现电磁干扰。

下面看几个实例：

例 1：某造纸厂，安装了一套控制系统，控制系统中的设备有 DCS 主机、PLC、变频器等，控制电缆采用的都是单端接地。系统安装完成之后，出现电磁干扰，不能进行工作。后来改为双端接地和多端接地，故障排除。

例 2：西宁有一企业，设备控制电缆采用双端接地，传感器出现电磁干扰。后来得到老工程师指点，将传感器屏蔽电缆改为单端接地，干扰消除。

例 3：有一数控机床，工作中显示屏出现干扰，字符颤动。后来将显示屏就近接地（电缆双端接地），故障排除。

结论：安装变频器控制系统时，主机强电电缆双端接地，控制、通信等电缆双端接地。传感器电缆单端接地（目前传感器内部放大器采用的是运算放大器，运算放大器是电流控制器件）。

4. 变频器控制柜防止电磁干扰的方法

1）主机做双端接地或多端接地；传感器做单端接地。

2）控制柜强电弱电分开，必要时采用铁板隔离。

3）弱电电缆在信号线上套磁环，将很长的信号线穿铁管敷设。

4）各部件的接地端要可靠地连接在柜体上，柜体要可靠地连接到接地体。

6.2 电磁干扰案例

案例 115 热电厂一台 45kW 变频器，驱动给煤机运行速度时快时慢

故障现象：某发电厂一台 45kW 变频器用于给煤机，变频器在运行过程中，运行速度不稳定，有时快有时慢，但变频器速度给定信号并没改变。

故障分析与处理：检查变频器参数设置，正确；测量工作台调速给定电压，稳定；测量变频器速度反馈端子电压，发现有波动。为什么调速信号到变频器就不稳了呢？是否由电磁干扰所致？

本机 380V 电源电缆和变频器的信号控制线在同一电缆沟中平行敷设，可能出现了强电和弱电互相干扰。试着将电缆分开一定距离，故障排除。

结论：本例是因为电源电缆和信号线平行敷设，距离又较近，产生了电磁干扰，使调速信号线上叠加了干扰信号，造成变频器速度不稳定。

案例 116 食品厂变频器工作时造成电子秤不准确

故障现象：某食品厂一条食品加工流水线，由 5.5kW 变频器驱动。在工作中，发现流水线上的称重电子秤不准确，加工出的食品切块有重有轻。因为误差不是很大，又是随机的，开始没有引起企业关注，在质监局抽查时才发现问题的严重性。

故障分析与处理：开始认为电子秤有问题，更换了一台新的电子秤，问题依然存在。判断为电子秤受到了电磁干扰。停掉变频器，电子秤工作正常，起动变频器，电子秤又出现误差。判断干扰来自变频器。电子秤和变频器除了采用同一路供电电源，并没有其他电的联系，且变频器和电子秤距离较远，看来干扰是通过电源线传播的。

将电子秤采用直流电源独立供电，故障消失。应用了一段时间后觉得不方便，在变频器的输入端套上磁环，在电子秤的电源输入端也套上磁环，并将电源线在磁环上并联绕了几圈，再将电子秤恢复交流供电，工作正常。

结论： 电子秤是受到了变频器的共模传导干扰。共模传导干扰最有效的排除方法就是在变频器的输入端加磁环或串联电磁滤波器。

案例117　ABB变频器工作中干扰电子秤导致检测不准确

故障现象： 有两台ABB公司的110kW、型号为ACS-800的变频器，驱动一条矿石传送带。为了计量矿石产量，在传送带下面安装一台电子秤，在工作中，发现电子秤的指示值不准确，电子秤按调好的重量值运行，变频器的实际输出电流偏小，也就是电子秤的重量显示值偏大。

故障分析： 判断为变频器工作时电子秤出现了电磁干扰。将变频器停机，电子秤干扰消除。因为电子秤的信号线采用屏蔽线，距离变频器的电源线较远，辐射干扰和电磁干扰的可能性较小，怀疑是传导干扰所致。

故障排除： 该变频器出厂时已内置了输入交流电抗器，在电子秤的交流220V供电线上安装了电磁滤波器，输出信号电缆上套上磁环，电子秤干扰现象消失。

案例118　变频器电磁干扰引起纺织机不能正常工作

故障现象： 一台新改装的纺织机，用3.7kW的变频器拖动一台4kW的电动机，调试后设备投入试运行。工作几个小时后电动机不转，变频器有频率显示，也不报故障保护。起初认为是变频器有问题，要求更换一台新机，后来厂家更换了新机，但故障依然如此。

故障分析： 由于更换了新机，排除了变频器本身的问题。在检查时发现，按正转按钮起动变频器运行时，变频器面板的正转和反转指示灯都亮，也就是说变频器正转指令和反转指令都启用了，难怪电动机不运行。因为正转和反转按钮是互锁的，并不会同时启用，所以另有原因。

在检查中发现，变频器是按一个普通电器安装的，没有采取有效的防电磁干扰措施，判断该故障为电磁干扰所致。

故障处理： 在变频器输入、输出电源线上套上磁环，把所有控制线更换成屏蔽线，屏蔽电缆和变频器外壳均做了可靠接地，同时降低了变频器载波频率。通过上述处理，故障排除。

结论： 该变频器因为没有采取任何的防电磁干扰措施，出现了电磁干扰，这是初次接触变频器容易发生的问题。

案例119　变频器工作时干扰液位计导致不准确出现误动作

故障现象： 由变频器控制电动机拖动一台液体设备，液位的高低由4～20mA标准液位计控制。在运行调试中，变频器运行正常，而控制液体的液位计读数偏高。在液位低于下限值时，液位计输出大于4mA；液位未到设定的上限值时，液位计却显示到达上限（输出20mA），使变频器接收停机指令提前停止运行。

故障分析： 检查液位计，没有问题。在变频器停机时，液位计显示正常（显示值和液位相符），在变频器工作时，液位计显示出现误差，这显然是变频器的高次谐波干扰了液位计。干扰传播途径可能是液位计的电源回路或是信号线。

故障处理： 将液位计的供电电源取自另一供电变压器，谐波干扰减弱。再将信号线穿入钢管进行敷设，并与变频器主回路线隔开一定距离。经这样处理后，谐波干扰基本消除，液位计工作恢复正常。

结论：本例的干扰来自电源的传导干扰、辐射干扰和感应干扰三个方面。将液位计的供电电源取自另一供电变压器，共模传导干扰被切断（和传感器独立供电意义相同）；将信号线穿入钢管敷设，既有防辐射干扰的作用，又有防感应干扰的作用，是工程上一种规范的安装方法。

案例 120　流水线变频器干扰 PLC 误动作

故障现象：一条自动生产线由一台 PLC 和十几台 7.5kW 变频器组成，生产线在运行时，PLC 经常出现误动作。

故障分析：变频器和电动机的距离较远，电源线采用的是无屏蔽电缆。变频器的输入、输出端均没有采用相应的防电磁干扰措施。从布线和现场情况看，PLC 的控制信号线和变频器的电源线距离较远，辐射和感应干扰的概率较小，共模传导干扰的可能性较大。

故障处理：为了减小共模干扰，变频器的输入、输出电源线更换为屏蔽电缆，并且将电动机的外壳、变频器的外壳和电缆的屏蔽层进行可靠的连接，电动机和变频器的外壳接地。通过屏蔽层限制共模电流尽量在变频器内流动；再将变频器的输入端套上磁环，增加了接地共模电流的阻抗，抑制共模电流在电源线上产生的传导干扰。通过上述处理，PLC 误动作现象消除。

说明：共模零序电流干扰，在 PLC 的电源线上套上磁环也可以解决，套磁环可大大节省维修成本。

案例 121　变频器使 4～20mA 反馈信号受到干扰，造成变频器不能工作

故障现象：由一台 45kW 富士变频器组成恒压供水控制系统（见图 6-18），反馈信号由 4～20mA 压力变送器提供。调机试车时，压力变送器没有输出。单独测试压力变送器，有 4mA 的起始电流，接回到变频器，停机测量，仍有 4mA 起始电流。但起动变频器后，反馈电流信号消失，变频器输出频率上升到 50Hz。

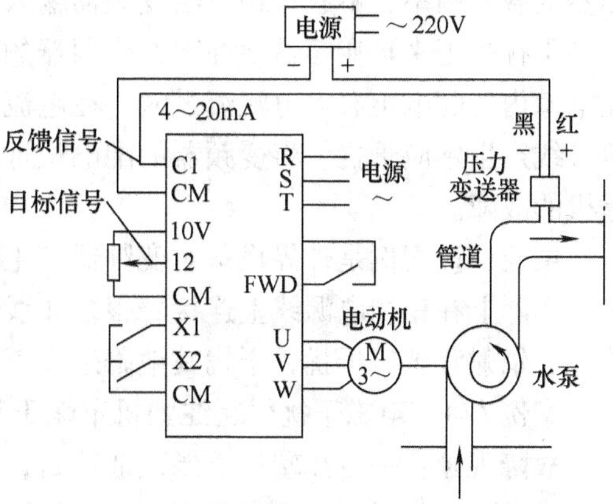

故障分析：变频器为新机，自身故障的可能性几乎没有，变频器停机时压力变送器工作正常，变频器开机时压力变送器工作异常，问题应出在电磁干扰。该变频器安装时输出端没有采用屏蔽电缆（变频器距离水泵 35m），输入、输出端也没有加装交流电抗器和电磁滤波器。

图 6-18　变频器控制系统

故障处理：如果要从根本上消除干扰，就要重新更换电缆，改造控制柜，加装电抗器和滤波器等。

压力变送器受到干扰的现象就是在有用的直流信号上叠加了高频交流干扰信号，使变送器不能正常工作。根据压力变送器、电源、变频器三者的连接关系，试着分别在电源、压力变送器的输出端、变频器的输入端并联上一个 1000pF 的高频瓷片电容，开机后变频器工作正常。

结论：在变频器的模拟信号端子或数字信号端子两端并联一个几百皮法的小电容，有时可收到意想不到的效果。这是弱电数字电路消除噪波干扰的常用方法。

案例 122　同一控制柜中的两台变频器互相干扰，不能正常工作

故障现象： 由两台三菱变频器组成一传动控制系统，两台变频器安装在同一控制柜中，两台变频器分别采用手动电位器进行调速。在单台变频器运行时，工作正常，当两台同时运行时，频率互相干扰。即调节其中一台变频器的输出频率时，会影响另一台变频器的输出频率。判断为两台变频器出现了电磁干扰。

故障分析： 因两台变频器的距离比较近，判断为出现了电磁干扰。试着将一台变频器的控制电路移到控制柜外，并采用屏蔽线连接，干扰减弱。

故障处理： 为了彻底消除干扰，又重新定做了一个控制柜，把其中一台变频器移到该柜中，并与原控制柜隔开一定距离。控制柜和变频器采用良好接地，信号线采用屏蔽双绞线，屏蔽层接地。经这样处理后，两变频器相互干扰的现象消除。

结论： 多台变频器安装在同一控制柜中的案例很多，一般不会发生相互干扰的问题。变频器的金属外壳具有很好的电场和磁场的屏蔽作用，只要将变频器的外壳可靠接地，就屏蔽了变频器外部的电场和磁场对变频器内部的干扰，同时也屏蔽了变频器内部的电磁场对外部的干扰，控制柜良好接地也有相同的屏蔽功能。该例出现的干扰应该是接地不良、调速电缆布线、屏蔽等问题，不用另做控制柜。

案例 123　配电室距离变频器控制柜太近，干扰变频器正常工作

故障现象： 有一变频控制系统，变频器控制柜和配电室一墙之隔。变频器在工作时，有时电动机的转速慢不下来。判断为变频器出现了电磁干扰。

故障分析与处理： 检查变频器的输入、输出屏蔽电缆，其屏蔽层接地良好，试着降低变频器的载波频率，不起作用；给变频器输入侧和输出侧加装磁环和滤波器，也不起作用。

干扰是否来自变频器之外呢？变频器的配电柜与动力配电室只有一墙之隔，相距太近，配电室内的配电柜有大电流流过时，在电流周围产生较强的磁场，该磁场很可能对变频器的信号线产生感应干扰。将变频器的配电柜远离配电室一定距离之后，变频器再没有出现不能停机的故障。

结论： 该案例是外界设备对变频器产生的干扰。我们只注意到变频器对其他设备产生干扰，实际上在三相电源线上连接着很多非线性电器，当这些电器的功率较大时，同样会产生传导、辐射和感应干扰，干扰其他附近或工作在同一个电源上的电器。

案例 124　电磁干扰引起注塑机不能正常工作

故障现象： 一台注塑机节能改造项目，注塑机原配用 18.5kW 电动机，现采用 25kW 变频器驱动。变频器在现场安装完毕，并设置好参数，进行起动调试。在调试中发现：注塑机的驱动电动机、注塑机上的比例流量、比例压力信号等都能正常反馈到变频器，但注塑机各项动作反应很慢，尤其是在射胶时电磁阀开度很小，射出的塑胶达不到要求，容易造成废品。

故障分析： 开始以为是变频器参数设置得不对，通过反复检查，发现没有问题。再检查变频器及注塑机的安装情况，发现都没有接地，因为车间在楼上，没有安装接地线。变频器也没有采取有效的屏蔽措施，怀疑以上现象是电磁干扰所致。

故障处理： 因为车间没有接地线，所以先将变频器做抗干扰处理，现场采取的措施为

1) 把变频器控制板上的对地电容器去掉；

2）所有控制电路均采用屏蔽线，屏蔽地接到变频器"GND"；

3）变频器的输入、输出电源线套上磁环；

4）延长变频器模拟输入端子的滤波时间（设置端子滤波时间参数）；

5）适当降低变频器载波频率。

采用以上处理方法后，变频器干扰现象消失，注塑机正常工作。

结论：采用以上处理方法，解决了没有接地体的变频器抗干扰问题。这种处理方法必须有选择地、慎重使用。因为电动机、变频器的外壳和注塑机的外壳等都没有接地，这是不符合国家用电安全规程的，当变频器等出现了漏电现象，会直接威胁到操作人员的人身安全。该变频器调试完毕，建议该企业尽快安装接地线，以消除安全隐患。

案例 125 三相五线制供电接地错误造成变频器工作不正常

故障现象：一台 10kW 变频器，驱动一台 7.5kW 电动机用于机床传动系统。变频器安装完毕，在调试过程中，发现变频器开机就一直运转，按停止按钮不起作用。

故障检查分析：因为是新机安装，变频器自身故障的可能性很小。可能是参数设置问题，检查了参数，没有问题。电路是否出现电磁干扰？经检查发现，变频器的接地端连接到变压器的中性线上，没有连接到大地（见图 6-19a）。因为中性线上存在电流，在导线电阻上产生电压降，故对变频器产生了干扰。

故障处理：询问用户电工，为什么将变频器的接地端连接到中性线上，电工介绍因为变压器没有接地，只引出了中性线。并认为变压器接地也是将中性线接地，这和将中性线引出，将负载的接地端接到中性线上原理是一样的。

现在一些小型企业不重视地线的连接。机床出厂时，按照国家电工法规定的标准，地线与中性线是严格分开的，配电柜里中性线有专用接线端子，地线有专用接地螺栓。中性线和地线分开，一是当设备出现漏电流时，防止人身触电；二是大地是等电位的，用电设备有一个公共的等电位接地点，防止出现干扰。由于该用户从变压器引过来三根相线和一根中性线，只把中性线接到"E"端子上，而地线没有和中性

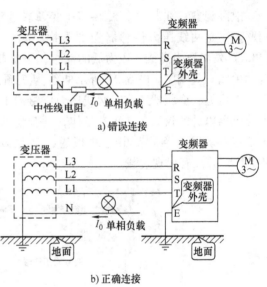

a) 错误连接

b) 正确连接

图 6-19 变频器接地

线相连，虽说控制线使用了屏蔽线，屏蔽层也接到了接地螺栓上，因没有和大地相连，起不到屏蔽作用，导致了变频器因干扰而失控。

将变频器的接地端连接到配电柜的接地端，配电柜接地端连接到新做的接地体上；变压器的中性线、外壳也连接到新做的接地体上（见图 6-19b），经过上述处理，变频器受干扰的现象消失，工作正常。

案例 126 某污水处理厂变频器改造项目，受电磁干扰不能工作

故障系统介绍：某污水处理厂进行水泵节能改造项目，安装了 9 台 ABB ACS 系列变频

器。其中 8 台变频器是 ACS-510 系列，功率范围为 45～110kW；另外一台变频器是 ACS-800 系列，功率为 200kW。有 7 台 ACS-510 系列变频器安装在同一台变压器上，另一台 ACS-510 系列变频器和 ACS-800 变频器安装在一台 1000kV·A 车间变压器供电的 380V 母线上，变频器的 4～20mA 调速信号均来自 PLC 控制系统。

　　图 6-20 所示是 ACS-800 变频器调速电路连接图。图中两线压力传感器检测水泵的输出压力，将检测信号传送到 PLC，由 PLC 根据该检测信号控制变频器调速和管道阀门的关闭与开启。图中的综合保护装置是保护变压器的，当变压器出现了过电流、过载等现象，可切断变压器的输出。

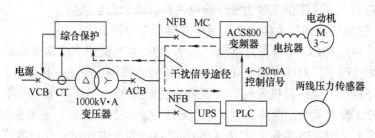

图 6-20　ACS-800 变频器调速电路连接图

　　故障现象： 在调试中 ACS-510 变频器运转正常，但 ACS-800 变频器运转时出现了两个问题。一是两线压力传感器受到干扰，测量值出现波动。波动比较严重时，使控制系统（PLC）发出压力高或者压力低的信号；干扰非常严重时，控制系统误认为是压力过低，而自动关闭一些阀门。图 6-21 所示曲线为变频器工作和停止时两线压力传感器记录的曲线。由图中可见，变频器工作时两线压力传感器中感应到了较强的干扰信号。但是，除了两线压力传感器以外的仪表，均正常工作，没有受到干扰；二是变频器运行后，车间变压器综合保护装置误动作，经常发出过载报警，甚至发生误动作跳闸事故。可变压器实际负载才 500kW，并没有出现过载。

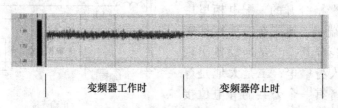

图 6-21　两线压力传感器干扰信号

　　故障分析： 初步判断是因为变频器功率比较大，产生的电磁干扰也比较强烈，并且由于控制电缆（控制电缆中包括两线压力传感器信号线、4～20mA 调速信号线）与动力电缆距离比较近造成的。其 4～20mA 调速信号和两线压力传感器信号采用屏蔽双绞线传输，穿镀锌钢管后沿电缆桥架敷设，钢管与电缆桥架的距离约为 5cm。

　　故障处理： 将控制电缆和动力电缆之间的距离调整到 30cm 以上再次试验，发现干扰现象仍然存在。所以基本排除了是电磁干扰信号沿控制线路引入 PLC 控制系统。

　　随后采用专用电能质量测试仪对变频器供电回路进行谐波测试。测试谐波数据如表 6-2 所列，谐波电流波形和谐波含量如图 6-22 和图 6-23 所示。

从测试的谐波数据可知，变频器输入端产生了大量谐波，主要以 5 次、7 次、11 次谐波居多。

从图 6-22 谐波电流波形可以看出，本应是正弦曲线的三相交流电流不再是正弦曲线；由图 6-23 谐波含量柱形图所显示的情形和表 6-2 所测得的谐波数值相吻合，看来变频器工作时产生了大量的谐波，并以电磁传导方式传播到供电网络中，从而干扰了和变频器工作在同一电网上的两线压力传感器、变压器综合保护装置使其不能正常工作。

表 6-2 变频器电源回路谐波测试值

谐波含量（%）	A 相	B 相	C 相	N 相
总谐波	43.0	43.9	41.3	97.3
3 次谐波	2.1	2.6	1.7	0.3
5 次谐波	37.2	38.7	36.2	0.3
7 次谐波	14.3	14.7	12.7	0.3
9 次谐波	3.1	2.5	0.8	0.3
11 次谐波	14.1	11.3	13.0	0.3
13 次谐波	4.4	5.7	6.1	0.3
15 次谐波	1.6	1.7	0.7	0.3

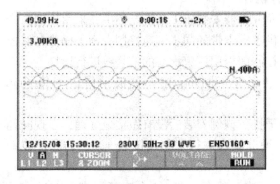

图 6-22 谐波电流波形图

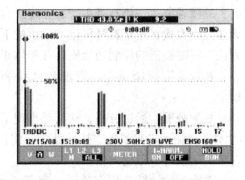

图 6-23 谐波含量柱形图

如果是上述谐波干扰了变频器的两线压力传感器和综合保护装置，那么 ACS-510 变频器没有出现干扰，是否它的输入端就没有产生谐波呢？通过对 ACS-510 变频器进行测量，其谐波含量同样比较高。看来 ACS-800 变频器出现了干扰误动作，输入谐波大还不是唯一原因。

仔细分析了 ACS-510 变频器和 ACS-800 变频器应用手册发现两种变频器在其附件配置上有区别。ACS-510 变频器输入端内置了一台变感式交流输入电抗器和 RFI（零序共模信号）滤波器。交流电抗器和 RFI 滤波器是标准配置，在实际使用中不需要额外的滤波器。而 ACS-800 变频器在输入端只内置了一台交流输入电抗器，RFI 滤波器是可选设备，如果在设备订货时没有要求安装 RFI 滤波器，ABB 公司只在输入端内置一台交流输入电抗器。

经核实，ACS-800 变频器订货时确实没有要求配置 RFI 滤波器。于是在变频器输入端增加了一台 ABB 变频器专用 FT330-400 型输入滤波器，然后再开机试验，仪表信号受干扰的现象消失，并且变压器继电保护装置误动作的情况也不再发生。

结论： ACS-800变频器因为没有安装RFI滤波器，出现了零序共模干扰。FT330-400型输入滤波器主要是滤除共模干扰，共模干扰是因为变频器的输入、输出电缆较长，由电缆的分布电容对地形成的漏电流引起的。这个电流专门干扰具有放大功能的模拟传感器。

案例127　西门子6SE7032变频器控制矿井绞车，空车下放时报电磁干扰

故障现象： 一台功率为132kW的西门子变频器，其型号为6SE7032-6TG60，配有型号为6SE7033-1EE85的整流回馈制动单元，拖动70kW电动机，用于矿井绞车牵引。在重车运行时，变频器工作正常，当空车下放时，变频器报"F028"干扰故障，并出现跳闸停机。

故障分析： 该变频器在安装时，采取了防电磁干扰措施，输出电缆采用屏蔽电缆，控制信号线采用屏蔽线，电缆和信号线的屏蔽层、变频器的外壳都进行了良好的接地。

变频器在重车负载工作时，输出电能，应该产生的干扰最大，但变频器不报电磁干扰故障；当空车下放时，负载拉着电动机转动，电动机变为发电机，产生回馈电能，此时变频器的整流电路变为逆变电路，回馈逆变电路的工作原理与输出逆变电路相同，同样产生大量的高次谐波，干扰更大。看来是变频器在向电网逆变回馈电能时出现了干扰。

故障处理： 重新检查变频器的防干扰措施，器材合格、施工规范、接线牢固，没有什么问题。咨询变频器厂家，厂家技术员建议将该报警信号屏蔽。将该报警信号屏蔽后，变频器工作正常。

案例128　科姆龙变频器频率波动导致误停机

故障现象： 一条石膏生产线，将4台科姆龙变频器安装于1个控制柜中，采用比例同步调速控制方式，用于石膏板生产线中的下料、供水、走带的同步调速控制。为了操作与监控方便，将变频器的控制面板安装在柜体正面，控制面板用厂家配套的信号线进行连接。

在现场运行调试中，发现各台变频器的转速并不同步，显示的波动值达±30r/min以上。

故障处理： 通过分析，认为是出现了电磁干扰。该例安装后没有做接地处理，发现问题时才将G端子进行了独立接地处理，将信号电缆屏蔽层进行了单端接地处理，转速值波动现象有所改善，但仍未根除。

单台运转，转速仍有波动，运行的台数多，波动就大一些；4台变频器有的波动大一些，有的波动小一些，总之转速还不是很稳定。

想尽了方法，此问题还是未能彻底解决。后来观察，对生产影响不大，也就不了了之了。

后来在另一家石膏板厂安装了一套同类设备，运行几个月后，用户反映其中一台3.7kW供水的变频器屡有停机现象，发展到一天停机十几次，使生产不能正常进行。

现场观察： 运行中该变频器的转速显示值波动较大，三位数码都有闪烁现象；FWD（正转运行控制端子）指示灯闪烁，运行中有时转速突然降到零，随即转速又上升，继续运转；有时转速突然降到零就停止不动，必须重新起动才能运转；有时停机后显示"F000"，无缘无故地进入了参数设置状态，仿佛有人进行了停机操作和参数调整操作。问题肯定是出现了干扰信号，使变频器的CPU接收了停机指令或其他操作指令。

现场检查： 测量3.7kW变频器输出电流，仅为2.6A，停机时变频器过电压、欠电压、过载等故障代码均未出现，显然电动机与变频器都非故障保护停机。

　　将变频器单机运转，现象依旧；将起/停端子连线、调速端子连线全部拆除，现象依旧；改用操作面板控制起/停与调速，现象依旧；换用一台 5.5kW 变频器运转，现象依旧。

　　判断为信号干扰造成的上述现象，首先进行了常规的接地处理，无效后又调整了变频器的载波频率，将其调整为最低载波频率 2kHz 后，略有改善；将操作面板至变频器的连接电缆包一层锡箔后，停机次数减少，似有改善，问题都没有从根本上解决。

　　购得直径适当的磁环，在三相输入线上穿绕 3 匝后，开机运行，FWD 指示灯的闪烁现象消失，转速显示值非常稳定，一点波动也没有。

　　结论：引起变频器自身干扰的原因有 3 种，一是辐射干扰，二是电磁耦合干扰，三是零序传导干扰。

　　无论哪种干扰，都可以在变频器的三相输入相线和三相输出相线上套磁环来消除，如图 6-24 所示。

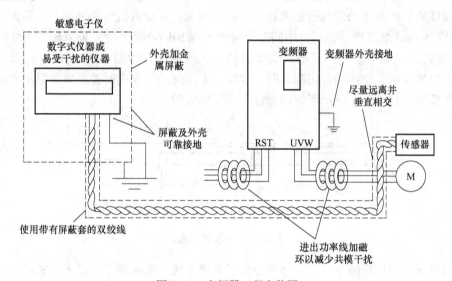

图 6-24　变频器工程安装图

案例 129　三垦变频器通电时显示被干扰

　　故障现象：一台三垦 IF、11kW 变频器，运行了 3 年后，偶尔通电时显示"AL5"（alarm 5 的缩写），查故障代码，"AL5"是变频器的 CPU 被干扰。

　　故障处理：通过多次观察，发现干扰是在变频器起动时，主电路电容充电，限流电阻被继电器短路，变频器报"AL5"故障，其他时间变频器工作正常。

　　继电器吸合瞬间形成干扰，干扰可能是来自继电器的主触点，也可能是来自继电器的电磁线圈。当继电器的电磁线圈虚焊或驱动电路工作不良，都会使线圈在接通时形成干扰。试着在继电器的电磁线圈两端并联一只 0.22μF 电容和一只 33Ω 电阻串联的电路，CPU 干扰现象消失。

案例 130　一台 160kW 变频器操作面板远程监控出现干扰

　　故障现象：一台 160kW 变频器，操作面板采用远程监控，接线长度达到 150m。变频器在起动时，操作面板显示模糊，数字不停地跳动；运行到正常频率后，数字有时跳动，有时会闪烁，严重影响操作与使用。

　　故障分析：到达现场后观看了整个操作程序，如客户所说不停地闪烁。根据故障现象分析，问题应该是受到了电磁干扰。由于控制端子的接线比较长，存在信号损耗，使传递到操作面板的信号较弱，由于信号弱，很容易受到干扰。150m 远程信号线采用的是屏蔽线，屏蔽层一端接地，属规范安装。干扰信号可能是通过其他途径传到变频器。

　　故障处理：试着将信号线套上磁环，没有效果；将屏蔽线更换为其他品牌，也没有效果。最后参考变频器的说明书，将信号线的屏蔽层两端接地，效果显著，显示屏跳动与闪烁现象完全消失。

　　结论：该案例就是屏蔽线的屏蔽层单端接地和双端接地的问题。我国在很多科技图书中都要求屏蔽层单端接地，欧美在变频器的说明书中要求双端接地。到底应该单端接地还是双端接地呢？请参见 6.1.5 节内容。

案例 131　煤矿传动带机变频器出现电磁干扰

　　故障现象：矿井传动带机改造项目，因矿井较深，传动带机分为两部分。靠近井口部分采用 380V 电压等级变频器驱动，中间部分通过一台 10kV/660V 变压器降压，为变频器 2 提供 660V 电压。电源电缆和信号电缆安装在同一个线槽中，如图 6-25 所示。传动系统由控制室的上位机控制。当传动带机起动时，变频器 1 先起动，起动时控制室的显示系统显示正常，当变频器 2 起动时，显示系统画面混乱，操作失控。

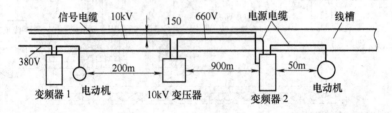

图 6-25　电缆槽示意图

　　故障分析：根据故障现象，显然是出现了电磁干扰。变频器 2 的输入、输出电缆均采用屏蔽电缆，且进行了良好的接地。信号电缆采用屏蔽 4 芯电缆，和电源电缆安装在同一线槽中，之间的距离为 150mm。变频器的输入、输出没有安装电抗器和电磁滤波器。

　　因为信号电缆和电源电缆有 1000m 的平行敷设距离，受到电磁辐射干扰和电磁耦合干扰的可能性最大，应该对信号电缆采取有效的屏蔽。将信号电缆穿入铁管中具有很好的防电磁干扰和电磁耦合干扰的作用。

　　故障处理：将信号电缆穿入铁管中，铁管接头进行短路连接。开机实验，干扰消除。

　　结论：该例因为信号电缆和电源电缆平行敷设，距离又较长，出现了辐射干扰和电磁耦合干扰。

案例 132　变频器干扰温控系统使其不能工作

　　故障现象：某注塑机变频节能改造项目，190T 定量泵电动机功率为 18.5kW，额定电流为 36A，变频器功率为 22kW。变频器投入使用后干扰注塑机加热系统，使注塑机系统报警而不能正常运行，注塑机上几个温区的实际温度与设定温度有几十度甚至上百度的误差变化（正常的误差是 0 ~ 8℃）。

　　故障分析：注塑机变频节能改造项目中常遇到的问题就是改造后干扰注塑机不能正常运行。注塑机加热系统采用热电偶检测温度，热电偶容易受变频器输出高次谐波的干扰，从而造成注塑机温度显示和控制不准确。当出现了电磁干扰后，可以从以下几方面来抑制和排除：

1）尽量缩短变频器与注塑机电动机之间的连线，动力线用金属软管套装；

2）在变频器的输入侧和输出侧加装磁环，降低变频器的载波频率；

3）把注塑机的电源地与电动机外壳地可靠接入变频器的接地端子上；

4）给注塑机内部温控热电偶供电电源的电源线上套上磁环（磁环外径 25mm，内径 10mm），并在磁环上绕制 2 ~ 3 匝。

故障处理：第 1）~3）种方法都进行了尝试，故障现象有一定的改善，但注塑机上的温度变化还是偏大。当采用第 4）种方法后故障现象得到了明显的改善，加热系统上的温度变化基本与工频运行情况一致，故障排除。

总结：该案例实际上是受到了变频器的零序共模干扰。在变频器的电源线上套磁环是从源头上消除共模电流的产生，在信号线上套磁环是防止变频器的共模电流对信号线的干扰。应该说在变频器电源线上套上磁环就产生了一定的作用，可能是磁环的电抗不够，没有将共模电流抑制到最小。在热电偶的电源线上再套上磁环后，才将共模电流消除。

本例可得出经验为：消除干扰的方法有时虽然选对了，但从量上还小一些，使效果不佳，就误认为干扰不是出在这。如果变频器电源线能在磁环上多绕几圈，问题有可能就解决了（受到结构限制有时绕不上），就不用在热电偶的电源线上再套磁环了。

消除零序共模干扰还有一种简单的方法，就是在变频器的三相进线到地之间并联电容，如图 6-26 所示。电容实际上是通过接线端子连接到变频器的输入接线桩上。其工作原理为：变频器输出三相交流电压因为是从 1kHz ~ 20kHz 可调，和变频器的三相输入电压既不同频，也不同幅，其产生的零序共模电流和变频器的三相输入电压就出现了电压差，并联的 3 个电容因为容抗较小，就把高频零序共模电流在 3 个相线上短路掉了，不再对其他电器产生干扰。

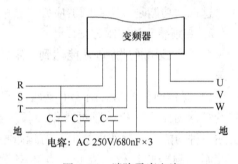

电容：AC 250V/680nF×3

图 6-26　消除零序电流

案例 133　PLC 信号受到变频器干扰

故障现象：变频器由 PLC 控制，当 PLC 发信号到变频器时，经常出现假信息或 PLC 发出的信号变频器接收不到。

故障检查：首先检查变频器、PLC 的电源情况，均正常，通信电缆也正常。通信电缆长度为 200m。初步认为故障是电磁干扰引起的。在 PLC 的电源模块及输入、输出电源线上接入滤波器后，问题还是得不到解决，后来发现屏蔽电缆是单端接地，改用双端接地后，故障排除。

第7章 变频器通信控制故障的维修

7.1 通信控制基础

7.1.1 什么是变频器通信控制

1. 变频器三大功能

1）控制功能。变频器运行、停机，正转、反转、点动均称为变频器的控制功能，是使变频器动起来的功能。

2）速度控制功能。变频器升速、降速、段速控制称为变频器的速度控制功能，是变频器的核心功能。

3）工作状态指示功能。变频器在工作中，运行参数显示、故障报警显示及运行状态提示等都可以通过数字或画面的形式显示出来，是智能设备才有的功能。

这三大功能是应用变频器应知应会的内容。

2. 变频器3种控制方法

变频器必须通过控制才能达到一定的工作状态。变频器的三大功能可以通过3种控制方法来实现。

1）操作面板控制。图7-1是西门子 M4 系列变频器的操作面板。通过操作面板，可完成上述3种功能。在操作面板上，有运行控制键，可控制变频器的运行和停止；有频率设定键，通过功能键、加减键和确认键，设定变频器的工作频率。变频器的工作状态由操作面板上的显示屏进行显示。操作面板多用于较简单的控制。

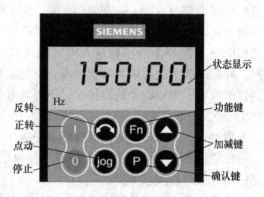

图7-1 操作面板

2）外端子控制。图7-2是变频器的控制端子图。在图中有输入控制端子和输出指示端子。输入控制端子可进行变频器的运行操作、频率调整等；输出指示端子可指示变频器的工作状态。外端子控制比操作面板控制具有功能多、可远程控制，适应于较复杂的控制等特点。

3）通信控制。在图7-2中，通过 RS485 通信接口，同样可以完成对变频器上述三大功能进行控制。通信控制通过一条 RS485 通信线，将控制信号传输到变频器，省去了大量的控制电缆，安装简单，故障率低。

在变频器的上述3种控制中，形式上虽然有些不同，控制信号也有模拟和数字之分，但对于变频器的 CPU 而言，无论是来自哪个方面的控制信号，最后都是通过外围电路将各种控制信号转换为数字信号，最后由 CPU 进行处理，进行变频器的控制。通信控制直接传递的是数字信号。

3. 通信控制的特点

当多台变频器联动工作或控制台距离变频器较远时，操作面板或外端子控制就不适用了，一是控制线太多，布线不方便；二是变频器之间、变频器和其他智能电器之间的联动控制也不好实现，通信控制可以很好地解决这些问题。通信控制通过一条通信线（两线屏蔽电缆），由上位机控制变频器的运行和工作状态显示，可大大节省变频器的外围布线，提高了工作可靠性，很多应用采用通信控制。

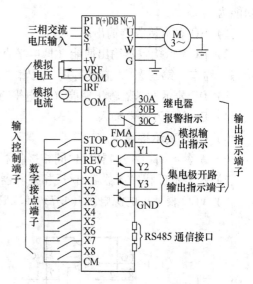

图 7-2　变频器的控制端子

7.1.2　上位机与通信协议

1. 上位机、下位机

通信控制是智能设备之间传递数据信息的一种工作方式，只有智能设备才能进行通信控制。在变频器的通信控制中，就是由智能系统（PC、PLC 等）对变频器发出控制信号，控制变频器的运行与调速以及收集变频器的运行信息，监视变频器的工作状态。这个智能系统相对于变频器而言，就称为上位机。变频器为受控系统，称为下位机。上位机和下位机是一个相对概念，假如通信系统由触摸屏、PLC、变频器组成，触摸屏是上位机，由它发出对变频器的控制要求，这些要求由 PLC 实施，变频器按照 PLC 发出的信号进行工作。PLC 又是变频器的上位机，因为 PLC 控制变频器。

2. 什么是通信协议

所谓通信控制，就是 PLC 和变频器通过信号线传递数字信息。在通信过程中，为了保证通信的正常进行，必须首先建立大家都遵守的"协议"。比如人们之间进行语言交流，首先要约定大家都能听得懂的语言，否则一方讲了半天的地方方言，另一方不知所云。在通信中，协议分硬件协议和软件协议，硬件协议是物理层面的协议，包括通信模块、通信接口模式及通信电缆；软件协议就是通信程序。采用什么编程语言，按什么传输格式发送。硬件协议体现在不同品牌的变频器通信板不通用，软件协议体现在使用同一协议。

现在我国的国标通信协议有 PROFIBUS-DP 和 Modbus。PROFIBUS-DP 控制能力强，适合于系统分层控制；Modbus 适合于设备之间的通信控制。两种通信协议根据需要进行选用。

7.1.3　RS485 通信接口

1. 接口电平

因为 RS485 接口一般采用半双工通信，只需 2 根导线，所以 RS485 接口均采用屏蔽双绞线传输（全双工通信就需要 4 根导线）。RS485 接口连接器采用 DB-9 的 9 芯插头。图 7-3a 是 RS485 收发器内部电路，图中 R 是接收器，D 是发送器，该电路采用 +5V 电源供电，引脚功能为：

1）RO 表示接收器输出。

2）$\overline{RE}$ 表示接收器输出使能（低电平有效）。当"使能"端起作用时，接收器处于高阻状态，称作"第三态"，它是有别于逻辑"1"与"0"的第三种状态。

3）DE 表示发送器输出使能（高电平有效）。

4）DI 表示发送器输入。

5）GND 表示接地端。

6）A 表示同相发送器输出/同相接收器输入。

7）B 表示反相发送器输出/反相接收器输入。

8）VCC 表示正电源电压（4.75~5.25V）。

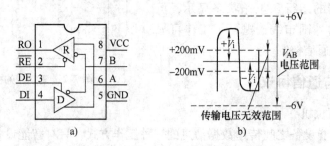

图7-3　RS485 收发器

图中 A、B 连接通信电缆，信号线 A 为同相接收器输入和同相发送器输出，信号线 B 为反相接收器输入和反相发送器输出。当用于半双工通信时，将 $\overline{RE}$ 和 DE 端子并联后连接到单片机的控制端子，通过单片机控制 R（收）、D（发）的工作状态。图 7-3a 中的其他端子都是和端口的内电路相连，由内电路提供 +5V 电源以及相关的控制信号。图 7-3b 是接收器电平图，对于接收器，也做出与发送器相对应的规定，收、发端通过平衡双绞线将 A-A 与 B-B 对应相连（见图 7-4）。当在接收端 A-B 之间有大于 +200mV 的电平时，输出为正逻辑电平；小于 -200mV 时，输出为负逻辑电平。在接收/发送器的接收平衡线上，电平范

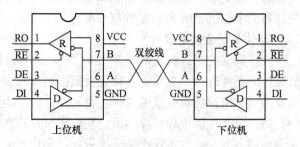

图7-4　RS485 接口连接

围通常在 200mV~6V 之间。定义逻辑 1（正逻辑电平）为 B > A 的状态，逻辑 0（负逻辑电平）为 A > B 的状态，A、B 之间的压差不小于 200mV，这也就意味着当发送端发出的电平通过通信电缆的衰减传到接收端时，其信号衰减到 A、B 之间的压差小于 200mV，通信就不能进行了。

2. 影响正常通信的因素

1）电缆阻抗引起电压衰减。大家知道，通信电缆越长，电缆的阻抗越大，产生的电压衰减越大。当电压衰减到无效范围，通信便不能正常进行。所以通信电缆越短越好。

2）分布电容的积分效应影响通信速度。通信信号在发出时是较理想的矩形波，通过屏

蔽电缆传输，因为屏蔽电缆和信号线之间存在着分布电容，该电容和电缆的长度成正比，因为电容的充放电作用，使矩形波出现积分效应。电缆越长，波形畸变越严重，当波形畸变到系统不能识别时，通信便不能进行（见图 7-5a），所以随着通信电缆的延长，通信速率要降低。图 7-5b 是低速率通信的情况，因为速率低，脉冲波形变宽，积分效应的影响减小，实际输出波形较好。通信频率有 16MHz、4MHz、38.4kHz 和 9.6kHz，根据应用的具体情况进行选择。

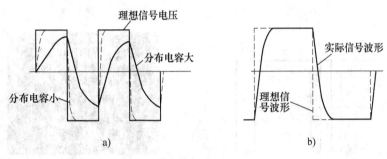

图 7-5　通信波形图

3）通信电缆连接不正确（包括接触不良）。电路焊接不良，产生虚焊；电缆接触不良、连接不正确。这些虽然是最简单的问题，但也是最容易出现的问题。这些问题如果反应在初期，可以在调机时发现并排除，如果虚焊或接触不良是在日后出现了氧化才表现出来，就会出现设备初期正常，应用了一段时间出现故障的现象。如果在安装或维修时 A、B 线接反了，将导致 0 和 1 的信号是反的，也不能正常通信。

4）驻波影响。当电缆比较长时（大于 50m），工作中会产生驻波，驻波会造成通信中断。消除的方法是在通信电缆两端并联一个 120Ω 的匹配电阻。

5）接口转换器不匹配。当网络中使用了接口转换器，例如，使用了 RS232/RS485 转换器，转换器的接线不对，使用电压不匹配，电源没有给上等，要按照电缆连接图仔细检查或更换转换器测试。

6）编程问题。在确保硬件连接没有问题的情况下，要检查程序是否有问题，包括通信参数的设置、通信功能块的使用及轮询程序等。可以通过功能块的返回信息判断错误原因，例如波特率设置错误，接收的缓冲区溢出，接收数据块设置过小，发送的数据长度为 0 等。

7）干扰问题。由于实际的现场环境比较复杂，不可避免地存在这样那样的干扰问题。第 5 章分析了变频器受电磁干扰的案例，同样适应通信干扰的分析。在工作现场，一些大型设备起动停机时，也会产生很大的瞬间感应信号，造成通信中断。

为了防止电磁干扰，电源线和通信线要分槽安装；屏蔽线要良好接地；在屏蔽层和芯线的连接处，要保证芯线的剥除部分要尽量少，防止干扰信号在连接处窜入。

7.2　变频器通信故障案例

有一通信系统，在工作中有时出现通信中断现象，中断时间较短，没有什么规律。

经过检查发现通信距离较短，选择的波特率较低，设备安装完毕就发现有此故障。在设备安装时，就对安装工艺进行了核对，电缆屏蔽接地良好，端子连接牢固，通信端子直流电压正常。因在外观上看不出什么问题，怀疑可能受到电磁干扰。

用示波器测量通信电缆的电压波形，一般情况下波形基本正常，通信也正常进行。图 7-6a 所示是正常的信号波形。为了捕捉故障现象，用示波器监视通信电缆的信号情况，当示波器显示如图 7-6b 所示的波形时，通信中断。由图中可见，通信信号的波形上叠加上了大量的高次谐波，而且谐波的幅值达到了 3V 以上。当干扰谐波消失后，通信又恢复正常。

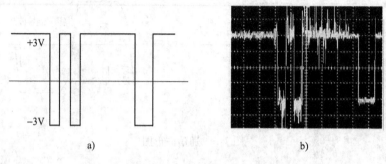

图 7-6　通信电缆出现的干扰信号

突然出现的电磁干扰来自何处呢？为什么很短的时间内就又消失了呢？后来通过观察，发现电源中有负载切换时，通信信号就出现干扰。该通信设备和电源切换接触器安装在同一控制柜中，检查接触器的控制线圈，两端没有安装泄放电路（见图 7-7b），在线圈释放时，线圈两端激起 4000V 的自感电压（见图 7-7a），该电压产生的高次谐波形成非常强的辐射干扰。在线圈两端并联 0.22μF 电容和 50Ω 电阻的串联消振电路，当线圈释放时自激振荡现象消除。

再观察通信情况，中断现象不再发生。

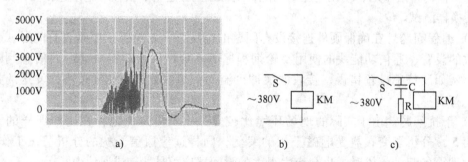

图 7-7　接触器控制线圈断电干扰电压

总结：该故障是由电磁干扰引起的，电磁干扰有多种原因，大型的感性负载断电时产生的辐射干扰不可忽视。

有一用户反映在某车间流水线，用一台西门子 S7-200 PLC，采用通信方式控制 4 台西门子 M440 变频器。在安装后的两年中，一直工作良好，没有出现过通信故障，后来发现个别变频器有通信信号中断的现象。检查变频器通信接口的直流电平，没有变化，检查通信电缆，也没有什么异常。因为设备才使用了两年，变频器自身故障的可能性较小。由于故障发生在某台变频器上，PLC 自身故障的可能性也很小。又因为系统已经正常运行了较长时间，原始设计的原因不存在。

检查思路转移到某些环节老化、工作中出现了硬伤等方面。该车间湿度较大，并存在腐蚀性气体，一些机械设备锈蚀较严重。再一次对通信电缆进行检查，发现通信不良的变频器，其通信电缆的接头有锈蚀现象，拔下通信接口，其接口内部也出现了锈蚀。将锈蚀的接头更换，故障排除。

结论：通信电缆因为接口处接触不良，造成屏蔽效果变差，使变频器出现通信故障。

案例 134 转塔式起重机更换作业位置后通信控制受到干扰

案例工况介绍：转塔式起重机（简称塔吊）是码头应用的大型装载机械（见图 7-8）。其由起吊装置（吊钩）、旋转装置（转塔）、变幅装置和行走装置组成。行走装置可移动门机的作业位置；旋转装置可控制起吊装置在 360°范围内作业；变幅装置（伸缩臂）可调整吊装作业半径。

塔吊的起吊电动机由变频器控制，变频器由 PLC 通信控制。行走装置只是在门机移动时才工作，在起吊时行走装置是不工作的，所以行走装置的控制电动机和起吊电动机是由同一变频器驱动的。

转塔和电动机采用绕线转子式电动机，直接由工频电源驱动，变幅装置电动机由变频器驱动，由 PLC 通信控制。

故障现象：有一天，六号塔吊出现故障，起重吊钩失控，吊钩不能下降。现场向操作司机询问，无论选择开关打在单机还是双机，均不能动

图 7-8 码头门机外形图

作。操作面板故障指示灯点亮，PLC 机架上的"sys"红灯闪烁，支持制动的接触器不动作，说明支持制动器没打开。

故障分析：考虑到 PLC 和变频器的稳定性，没有怀疑它们有问题。将故障定位在外围电路，于是查找外围电路故障原因。该机因故障不能作业，调度室指示，将该机移出作业位置，换另一台门机到该位置作业。在移动门机时才发现行走装置也不动作，门机行走装置是非工作性机构，和起吊装置共用一台变频器，起吊装置和行走装置也不会同时工作，所以当时行走装置故障没有暴露，也就没有成为判断故障的一个参考信息。

这时，根据塔吊的四大机构：转塔、起吊、行走、变幅，只有转塔根据港口作业特点，电动机没有用变频器控制，因此转塔不存在通信干扰问题；其他三大机构的电动机都用了变频器控制，变频器也都是采用 PLC 通信控制。于是将四大机构都试了一遍，除了转塔动作正常，变幅、行走、起吊三大用变频器控制的机构都有故障。变幅、行走不动作，起吊动作紊乱。初步判定是通信故障，于是从一开始报的起吊故障入手，调出程序分析（见图 7-9）。

从图中看到，M00027 没有闭合，进一步查找（见图 7-10）。

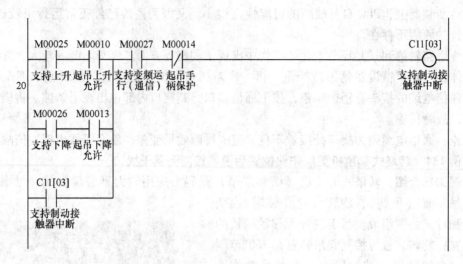

图 7-9　PLC 程序 1

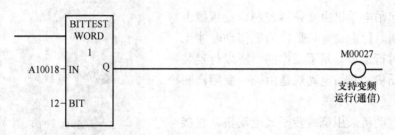

图 7-10　PLC 程序 2

由图可见,驱动 M00027 线圈的程序没有工作。至此,可以判定上述故障是由通信干扰引起的。于是,针对会引起通信干扰和影响 PLC 控制系统可靠性的主要因素进行分析和处理。

PLC 装置本身是非常可靠的,控制系统出现干扰,主要是外部环节和硬件配置不当所引起的。一是电源侧出现的传导干扰,如设备的上电下电出现的浪涌下陷、尖峰电压、非线性电器产生的高次谐波、周围环境的射频干扰都会沿着电源线传导到 PLC 装置,使系统工作不正常;二是传输线路中的静电或电磁耦合干扰,静电耦合干扰是通过信号线与电源线之间的寄生电容产生的,电磁耦合干扰发生在信号线和电源线的线间寄生互感上;三是由 PLC 控制系统的接地选择不当引起的干扰;四是 PLC 控制系统来自空间的电磁辐射干扰。电磁辐射主要是由电力网络及电气设备的起动、断开瞬间,雷电、雷达、高频感应加热设备等产生的,其分布极为复杂。若 PLC 系统置于电磁辐射的有效范围内,就会受到辐射干扰。辐射干扰有两条路径:①直接对 PLC 内部产生干扰,在 PLC 内部电路中产生干扰信号;②对 PLC 通信网络产生干扰,在通信电缆上产生感应电压。

辐射干扰一般是通过屏蔽电缆和将 PLC 局部屏蔽的方法以及采用高压泄放元件进行防护;传导干扰造成 PLC 控制系统的故障率较高,为了抑制传导干扰,采用隔离变压器或者在电源线上套磁环等方法来加以解决。

故障处理:基于上述分析,我们当时能做的就是从接地入手。检查屏蔽电缆的接地没有问题，检查通信电缆的九针插头，发现插针有锈蚀痕迹，更换插头，试机正常。

结论：塔吊在港口工作，海风带有盐分，对金属具有腐蚀性，插针受到腐蚀之后，只要松动移位，就会出现接触不良。

案例 135　高压变频器通信信号丢失造成跳闸停机

故障现象：某发电厂一台高压变频器，驱动一台风机。该变频器在工作中突然出现跳闸停机，显示屏显示"keypad comm loss"，即键盘通信丢失。造成发电机从电网上解列和锅炉熄火的严重事故。

故障分析：查看报警记录，近期无其他异常。根据当班的运行日志还原故障发生时的经过：由于高压变频器出现"键盘通信丢失"故障，变频器实际已经停止工作，而此时其对外联系的"Wago"模块则继续保持故障前的状态信号，从机组运行监控画面里看不到变频器运行异常，而此时一次风母管压力快速下降，随即主机蒸汽压力和温度开始下降，100s后，一次风母管压力下降到正常压力的30%左右，全炉膛火焰丧失，导致锅炉"MFT"动作，发电机解列。

故障检查：高压变频器由 3 个智能电器组成，即触摸屏、PLC、变频器 CPU。这 3 个智能系统在变频器中是相互独立的。其信号之间的交换采用通信方式，如图 7-11 所示。

该机在控制柜中安装有通信控制板，因为工作环境接近锅炉，在通信控制板接线盒中积满了粉尘，这些粉尘产生的静电对电路板中的芯片是有破坏作用的。

故障处理：因为通信控制板受到严重的污染，使通信受阻，触摸屏和主控柜的通信信号消失，故报此故障。

对电路板进行吹尘，重新为控制系统送电，控制系统正常起动，经过 50s 左右，起动完成，进入正常工作界面。持续观察

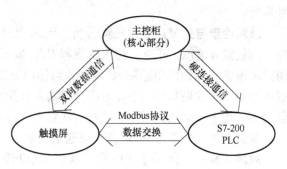

图 7-11　变频器通信框图

了半个小时左右，"keypad comm loss"故障再次显现。观察控制板指示灯，模-数转换板和 MB 数字调整板均为故障状态。估计是长期附着在电路板上的导电粉尘引起了电路板上的集成电路的内部芯片出现故障。虽然做了除尘处理，但集成电路的内部芯片还是有问题不能工作。

更换接口板和光纤接口板，故障排除。运行观察 24h 后，变频器投入正常运行，该故障再没有发生。

结论：这又是变频器因为工作环境不好、粉尘堆积引起的硬件故障。变频器的日常维护、定期除尘在很多企业中还没有形成制度化。变频器虽然是一个静止的电器，但维护保养还是要做的。

案例 136　数控车床触摸屏和变频器通信控制受到干扰

故障现象：数控车床由触摸屏作为上位机，和变频器进行通信控制，变频器驱动主轴电动机进行调速控制。运行几年没有出现过故障。现在触摸屏与变频器通信时产生干扰，在车床正常运行时，触摸屏经常花屏或变成蓝屏，看不到变频器返回的运行数据。如果断电后再为系统重新送电，故障现象消失，但运行几分钟后故障又开始出现。

故障分析与处理： 根据触摸屏的故障现象，检查变频器配线、外部控制电路、设备等都正常。怀疑变频器的通信接口电路有问题，换上一台新的变频器，故障依然存在。怀疑出现了电磁干扰，把控制线换成屏蔽线，降低变频器的载波频率，故障还是没有得到解决。

最后怀疑问题出在触摸屏上。把触摸屏上的电源线拔掉再重新插上，故障消失，但几分钟后故障又重新出现。把触摸屏上所有信号线插头都拔掉，故障依然存在。看来花屏或蓝屏不是由通信线引入的干扰。难道触摸屏内部电路出现问题，如果内部电路有问题，怎么只要电源通断一次就好几分钟？看来还是和"电"有关系。

仔细检查触摸屏外壳的接地线，发现接地线和接地体接触不良，把接地线拆下，对接地体进行了除锈处理，再将接地线重新用螺栓固定。开机实验，触摸屏故障消失，设备正常运行几个小时故障再没有出现。

结论： 故障是因为接地不良，造成接地电阻太大而产生干扰。看来"接地良好"的含义一是接地要牢固；二是接地电阻必须小（接地电阻包括接地导线和接地体之间的电阻及接地体和大地之间的电阻，应小于 10Ω）。

案例 137　伦茨变频器和上位机通信控制中上位机失效

故障现象： 伦茨变频器和上位机通信控制中，上位机显示屏间断黑屏，通信控制不能正常进行。

故障检查与处理： 通过观察分析，问题应出现在通信环节上，检查通信电路，连接良好，测量接口电压，正常。伦茨变频器 CPU 板上的通信电路是由 3 个光电耦合器和一个通信模块组成的。3 个光电耦合器的输入与输出分别采用两组隔离电源供电。然后用示波器观察脉冲信号，发现其中一个光电耦合器输入有脉冲但输出保持为一高电平，怀疑此光电耦合器损坏。将该光电耦合器更换后通信恢复正常。

案例 138　西门子 M430 变频器通信故障

故障现象： 一台西门子 M430 变频器采用 PRFBUS-DP 通信模式进行通信控制，该通信模式变频器需外加一块专用通信板，用于通信信号的解码。在应用过程中出现通信中断故障。

故障处理： 检查变频器的外围电路，没有发现异常，因为该变频器一向工作良好，外围电路没有问题，问题应出在变频器或上位机。试用一台小功率的 M430 变频器进行替换，将通信板也更换到小功率变频器上，仍然不能通信。判断问题在通信板上，对变频器的通信接口电路进行检查，发现通信接口电路中的一个缓冲芯片损坏。更换该接口电路，故障排除。

结论： 该例和上例都是变频器的通信硬件电路出现了问题造成通信故障。外电路问题和变频器内部硬件电路问题在表现上有这样一些区别：对于外电路如果是由接触不良、电磁干扰、电缆漏电等引起的通信故障，故障的表现都有一个渐变和反复的过程，即时好时坏、和天气有关系、动一动外部电缆或导线故障就有所变化等；硬件损坏，一般有不可逆性，在调整、处理外围电路时，故障没有变化。

这两台变频器都有一个共同的特点就是原来工作一直很好，突然出现了通信故障，检查外围电路又没有问题，这种情况下就要考虑硬件是否出现了问题。

如果用示波器进行检查，可以很快地查出故障所在。

案例 139　变频器独立运行正常，连上上位机后不运行

故障现象： 一台新安装的变频器，由上位机进行通信控制。在施工的过程中，变频器不和上位机相连接时，能正常运行，但只要与上位机相连变频器就不能运行。

故障检查与处理：测量上位机的通信输出电缆，有输出信号，再测量变频器端的通信电缆，发现有一路信号为零。用万用表测量通信电缆的直流电阻，发现有一路不通。检查通信电缆，电缆因为长度不够中间有一个接头，因接头连接质量不好造成开路。将接头处重新进行了处理，故障排除。

结论：施工的质量关系工程的成败。施工不规范、不细心，一时马虎大意，往往会造成严重的后果。

案例 140　ABB ACS510 变频器通信控制开机无反应

故障现象：某企业一台 ABB ACS510 变频器，由 S7-200 PLC 控制，系统安装完毕，通信不能正常进行，变频器不能接收 PLC 发出的控制信号。

故障检查：PLC 采用 Modbus 通信协议，选用 S7-200 PLC 的 Modbus 指令库中的程序模块编程，编制好的程序下载到 PLC 后与变频器联机试验，没有问题。工程做完后，再联机试验，变频器没有反应。

变频器采用 RS485 通信电缆，电缆长度为 100m，现场试机不工作，问题就是出在电缆上。原因可能是电缆较长，信号衰减较大；接地问题，出现电磁干扰；导线虚接，插头接触不良等。

检查接地情况，双端接地，接地体良好（新做的）；用示波器测量电缆的输出波形正常。再做进一步检查，发现通信电缆中的两条通信信号线接反了，即一条控制线与另外一条控制线调换了位置。

故障处理：将两条信号线恢复为正确的连接位置，开机试验，通信正常。

结论：该案例现场工程技术人员对现场接线检查多遍没有查出错接的原因，是现场工程技术人员对这两条通信电缆在连接上概念不是很清楚（见图 7-4）。所以在施工前了解一下通信理论方面的知识对工作会有很大的帮助。

案例 141　高压变频器干扰煤矿通信系统故障

工程介绍：目前国内煤矿所用安全监控系统的通信方式为基带传输和频带传输（传输模式）。在煤矿现场，长距离的监控系统传输电缆普遍与井下动力电缆平行敷设。

某矿安装了一套 KJF2000 型矿井安全生产综合监控系统，一直运行都很稳定，自从在工作面安装了一台低压矿用变频绞车后，变频器运行中和在绞车频繁的起停过程中，产生了大量的干扰谐波，使监控系统受到了很强的电磁干扰，电磁干扰甚至导致监控系统误断电，极大地影响了矿井的正常生产。

故障分析：变频绞车所在位置有监控系统主信号传输电缆、传感器电缆经过，采用同一条供电线路，并且旁边设置有监控分站。

该绞车采用的是功率单元串联高压变频器，该变频器又称为"完美无谐波"变频器，即产生的电磁干扰很小。怎么在绞车上应用就出现了这么大的干扰呢？下面分析一下它的起动和停机时的情况。

阶梯输出原理。变频器由多个功率单元串联产生输出电压，因为输出电压按正弦规律变化，并不需要在整个半波中各功率单元都有电压输出。图 7-12 是变频器的输出电压波形。

在 $0 \sim t_1$，正弦波输出电压开始上升，一个功率单元的输出电压就可以满足要求，第一个功率单元按 PWM 原理输出，其他单元只是导通，没有输出电压。

在 $t_1 \sim t_2$，第一个功率单元的输出电压不满足要求，第二个功率单元开始按 PWM 原理输出，第一个功率单元停止 PWM，按恒定电压输出。

在 $t_2 \sim t_3$，第三个功率单元开始按 PWM 原理输出，第一、二个功率单元停止 PWM，按恒定电压输出。按此规律，一直达到正弦波的最大值。

当正弦波过了最大值，开始下降时，各功率单元又按照上述规律，一级一级地停止 PWM 和电压输出，又变为只导通不输出电压。

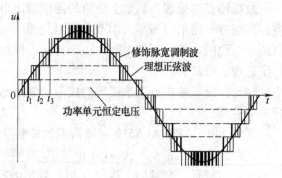

图 7-12　变频器输出电压波形

根据上述导通规律，变频器输出波形并不是整个波形都是 PWM 波，而是只在波形的过渡阶段为 PWM 波，其他部分为连续的直流电压。因连续的电压不产生谐波，所以该输出波形谐波含量很少。

上述波形是变频器工作在额定状态的输出电压波形图。因为输出电压是由功率单元叠加产生的，在起动或停机时，变频器的输出电压是逐渐上升或逐渐下降的，当输出电压小于或等于一个功率单元的电压时，就只有一个功率单元工作，这个功率单元输出的就是完全的 PWM 脉冲波。变频器一个周期都是 PWM 脉冲波，谐波含量为 43%，干扰能力非常强。随着频率和电压的上升，电磁干扰才逐渐减弱，在快停时干扰能力最强。

故障排除：

1）将变频器输出电缆更换为铠甲屏蔽电缆，变频器的外壳连同屏蔽电缆的屏蔽层就近接地；屏蔽电缆的另一端连同电动机的外壳就近接地。变频器的输入电缆也采用屏蔽电缆，电缆的两端接地。

2）信号电源采用独立变压器供电，变压器的输出相线套磁环。

3）各路信号线穿入铁管敷设，屏蔽层双端接地。

结论：通过上述处理，变频器通信控制工作正常。由图 6-15 所示的金属空腔屏蔽原理可知，当变频器采用了铠甲电缆并且屏蔽层可靠接地，电磁干扰便被彻底屏蔽了。

各信号线又采用了良好的屏蔽措施，所以监控系统以及变频器的通信控制都恢复为正常运行。

案例 142　变频器和 PLC 在通信控制时经常出现通信中断

故障现象：PLC 和变频器在通信控制时，经常出现通信中断，有时 PLC 发出信号后变频器不接收或者变频器误动作。

故障分析：根据故障的间歇性，又分别检查了通信电缆、PLC 的供电电源接线和变频器的通信接口，都没有发现虚接、腐蚀及电压不正常等问题，根据以往经验，初步判断是因为电磁干扰引起的通信异常。

故障处理：先在 PLC 的开关电源模块输入端接入滤波器（双线并绕磁环，见图 7-13），问题有所改善；再把变频器和 PLC 的电源线与控制线分开走线，并将屏蔽线双端接地，系统故障排除。

案例 143　PLC 输入信号电缆中的线间电容引起误动作

故障现象：某控制系统，PLC 采用一根电缆输入两个不同的传感器信号，工作中发现两个传感器信号均受到干扰，PLC 不能正常工作。电缆连接如图 7-14a 所示。在 PLC 控制系统调试时，出现了一种怪现象：当传感器 1 动作时，传感器 2 一动作，传感器 1 就变成不动作，传感器之间彼此影响。

故障分析：电缆的各导线间都存在分布电容（见图 7-14a），合格的电缆能把此电容值限制在一定范围内。就是合格的电缆，当电缆长度超过一定值，各线间的分布电容值也会超过所要求的值。

故障处理：更换独立屏蔽的双芯电缆，此故障现象消失。

图 7-13　双线并绕磁环

结论：平行导线中存在分布电容，电容的大小和导线的长度成正比，和导线的材料有关（介电常数）。不论电力电缆还是信号电缆，分布电容都存在。特别是应用在较高频率的信号电缆，分布电容是首先要考虑的因素。

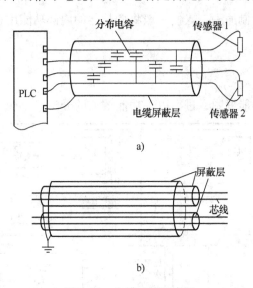

图 7-14　电缆连接示意图

第8章 变频器不报警无显示故障的维修

8.1 变频器停机不报警分析

变频器出现了故障，无论是内部故障还是外部故障，变频器都会报警、跳闸、停机。我们根据跳闸报警信息，进行相应的处理。变频器还有一种故障，只停机，没有报警信息，这种故障一般处理起来要困难一些，因为停机原因不明。

8.1.1 变频器功能简介

为了说明变频器的控制原理，人们一般将变频器的内部功能用相应的方框表示，这个框图称为功能框图。

8.1.2 功能分析

结合图8-1所示的功能框图，进行以下功能单元的分析。

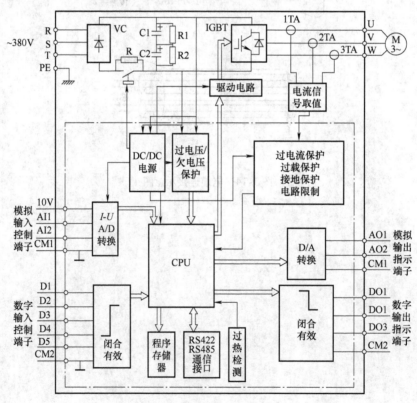

图8-1 变频器功能框图

1. 过电压/欠电压保护

该电路检测的是直流母线的电压，将信号处理后传到 CPU，当直流母线电压出现问题时，CPU 根据相关故障报警或跳闸。

2. 过电流、过负载等保护

该电路检测的是变频器的三相输出电流，由图 8-1 中的 1TA、2TA、3TA 将检测信号传到过电流保护、过载保护等处理电路，处理后传到 CPU，当变频器出现了过电流、过载、接地等故障，变频器便报警跳闸。

3. 过热检测

过热检测电路安装在变频器功率模块的散热器上，检测信号传到 CPU（见图 8-1），当功率电路出现了过热（散热器）现象，变频器便报警跳闸。

上述三大保护电路为变频器的主电路保驾护航，当主电路出现了问题，变频器便报警（在操作面板的显示屏上出现故障显示代码）、跳闸保护（跳闸是变频器首先停止输出，同时在故障端子上输出故障信号，该信号可控制变频器输入接触器断电、变频器声光报警）。当变频器报警或跳闸，首先要根据报警代码或文字提示，查阅变频器应用手册，根据手册说明，对报警或跳闸进行处理，报警是轻故障，轻故障不处理会演化为重故障而跳闸。

4. 输入控制端子

输入控制端子是控制变频器运行和调速的端子，又称输入接口（见图 8-1）。

1）数字输入控制端子。该端子用于运行控制，包括正转控制、反转控制、点动控制、停止、起动等。当采用某个数字输入控制端子进行运行控制时，若该端子闭合，变频器运行；若该端子断开，变频器停止运行。

2）模拟输入控制端子。该端子用于调速控制，利用模拟端子调速控制，当该端子有控制电压（或控制电流）时，变频器运行；当该端子没有控制电压（或控制电流）时，变频器停止运行。

在段速控制或升/降速控制中，采用数字输入控制端子。在段速控制中端子闭合，变频器输出设定频率，该端子断开，变频器停机或变为另一设定频率；在升/降速控制中，升速端子闭合，变频器升速，断开，变频器停止在断开前的频率上运行；降速端子闭合，变频器降速，断开，变频器停止在断开前的频率上运行。调速过程如图 8-2 所示。

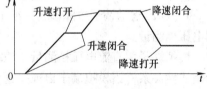

图 8-2　升/降速端子控制速度图

3）其他控制。数字输入控制端子除了上述控制之外，还有复位、外界故障输入、功能控制切换等功能。

5. 变频器输入控制端子故障诊断

（1）变频器偷停故障的诊断

所谓偷停，就是不报警便停机。

当变频器用数字端子控制运行，用模拟端子控制调速时，当数字端子不闭合，就是停机状态；模拟端子没有给定调速电压，是速度为 0 的状态，这两种情况都不是故障。变频器一般对这两种状态均不设报警。当变频器在正常工作中这两个端子出现开路情况，变频器也不会报警。这就衍生了变频器偷停故障，工作中停机不报警。

通过以上分析，如果变频器是由数字端子控制运行，用模拟端子控制调速，在工作中如果出现了偷停现象，就是这两个端子出现了问题。因为没有运行信号变频器就没有输出，调速信号为0也没有输出。这两个信号缺一不可。

（2）故障诊断

图8-3是变频器端子图，假设DIN控制运行，AIN控制调速，工作频率为45Hz，电位器给定电压为9V。现在出现不报警停机。由上述分析可知，开关S不闭合，电位器给定电压为0，电动机都会停机。用万用表直流电压档测量DIN与GND之间电压，若为0，开关S闭合，外线没有问题；若不为0，则外线开路，查外线。测量AIN与GND之间电压，若为0，外线开路，查外线；若不为0，外线没有问题。

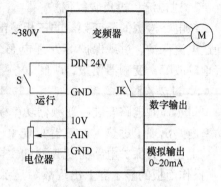

图8-3　变频器端子图

如果外线都没有问题，就是变频器的问题，变频器问题主要是内部端子板损坏。

6. 输出指示端子

该端子的功能是指示变频器的工作状态，又称输出接口。也分为数字端子和模拟端子，数字端子输出的是开关信号，模拟端子输出的是0~10V或0~20mA的标准模拟信号。

1）数字输出指示端子功能。数字输出指示端子内部就是继电器触点或开路晶体管，触点闭合有效，断开无效，用于指示"有"和"无"开关量。如故障报警、运行中、抱闸和松闸、频率到达等几十项功能。

2）模拟输出指示端子。该端子用于指示变频器的模拟量。如输出频率、输出电流、输出电压、输出功率等。

3）指示端子的变通应用。指示端子除了作为变频器的状态量指示之外，还可以作为控制量应用。如数字端子作为另一台变频器的运行控制信号，作为机械抱闸、松闸信号等；模拟端子作为另一台变频器的调速信号等。

4）输出指示端子故障诊断。继电器数字端子用万用表通断档测量，晶体管输出端子可用电压档测量。

模拟端子用直流电压档测量。该端子输出的是0~10V或0~20mA标准信号，和被指示量是线性关系，当模拟端子出现问题，一是测量该信号有无，二是看测量值和理论值是否成线性关系。比如变频器输出频率为45Hz时，该端子电压应为9V，若不为9V，则变频器内部有问题；若为9V，则变频器没问题，是外接表头或上位机的数字指示电路等有问题，应查外围电路。

7. 操作面板

操作面板是变频器的人机界面，能够完成变频器的运行控制、调速控制、故障状态指示。当操作面板出现接触不良、断电、损坏时，都会造成功能消失，当用操作面板控制时，会出现失控现象。当操作面板用加长线引出时，很容易产生电磁干扰，造成变频器失控或偷停故障，大多数变频器出现了该故障并不报警。因为操作面板是变频器的指令给定和工作状态的显示，所以它有问题变频器不会报警。面板故障是通过失灵和画面来体现的。

8. 通信控制

变频器都具有通信接口，当变频器采用通信控制时，如果上位机出现问题、通信电缆出现问题、变频器的通信接口出现问题，都会造成通信信号不能传递到变频器。变频器的表现就是偷停、运行不正常，变频器当出现了该故障会发出报警信号。

9. 其他功能电路

1）单片机。单片机是一个智能电路，如出现了工作异常，变频器会出现故障报警。

2）存储器。存储器是用来存储变频器的运行程序的，当存储器出现了功能紊乱，变频器既不能工作，又会出现报警。

3）DC/DC 电源。该电源是供给变频器低压电路的总电源。该电源输入的是直流 515V 电压，输出根据需要，有多个低压绕组，输出不同电压等级的低电压（见图 8-4），供给图 8-1 中所有不同电压要求的控制电路。如图 8-4 所示，若电源的输入端出现问题，则整个电源不能工作，输出端某路出现问题，某路对应的电路不能工作。若对应 CPU 的 5V 供电电压出现问题，变频器会报警；对于没有设置保护功能的电路，电源出现问题，一般变频器不报警，但有些变频器电源电路设置了保护功能，出现问题变频器会报警。

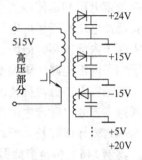

图 8-4　DC/DC 电源框图

变频器电源出现故障，还有一种现象，就是几个功能电路由同一路电源供电，当这一路电源出现故障，使这几个功能电路工作都不正常，造成变频器报警不统一的古怪现象。例如，变频器的 24V 电压供冷却风扇、主电路限流电阻短路继电器、过电流检测电路的 3 个功能电路，当 24V 电压下降（出现故障），变频器报风机故障，欠电压故障及过电流、过载、接地故障，这些故障使我们难以理解，因为它们之间没有必然联系。但是从变频器内部供电电源来考虑，就容易理解了，因为它们应用的是同一电源，电源出现故障，它们都会出现报警。

这又给我们提供了判断故障报警的一种方法：如果变频器报警不统一，变频器内部供电电源损坏的可能性较大。

变频器的 24V 为数字输入控制端子提供电源，当该电压出现故障，变频器会出现停机不报警。

8.2　变频器停机不报警案例

案例 144　50kW 变频器工作中频率突然降为 5Hz

故障现象：某企业一台 50kW 西门子 M440 变频器，用于控制投料系统。变频器在远程控制模式下，频率突然降为 5Hz，检查变频器参数设置和电动机运行情况，均无问题。重新起动变频器，频率无法上升。

故障检查与处理：检查变频器的电动机负载，没有问题，检查三相输入电压，也没有问题，检查变频器的参数设置，也没有问题。变频器的输出频率采用的是远程控制模式，检查"本地/远程"转换开关，发现开关损坏，远程信号不通，更换开关后，"本地/远程"都可控制，频率升降正常。

结论：本案例是本地/远程转换开关损坏，本地控制就是变频器面板控制，远程控制就是外端子控制。需要设置一个切换端子，本案例切换端子设置：P0703 = 99（数字端子 3 切换，闭合为本地，打开为远程），P0810 = 722.2，数字端子 3 有效。本例是本地/远程转换开关损坏，切换端子处于闭合状态，本地控制默认输出频率为 5Hz。

案例 145　160kW 变频器闭环控制失控

故障现象：有一污水处理厂，变频器采用 PID 闭环恒压控制，用远传压力表检测水泵压力，压力信号反馈到变频器的模拟输入端子，管道距离变频器 100m。雨季雷电过后，变频器失控。

故障检查与处理：起动变频器，频率自动上升到上限频率 50Hz（失控），测量变频器的目标给定电压和远传压力表的反馈电压，发现反馈电压高于目标给定电压，反馈工作原理是：反馈电压高于目标电压，变频器降速：现在是转速达到了极限值，判断为变频器的反馈输入端子内部损坏，原因为反馈信号线较长，感应雷在信号线上产生了较高的感应电压，击坏了端子内部电路。更换变频器端子接口板，变频器恢复正常。

结论：雷击分两种情况，直击雷和感应雷。直击雷就是雷电直接落在雷击物上，感应雷是通过雷击放电时产生的电磁波，该电磁波产生的破坏能力和雷击导线的长度距离成正比，因为压力表导线较长，所以被雷击。

案例 146　多台变频器突然无故停机

故障现象：有一流体加压系统，采用 4 台齿轮泵为同一管道加压（见图 8-5）。1、3 号泵为一组，2、4 号泵为一组，1、3 号泵电动机功率为 110kW，变频器为 160kW；2、4 号泵电动机功率为 250kW，变频器采用 400kW。变频器采用的是富士 G11S 工程变频器，同组变频器采用同一控制信号。该系统变频器由 DCS 信号总线进行调速控制，DCS 无起停权。现 2、4 号泵出现无报警停机现象（显示屏不显示故障现象），开始以为是 DCS 控制引起的，取消 DCS 控制故障仍未排除。

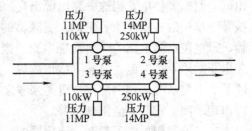

图 8-5　流体加压系统示意图

故障检查：该变频器运行需要两个信号，一个是运行信号，一个是调速信号。运行信号控制起停，调速信号控制电动机速度的快慢。因为该系统出现的是停机不报警，不是变频器故障跳闸，所以是两个控制信号有一个丢失。当取消了 DCS 速度控制无效，只有起停信号丢失了。

该系统变频器的起停信号来自 PLC 的开关信号，该信号又通过中间继电器连接到变频器。检查结果是中间继电器的线圈不吸合，线圈是通过 PLC 的输出触点控制的，检测 PLC，触点有指示，但触点不通，判断内部继电器损坏。

故障处理：通知设备安装公司，安装公司工程师修改了 PLC 程序，将损坏的 PLC 输出端子由一个空闲的端子替换，并把导线移到新替换的端子上，压紧试机，一切正常。

案例 147　SAMCO-i 变频器达不到设定工作频率

故障现象：一台三垦 SAMCO-i 变频器，通过模拟电流控制端子控制输出频率。变频器输出频率上限设置为 50Hz。变频器一直工作正常，某一天突然频率只能达到 20Hz。

故障检查：检查变频器的参数设置，最高频率和上限频率均为 50Hz，可见参数设置没有问题。用万用表测量模拟控制端子外接热敏电阻两端电压，和输入电流成比例，线性度非常好，外电路没有问题。改为由操作面板给定频率，最高频率可运行到 50Hz。由此可见，问题出在模拟输入端子。

故障处理：检查变频器的模拟输入端子内部电路，发现一贴片电容漏电，将其更换后，变频器恢复正常。

结论：速度失控，首先检查调速端子信号，若信号不正常应查外电路，若信号正常应检查变频器。

案例 148　22kW 变频器不能调速

故障现象：一台 22kW 变频器，面板显示正常，没有输出频率，电动机不转。

故障检查与处理：将模拟电压端子调速改为操作面板调速，电动机运转正常，说明问题出在模拟控制端子上。用万用表检测模拟电压控制端子，无电压控制信号。

显然是电压调速信号没给上而造成变频器不能调速。该变频器的调速信号是通过一条由 32 根扁平电缆组成的电缆导线提供的，沿着电缆导线查到了多针插头，原来连接调速电压信号的插针虚焊造成接触不良，重新焊接后故障排除。

结论：该例也是因为调速电压没给上造成的不报警停机。

案例 149　LG IS5 变频器电磁干扰造成不报警偷停

故障现象：某企业一条塑料自动化生产线，该生产线起动调试非常麻烦，当系统进入正常工作后，日夜不停地连续运行。如果出现了停机故障，造成的后果将非常严重，少则几个小时不能生产，严重时很长时间也进入不了正常生产状态，甚至影响到产品的按时交付。

该生产线的塑料挤出机配用的是 LG IS5 系列 55kW 变频器，电动机为西门子 55kW 专用电动机。故障初期表现为突然停机，报警信息显示为电动机接地。通过绝缘电阻表测量，没有发现电动机及电缆接地现象。为防止万一，将电动机电缆进行更换。更换电缆后仍然不定期出现停机故障，而且不再显示故障信息。

故障处理：通过前后故障现象分析，变频器应属误报。变频器运行和调速均由操作面板控制。因为控制需要，将操作面板用引线排安装在 1m 外的电控柜面板上，因为操作面板引线为线排，没有进行屏蔽，很可能控制信号中引进了干扰信号。为了消除干扰，改由外端子控制。

由于该机组对调速没有过多要求，只需要给定一个固定速度，所以将面板控制取消，改成由模拟控制端子控制，外接电位器调速，端子导线采用屏蔽电缆。面板仍安装在控制柜上，作为信号显示，电位器和运行/停机按钮安装在面板的下面。改造后就再也没有出现无故停机故障。

结论：该案例是电磁干扰引起的停机故障，干扰信号通过控制面板的引线排干扰变频器调速运行信号，造成变频器停机。变频器面板是专为安装在变频器上应用的，通过引线排接出来应用，电磁干扰不好解决。

案例 150　西门子 M440 变频器不报警停机

故障现象：现场有 100 多台 M440 变频器，最近有几台频繁出现自动停机现象，没有任何报警信息和故障信息，重新起动时需要重新闭合运行控制端子，才能够重新起动。

故障检查与处理：该现场变频器采用 DCS 控制，变频器的停机方式设置为 OFF2 自由停机方式，数字端子 1（DIN1）设置为 P0701 = 1（接通正转控制），数字端子 2（DIN2）设置为 P0702 = 3（断开变频器自由停机）。端子连接如图 8-6a 所示。

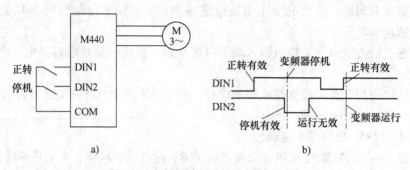

图 8-6   变频器端子连接和控制时序图

从 DCS 的历史数据可以看出，确实 DCS 没有发出停止命令，并且起动继电器也一直是吸合的，这 100 多台变频器参数设置都是相同的，工况也类似。

将数字端子 2 设置为 "断开变频器自由停机" 功能时，有一个需要注意的问题，就是正转或停机都是脉冲控制。正转开机是上升沿有效；自由停机是下降沿有效，端子不输入跳变沿，闭合或断开都无效。图 8-6b 是运行控制时序图，当停机端子闭合，正转控制端子闭合（输入一个脉冲上升沿），变频器正转运行；当停机端子断开，变频器停机，停机端子再闭合，变频器没有输出。只有正转端子断开，再重新闭合（输入一个脉冲上升沿），变频器才能重新运行。

根据上述分析再结合故障现象，应该是变频器的停机端子 2 接触不良，有瞬时掉电现象。变频器的运行和停机端子由继电器触点控制，检查出现停机的变频器，发现继电器的吸合线圈和触点接线桩有不同程度的虚焊现象，为了保险起见，将继电器更换，故障排除。

结论： 该故障是因为变频器的运行控制端子接触不良造成的。如果该变频器运行端子设置为 ON/OFF1（接通正转/停机命令 1），不选用 OFF2（按惯性自由停机），则当运行端子接触不良时，变频器表现为瞬间停机（偷停）。

案例 151   热电厂锅炉给煤机变频器工作中偷停

系统介绍： 热电厂锅炉给煤机选择西门子 M440 变频器控制，型号为 MDV 750/3，功率为 11kW，额定电压为 380V，额定电流为 23A。选择矢量控制模式，PID 控制。选用变频器专用电动机，型号为 BQT132M 2-4，功率为 7.5kW，电压为 380V，电流为 12.6A，额定转速为 1250r/min，电动机调速范围为 5~100Hz。

系统组成如图 8-7 所示。变频器由 PLC 控制，PLC 的主令信号由触摸屏给定。

故障现象： 变频器在工作中，出现偷停现象。给煤机是为锅炉提供燃料的设备，给煤机一停，影响到发电机的运行，时间稍微一长就会造成发电机解列，损失巨大。

故障处理： 检查触摸屏，没有问题，检查 RS485 通信电缆，也没有问题。打开控制柜门，开机观察 PLC、变频器的工作情况，突然发现 PLC 的工作指示灯由绿变红。工作指示灯是由拨动开关控制的，怎么自己会变红呢？问题在 PLC 内部。无论故障大小都要更换 PLC，以防第二次偷停。更换前首先将 PLC 中的原始程序上传到计算机保存，然后拆掉 PLC。拆机前首先对 PLC 的连接端子进行拍照备用。在更换新机前，要通电试验，没有问题再装机。安装完毕,将原始程序下载到 PLC,开机正常。进行 24h 工作老化测试,没有问题,联机运行。

结论:此故障是 PLC 的 RUN-STOP 开关接触不良,在普通设备上应用时更换一只开关即可,因为给煤机偷停会造成巨大损失,所以更换 PLC 整机。

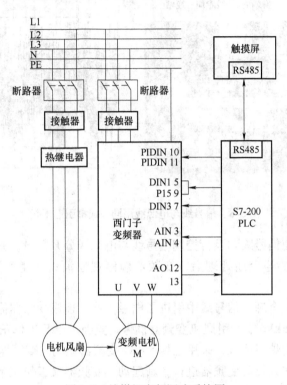

图 8-7 给煤机变频调速系统图

案例 152 ABB 变频器不定期偷停

故障现象:一台 ABB ACS600 变频器,在工作中不定期偷停,不报任何故障,重新起动又正常工作,对生产造成了严重影响。

故障检查:根据变频器的偷停现象,对变频器的外围负载以及电动机的运行情况均进行了检查,没有发现任何问题。因为变频器不显示故障代码,不知道何种原因造成的偷停,检查的思路都没有。后来怀疑偷停和控制端子有关系,就对输入运行控制端子进行了测量,发现端子没有闭合。该端子是由接触器上的一个辅助触点控制,该辅助触点在吸合时阻值很大且不稳定。因为该变频器工作环境很差,车间粉尘很多,接触器中进入了很多粉尘,造成接触器辅助触点接触不良。

故障处理:首先清除接触器中的粉尘,然后用酒精擦拭辅助触点,当接触器吸合时,测量触点两端接触电阻为 0,起动变频器,偷停现象消失。

案例 153 施耐德变频器无故偷停

案例现象:一台施耐德 22kW 变频器,变频器由 PLC 控制,运行信号和调速信号均来自 PLC。变频器在工作中,经常出现偷停或频率自动改变的现象,严重影响了正常生产。

故障检查:因为是新安装的变频器,变频器本身故障的可能性很小,根据故障现象分析，怀疑是电磁干扰所致。检查变频器的信号线走向，在控制柜中是和交流电源线用的同一线槽（见图 8-8a），电源线中的电压波形如图 8-8b 所示。由于变频器的调速信号线和运行控制信号线与电源线用同一线槽，两线平行且距离很近，信号线很容易产生干扰信号。

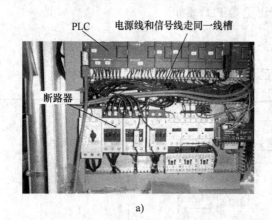
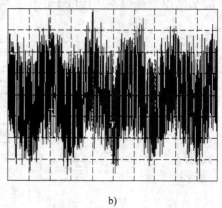

a)　　　　　　　　　　　　　　　　　　b)

图 8-8　信号线与电源线用同一线槽引起干扰

故障处理： 将调速信号线和运行控制信号线与电源线分开敷设，并将屏蔽层的接地端重新按照要求做了处理。经上述处理后，变频器偷停现象消失，速度不稳定的情况也没再发生。

结论： 因为走线不合理，信号线中引进了电磁干扰，造成变频器偷停和速度不稳定。

案例 154　三垦 55kW 锅炉引风机变频器偷停，重新上电又工作正常

故障现象： 有一锅炉引风机，采用三垦 55kW 变频器驱动。变频器在工作中，出现不报警停机现象。现场操作人员对变频器进行重新起动，变频器又工作正常。后来自停现象出现了多次，都是重新起动又工作正常。

故障检查： 设备处工程师对变频器这种偷停现象总想处理，但变频器工作正常后故障又消失了，无法查找原因。一天又出现停机，现场师傅保持现场，通知了设备处。设备处工程师到现场查看，变频器面板没有故障显示，其他均正常。因为必须保证调速信号和运行信号都得加上，电动机才能转动，所以要对这两个信号进行测量。

变频器接线图如图 8-9 所示，调速信号来自上位机的 4~20mA 电流信号，运行信号来自 1FM 继电器的动合触点。因为变频器断电再重新上电就恢复正常，所以测量前不能断电。测量 4~20mA 电流时万用表需串联在电路中，为了不断电，测量 IRF 与 ACM 端子之间的电压，因为在端子之间并联有 500Ω 电阻，4~20mA 电流转换为 2~10V 电压。通过测量，端子之间的电压为 9V，是正常给定电压，说明外加信号正常。

再测量 DI1 与 DCM 之间的电压，为 0V，1FM 也是闭合的，外加信号也正常。

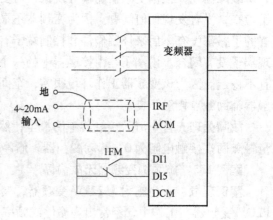

图 8-9　变频器接线图

变频器的工作条件就是调速信号和运行信号都正常，变频器就有速度输出，而变频器没有输出，原因在变频器的内部端子板。

故障处理：该厂有一台同型号同功率的变频器，因模块损坏放在库房，将好的端子板拆下进行替换，故障排除。

结论：变频器端子板上个别器件虚接造成变频器偷停。虚接点发生在器件内部，通电瞬间在电场力冲击下虚接点黏连，变频器又可以工作，在振动、温升等的作用下，又会断开。

案例 155　丹佛斯 VLT6052 变频器偷停，重起无效

故障现象：丹佛斯 VLT6052 变频器，工作中突然停机，变频器没有故障指示，重新起动变频器无反应。

故障检查：根据变频器的故障现象，检查外围电路均无问题，判断变频器为内部硬件故障。维修人员先将变频器的上盖板的螺钉拧开，将变频器的控制卡、电源卡、接口卡依次拆下。检查变频器的整流模块和逆变模块，发现整流和逆变模块均没有损坏，主电路电解电容也是好的。再依次检查变频器的接口卡、电源卡，测试结果也是正常的。将变频器恢复原状，在输入侧端子 L1、L2、L3 送电测试，发现变频器的控制卡上控制端子 12 和 20 之间没有 24V 直流电压。

将控制卡拆开，发现控制卡上 12 号端子后面有明显的打火烧黑的痕迹。由于 12 和 20 这两个端子是变频器的 24V 直流输出，其最大电流是 200mA。因为变频器的数字输入端子由此 24V 供电，无此电压，输入控制端子无效。

故障处理：将控制卡上损坏的元器件拆除，将打火烧黑的部分处理干净，同时将损坏的元器件进行更换。安装好控制卡，进行通电测试，测试结果正常。变频器送电测试，变频器运行正常。

结论：遇此偷停情况，首先测量调速电压和运行控制端子电压，能快速做出故障判断。

案例 156　某车间多台丹佛斯变频器出现偷停不报警

故障现象：某企业车间里应用了多台变频器，工作一直很正常，近期出现了连续不断的偷停现象。

故障分析：变频器几年来工作都很正常，现在出现多台变频器偷停故障，出现故障的变频器很分散，时间上也不确定，看来造成故障的原因具有公共性，不是变频器的个体原因。查看三相电源，没有晃电现象，即使晃电变频器跳闸也要报警，而不是偷停。看来和电源没有关系。该车间所有变频器接地线都是通过接地母线最后接到同一个接地体上，是否接地出现问题？检查各台变频器的接地发现没有问题。检查总接地体，发现和接地线已经开裂，有明显重物冲击的痕迹。

故障处理：首先用电焊将新做好的接线端子焊接在接地体上，再将接地线重新和接地体连接，测量接地电阻 <10Ω，在接头上涂上防锈漆，变频器偷停故障消失。

结论：总接地线开路，等于所有屏蔽失效，变频器工作在没有屏蔽的环境中，运行信号被电磁干扰所阻断，导致变频器偷停。

案例 157　西门子 M440 变频器通信控制停机

故障现象：一台西门子 M440 变频器，通过 PROFIBUS-DP 总线进行通信控制。变频器在通信控制过程中出现失控停机故障，变频器上的红灯常亮，检查变频器的 PROFIBUS-DP 参数设置（P0700、P0719、P0918、P1000），正确无误。

故障检查：变频器在正常通信过程中出现了信号中断现象，一般就是发生在3个方面：上位机不发信号；通信电缆故障；变频器接口故障。用万用表电压档测量电缆两端接口电压，正常；用示波器测量通信电缆，有输出信号，说明上位机和通信电缆都没有问题，剩下的就只有变频器了。

故障处理：变频器更换了一块通信模块（见图8-10），开机后工作正常。

图8-10　西门子M440通信模块

案例158　西门子M420变频器工作中突然停机

故障现象：一台核子称（称重设备），使用西门子M420变频器驱动，变频器由PLC控制。在运行过程中，经常突然停机，重新起动后又能正常运行。

故障检查：根据故障现象，偷停后重起正常，说明问题出现在控制端子上。变频器由PLC控制，变频器的运行端子是通过PLC的一个数字输出端子控制，开机观察该端子的工作情况，端子指示灯亮，变频器正常运行。突然指示灯闪了一下，变频器停机。说明问题出在PLC。极有可能是PLC的这个端子有问题。

故障处理：有两种方法，一是更换PLC，周期较长；二是变通应用，时间较短。变通应用就是将损坏的端子用空闲的端子替换。

修改PLC的运行控制程序简单，只要把程序中的输出端子的地址修改一下即可。将空闲的好的端子替换掉损坏的端子。首先将PLC的工作程序上传到计算机，修改损坏端子的程序地址，将修改好的程序重新下载到PLC，将输出端子的接线移接到修改后的端子上，通电试机。PLC、变频器工作正常，几个月后没有出现此故障。

结论：在变频器控制系统中，变频器出现故障有的属于变频器自身问题，有的属于变频器外围电路问题。该案例是PLC问题造成变频器偷停，属于外围电路故障。

案例159　高压变频器转速突然下降到10r/min

故障现象：某厂高压聚乙烯生产线，用一台2800kVA高压变频器驱动一台1400kW电动机，用于挤压机。

工作中转速突然从正常转速900r/min降到变频器设定的最低转速10r/min，且变频器控制面板没有任何故障指示。调节现场"速度设定"，电动机转速没有变化，将速度设定转到由控制柜控制，用控制柜上的"速度设定"调节电动机转速，电动机转速依然不变。

故障分析：打开变频器柜门检查，变频器运行信号正常，再仔细检查，发现运行测速板A通道指示灯未亮，说明电动机上的速度编码器A通道信号不正常。

停掉变频器，将编码器从电动机上拆下，该编码器型号为14-14401/1024，工作电压为11～30V。用示波器对编码器进行波形检查，发现编码器A通道波形异常，幅值只有10V左右，A 通道波形与 B 通道波形在相位上相差 180°（即反相）。编码器工作电压为 24V，波形正常幅值应为 24V 左右，正常波形如图 8-11 所示，A 通道波形与 B 通道波形相位相差 90°。因此，初步判断是编码器损坏，导致变频器速度闭环控制无法正常工作，只能维持在设定的最低转速上运行。

故障处理：更换一只新的旋转编码器，故障排除。

结论：该变频器是工作在闭环控制状态，闭环控制需要两个信号，一个是目标信号，

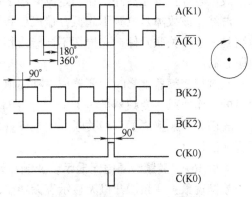

图 8-11　旋转编码器正常时序图

一个是反馈信号。反馈信号和目标信号在变频器内部进行比较，比较产生的差值信号对变频器的输出频率进行调整，使电动机的转速回到目标信号给定的速度上运行。当反馈信号大于目标信号，变频器降速；当反馈信号小于目标信号，变频器升速；当反馈信号等于目标信号，变频器恒速运行。

当编码器损坏时，根据损坏的原因不同，变频器会有不同的故障现象，有的变频器会出现飞车，有的出现过电流，该变频器则是速度降到最低。

该例给我们这样一个提示：当闭环控制出现过电流、速度不正常现象时，要查一下反馈环节是否有问题。

8.3　变频器无显示故障

案例 160　一台 22kW 变频器通电无显示

故障现象：一台 22kW 变频器，通电无显示，操作面板黑屏，变频器无功能。

故障检查：首先用万用表的交流电压档测量三相输入电压，均正常；用直流电压档测量数字输入端子发现没有 24V 供电，测量模拟端子也没有 10V 供电，看来变频器黑屏是由变频器内部低压电源损坏造成的。

将变频器分解，检测变频器的主电路，发现整流二极管、逆变模块、充电电阻、主电路接触器都正常，因此确定为开关电源板故障。

检查开关电源分为冷测量和热测量。冷测量就是在断电的情况下，测量电源器件的直流电阻，冷测量是配合目测进行的。首先目测器件有无物理变形、过热痕迹和异常气味等，然后再重点测量关键器件。在冷测量没有发现问题的情况下，必须通电测量工作电压，这叫热测量。热测量要注意安全问题，首先是逆变模块的安全，最好将逆变模块断电，千万不要带电测量逆变模块的输入信号，否则会引起爆模块事故；不要测量工作着的电源开关器件的门极电压，否则也会出现开关器件烧毁现象。

按照上述维修步骤对开关电源板进行测量。在进行第一步测量时，发现直流母线 540V 到 PWM 调制芯片 UC3842 之间的起动电阻损坏，该电阻标称为 330kΩ/2W，实际测量值达 2MΩ 以上，因为 UC3842 调制芯片得不到起动电流，电源无法起振工作。

故障处理：将电阻按标称值更换。为谨慎起见又检测了开关器件、变压器、整流二极管

及滤波电容等关键元器件，在确定没问题之后通电试机，工作正常。

总结：该故障是电源不起振，造成变频器无低压供电。该电路就一个起动电阻损坏，该电阻是一个非关联元件，它损坏不会造成相关元器件的连锁损坏，所以换上一个相同规格的电阻就修好了。

在进行变频器维修时，要养成一种谨慎、严谨、通观全局的工作方法，杜绝马虎、就事论事的工作作风。变频器的电路是一个整体，牵一发而动全身，一种故障掩盖着另一种故障，表面的问题解决了，相关联的问题没查出，盲目试机往往会付出很大代价，甚至使机器再也无法修复。

案例 161　变频器通电无显示，变频器无功能

故障现象：变频器开机无显示、无功能，测量三相供电均正常，测量变频器的外端子电压，均无电压。

故障检查：判断为变频器的内部低压电源损坏，分解变频器，先测量变频器的整流模块、逆变模块、充电电阻、主电路接触器等，都正常，故障确定在电源板。

因为电源没有输出，处于停振状态，先对电源相关器件进行静态测量，没有发现问题。然后单独对电源板通电进行动态测量。先测量发现 PWM 调制芯片的电源端对地有 12.5V 左右的电压，说明起动电阻供电正常。用示波器查看脉宽调制集成电路输出端，发现没有 PWM 波形输出。

故障处理：更换脉宽调制集成电路后，通电试机正常。因为脉宽调制集成电路是弱电电路，如果是它的内在质量问题，不会造成周围其他器件的连锁损坏。观察电源 10min 后，开关器件温度正常，输出电压稳定。电源恢复给变频器供电，开机正常，故障修复。

案例 162　伦茨变频器通电无显示

故障现象：伦茨变频器通电无显示，变频器所有功能均消失。

故障检查：先按常规检查变频器的主电路，没有问题，则故障在电源电路。将电源输出端断开，输入端通过调压器供电。先用静态法测量相关器件的通断，发现开关器件 CE 结击穿。其他器件没有发现问题（注意：CE 结击穿问题不大，CB 结击穿问题就大了，可能驱动电路都有损坏）。

故障处理：换上新的开关器件通电试机，随着调压器电压的升高，可以听到起振的"吱吱"声，就是比正常声音大了点。把调压器的输出电压调到额定电压后，测量稳压电源的输出电压，发现低于标定的正常值。不到 2min，突然闻到一股焦煳味，随即电源没有了输出。马上断电，发现串联在稳压电源输入端的熔丝断了，触摸开关器件，发现很烫手，测量发现已经击穿。

拆下开关器件，给稳压电源通电，测量脉宽调制集成电路的电源端对地有 12V 左右的电压，用示波器观察脉宽调制集成电路的输出端，发现有 30kHz 左右的 PWM 波输出，波形的上升和下降沿均正常。因此怀疑刚换上去的开关器件质量不好。

又换上一只新的开关器件，通电试机，很短时间又把器件烧掉了。断电后无意之间碰到了吸收回路的元件，发现烫手，可是在测量的时候是正常的，于是又测一遍，还是正常。于是把吸收回路先拆掉，又换上一个器件通电试机，发现变压器的"吱吱"声变小了，测量低压输出各绕组电压，都在标定的正常值内。运行了 20min 后开关器件没有再烧毁，断电后触摸开关器件微热，属正常温度，因此判断故障的根源在吸收回路，更换吸收回路元件，故

障排除。

总结：吸收回路是一个 R、L、C 串联的电路，如果电感短路，一般用万用表测不出来。因为吸收回路短路，加重了开关器件的负担，使开关器件电流猛增；又因为开关器件负载重，使输出电压降低。

案例 163 通电无显示，屡烧电源开关器件

故障现象：通电无显示，变频器无功能，检查发现电源电路有问题，但在维修过程中屡烧电源开关器件。

故障检查：检查变频器电源主电路、充电电阻、主电路接触器都正常，故障确定在电源板。

将电源输出端断开，输入端通过调压器供电。先用静态法测量相关器件的直流电阻，发现开关管 CE 结击穿，其他器件均没有发现问题。

故障处理：更换新的开关器件，单独对电源板加电，器件很快又烧了。

把开关器件拆掉，单试电源驱动电路，测量脉宽调制集成电路的电源端对地电压，为 12V 正常。用示波器观察脉宽调制集成电路的 PWM 输出波形，发现 PWM 波的频率很低，只有 5~6kHz。这是烧毁开关器件的根源，因为开关频率低，器件导通时间延长，且电感中的电流是线性上升的，导通时间延长造成器件电流增大而过电流损坏。脉宽调制集成电路的振荡频率是通过外围定时电路控制的，断电后把定时器件拆下测量，发现定时电阻阻值变大。更换定时器件，开关频率恢复正常（30kHz 左右），重新更换开关器件，上电后不再烧毁，观察 20min，管子微热，声音正常，输出电压稳定。

电路恢复，开机变频器显示正常，各功能恢复。

案例 164 调速电位器接触不良引起变频器频率抖动

故障现象：某编织厂使用一台惠丰 F1500 系列变频器，在工作中出现调速故障。起初，变频器采用操作面板上的上升、下降键控制调速，使用一段时间后，操作人员感觉调速不便，于是按照说明书，将操作改成了输入控制端子控制。外部加装开机、停机控制按钮，调速采用电位器操作。

改后工作良好。大约运行了半年左右，出现调速时频率抖动，有时还会失速。旋转电位器使频率上升，变频器没有反应，有时电位器旋到零位置，而变频器突然上升到 50Hz。

故障检查与处理：模拟量控制失灵主要有两个方面的原因：一是输入信号错误，即外电路有问题；二是变频器模拟量通道出现故障，即变频器的内部电路出现问题。

从现场出现的故障现象来看，可能是电位器的问题。测量电位器导体电阻，转动调速旋钮，阻值跳动，说明电位器的碳膜损坏。更换电位器，故障排除。

第9章　变频器参数设置故障的维修

9.1　变频器参数的基本概念

9.1.1　变频器计算机控制

变频器是智能控制电器，控制核心是计算机。变频器本来是一个调速电器，在引进了计算机控制后就变为智能电器，智能电器和非智能电器具有本质的区别。

1. 计算机的功能

计算机是一个自动控制系统，其控制核心是CPU，CPU是一个智能芯片，负责计算机整个系统的控制，类似人的大脑，如图9-1所示。

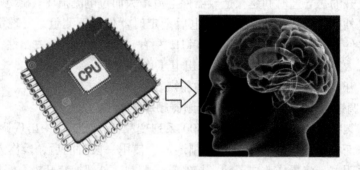

图9-1　计算机CPU

CPU既然具有人类大脑的功能，可人类大脑具有哪些功能呢？科学家归纳了3点：记忆功能、计算功能、逻辑判断功能。人的大脑每天日理万机，应用的就是这3个功能。比如早晨开车去上班，记住每天走的路（记忆功能），根据路况掌握车速（逻辑判断功能），看看手表，大概几点几分到厂（计算功能）。CPU就是模拟人类大脑的功能进行设计制造的。

2. CPU的工作过程

图9-2是CPU的工作过程。CPU的物理结构就是电子电路，基本电路单元是触发器，触发器具有"0"和"1"两种工作状态。由触发器组成寄存器和逻辑部件，CPU由大量的寄存器和逻辑部件组成。CPU随着集成度的不断提高，功能越来越强大，现在机械设备、电气设备都已经智能化，即在设备中嵌入了计算机系统，称为嵌入式设备。

CPU的工作过程是模拟人的工作过程而设计的。人工作过程是：接受任务、梳理工作流程、具体实施、工作汇报。CPU也是按这个顺序去工作。计算机接受任务就是接受指令，按指令去工作。

变频器的指令是参数代码，每条参数代码代表变频器的一项具体功能，执行参数代码的过程就是完成具体功能的过程。

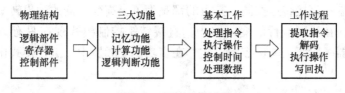

图 9-2　CPU 工作过程

9.1.2　参数代码和参数值

一个完整的参数，是由参数代码和参数值两部分组成。例如"P0700 = 1"，"P0700"称为参数代码，"1"称为参数值。参数代码代表变频器的一种特定功能，参数值代表这个功能的量值大小。当参数代码选定之后，可修改的是参数值。

变频器的一个参数代码，代表了变频器的一个功能或代表了变频器的一个功能中的子功能。如西门子 M440 变频器，具有基本 U/f 控制、减转矩控制和矢量控制等，在应用时只能选择其中一种控制模式，假如选定了矢量控制"P1300 = 20"，在矢量控制的前提下，有关矢量控制的一些细化子参数才有意义。这就是我们在读使用说明书时，经常见到的"××参数是基于××参数下有效"，就是主功能参数和子功能参数的关系。

变频器在应用中，参数代码选错或参数值选择不合适，都会影响变频器的正常运行，严重时还会造成变频器硬件的损坏。特别是参数值的选择，有时是在工作现场完成的，如果变频器试运行有问题，就要进行修改。当变频器运行了一定时间，发现一些问题，也要对变频器的一些相关参数进行修改，这个修改称为参数优化。参数优化也是变频器应用中的一项重要内容。

9.2　变频器常用基本功能

变频器品牌不同、控制模式不同，参数代码的种类和使用方法有着较大的区别。但就变频器的基本功能而言，是每种变频器都具备的，因为对任何变频器其基本功能不具备就不能满足工程需要。变频器将具有的功能通过参数代码加以体现，了解了变频器具有的功能，就可以用它分析变频器的工作状态，通过功能参数代码的优化，进行故障的排除。

9.2.1　电动机相关功能参数

变频器要驱动电动机运行，电动机的一些基本参数，变频器必须"知道"，这样才能安全有效的运行。

电动机的基本参数绝大部分是电动机铭牌上的参数。如：额定电流、额定电压、额定频率、额定功率、额定转矩、额定转速和磁极对数等；还有一些动态参数，如电动机的空载感抗、空载阻抗等，是变频器矢量控制必需的。

上述电动机的基本参数，要根据使用说明书的要求进行预置。电动机参数是变频器必设参数，漏设、错设都会影响变频器的正常运行。

9.2.2　控制模式和工作频率常用参数

1. 控制模式

变频器现在有 4 种基本控制模式，即 U/f 开环控制、转差频率控制、矢量控制和直接转矩控制，矢量控制和直接转矩控制，其目的都是为了提高变频器的输出转矩和快速性，使用方法上区别不大。在我国流行的变频器中，直接转矩控制模式现在只有 ABB 变频器在做，其他品牌的变频器一般都是矢量控制模式。在多功能变频器中，工作模式由一个参数代码进行切换。

2. 工作频率

1）上限频率 f_{max} 和下限频率 f_{min}。这是两个极限频率，是防止变频器出现意外而设置的保险频率。如当变频器出现了速度失控，频率上升到上限频率就不再上升，防止飞车；水泵低于一定的频率就不再出水。

2）最低运行频率 f_L 和最高运行频率 f_H。最低运行频率 f_L 是电动机运行的最低转速，在某些场合电动机不适合运行在较低速度，就设定该频率进行限制。最高运行频率 f_H 是电动机运行的最高转速，根据需要和电动机的允许转速进行设置。

3）跳跃频率 f_X。电动机和设备系统是按电动机工作在 50Hz 设计的，在调速过程中，有些设备可能在某个频率出现谐振现象。为了避开机械谐振，变频器具有设置"跳跃频率"的功能。当系统在某个频率出现谐振，通过设置，将谐振的频率跳过去，使谐振不再发生。一般变频器可以设置 3 个跳跃频率。

4）载波频率 f_c。载波频率是变频器输出的脉宽调制波的频率，可调范围为 0 ~ 20kHz。该频率选得低，电动机工作有噪声，该频率设置得越高，其高次谐波分量越大，辐射干扰增加，电动机的发热量增加，开关器件的损耗增加。一般出厂设置为 3 ~ 10kHz，在应用中一般不做调整。

5）基准频率 f_b。该频率是确定变频器基本 U/f 线的频率，该频率是变频器驱动的电动机的额定频率，不同国家生产的电动机该频率是不同的，我国是 50Hz，日本是 60Hz，设错了会影响电动机的正常工作状态。如图 9-3 所示是基准频率设置情况，设低了变频器会出现过电流，设高了电动机转矩不足。

6）基准电压 U_b。该电压按照电动机的额定电压设置，设错了变频器和电动机工作都不正常。该电压和 f_b 是生成变频器 $U/f = C$ 特性线的重要参数。

图 9-4 是基准电压 U_b 的设置情况。设低了电动机会出现转矩不足；设高了电动机过载。

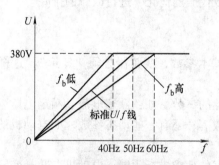

图 9-3　变频器基准频率 f_b 设置情况

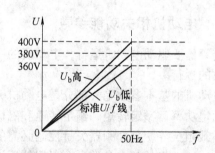

图 9-4　变频器基准电压 U_b 设置情况

9.2.3　加速时间和减速时间

1. 加减速时间的定义

加速时间是输出频率从 0 上升到最高频率所用的时间，减速时间是输出频率从最高频率下降到 0 所用时间，图 9-5 是加、减速时间定义图。

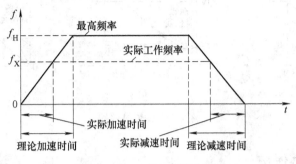

图 9-5　加、减速时间定义图

1）加速时间设置原理。加速时间的长短，是根据惯性负载的惯性大小来选择的。大惯性负载加速时间设置得长，小惯性负载设置得短，通过实验来确定。

2）减速时间设置原理。减速时间是为惯性负载停机制动设置的。减速时间设置得长短和制动要求有关。惯性负载设置了减速时间，变频器必须加装制动电阻，否则变频器会过电压跳闸。

2. 加减速特性曲线

1）S 形加、减速。就是加速或减速按照 S 曲线变化，如图 9-6a 所示。

2）半 S 形加、减速。如图 9-6b 所示。

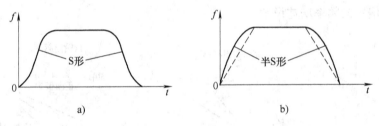

图 9-6　加减速特性曲线

不同的加、减速特性适合不同的工况需要，线性适合没有特殊需要的大部分场合；S 形适合电梯、流水线等场合；半 S 形可以提高起动转矩，在风机水泵上有所应用。

9.2.4　转矩提升

转矩提升又称为低频转矩补偿，是为补偿电动机低速起动时转矩不足而设置的补偿方法。修正补偿线有多种，有线性补偿、曲线补偿、分段补偿等，补偿线通过参数进行设置。图 9-7 是几种不同的补偿线。

转矩补偿是补偿电动机在起动时因转矩不足而导致的变频器过电流跳闸。设置转矩补偿因为改变了变频器的基本 U/f 线，如果转矩补偿设置过了头，会造成电动机无功电流增大而过热，不能正常工作。设置时通过试探，从低到高，直到电动机能正常起动为止。

变频器具有自动转矩补偿功能，设置了自动转矩补偿，变频器可根据电动机转矩的大小自动进行补偿。

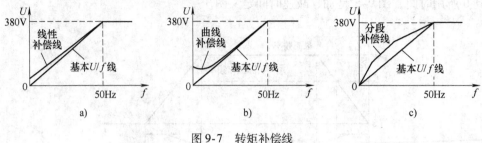

图 9-7　转矩补偿线

9.2.5　电动机过载保护

电动机过载保护又称为电子热继电器,该功能是为防止电动机过热而设置的。因为变频器在选择时一般功率容量比电动机选得大,当电动机出现过载时变频器不见得过载。当变频器设置了此功能,变频器的输出电流达到电动机的设定电流,变频器通过一定时间的累积,就会跳过载保护。其中电动机的设定电流就是电动机的额定电流,按电动机铭牌上的额定值设置。

9.2.6　变频器的频率控制特性曲线设置

变频器的频率控制特性曲线,就是变频器的输出频率和控制信号之间的关系特性曲线,是变频器应用中的一个重要功能。图 9-8a 是频率控制特性曲线,在工作中,该特性曲线又可以进行频率偏置或频率增益设置。

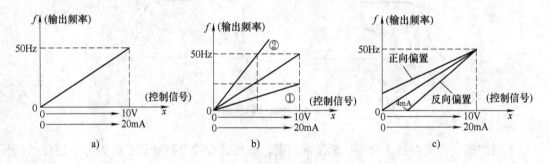

图 9-8　频率控制特性曲线

1. 频率增益

如图 9-8b 所示,通过改变变频器的控制信号和输出频率的比率关系,可以调整控制的灵敏度。当需要高控制灵敏度时按曲线②设置;当需要低控制灵敏度时按曲线①设置。其用途主要有如下几个。

1)当控制信号用外部供电,与变频器的端子电压不同,可以修改此曲线。如变频器端子供电为 10V,外部供电为 5V,要求变频器同样输出频率为 50Hz,则将频率增益信号向高设定,可设为 200%。

2)当多台变频器同步或按比例控制时,采用同一个电源电压,可通过修改每台变频器的频率特性曲线来达到同步或按比例运行。

2. 频率偏置

频率偏置又称偏差频率、频率偏差、偏置频率等。如图 9-8c 所示，正向偏置是当控制信号为零时，变频器就有一定的输出频率；反向偏置是当控制信号超过了一定值时才有输出频率。用途有如下几个。

1）正向偏置可以给电动机加上一个正向转矩，防止下滑负载反转。

2）反向偏置可以剔除一部分控制信号。如干扰信号幅值一般在 1V 以下，当 1V 以下的信号不用时，干扰信号同时也被剔除。又如 4～20mA 电流控制信号，4mA 是初始无用信号，必须剔除，可将反向偏置设置为 4mA（见图 9-8c），大于 4mA 的电流信号才有效。

9.2.7　电流限制和转矩限制功能

1. 电流限制功能

变频器为了防止工作中频繁的过电流跳闸影响生产，设置具有电流限制功能。该功能原理是：当变频器升速时，出现了过电流，频率就不再上升，使电流保持在设定值；当工作中出现了过电流，频率下降，使电流保持在设定值不再上升。当电流下降后，变频器的输出频率再重新上升或恢复到设定值。

该功能在要求频率稳定的场合不能设置。应用于如下几种情况。

1）系统具有抱闸功能。因为松闸时间不准确，当变频器的频率上升时出现了过电流，该功能可限制频率的继续上升，当松闸后电流下降，频率再继续上升。在抱闸应用时限流值设置得不要大于变频器额定电流，否则会损坏变频器。

2）对某些冲击性负载，设置此功能可减少跳闸。冲击性负载使用限流功能的原则是：短时间的冲击性负载，如冲床、碾压机等，限流值可以大于变频器的额定电流，过载时间较长的冲击性负载，如投料过载，设置限流值等于额定电流，超过了容易损坏变频器。

2. 转矩限制功能

转矩限制功能分速度控制的转矩限制和电流控制的转矩限制。

在速度控制时，转矩限制功能用最大、最小转矩参数设置。

在电流控制时（就是转矩控制），设置变频器的额定转矩。

9.2.8　变频器矢量控制

变频器矢量控制是模拟直流电动机的控制方法对交流电动机进行控制。在变频控制中，人们发现交流电动机调速时当电流 I_2 上升，$\cos\varphi_2$ 就下降，将 I_2 变为无功电流，升速变慢，没有直流电动机调速的快速性好。人们比较了交直流电动机的结构和转矩公式：直流电动机是两个正交的磁场，工作互不影响；交流电动机是由定子电流产生的旋转磁场。

直流电动机转矩公式为

$$T = K_m \Phi_m I_a \tag{9-1}$$

式中　K_m、Φ_m——常数；

　　　　I_a——电动机的电枢电流。电动机转矩 T 与电枢电流成正比。

交流电动机转矩表达式为

$$T = K_m \Phi_m I_2 \cos\varphi_2 \tag{9-2}$$

式中　K_m、Φ_m——常数；

　　　　I_2——转子感应电流；

　　　　$\cos\varphi_2$——转子电路的功率因数；

　　　　φ_2——转子感应电流和感应电压之间的相角差。

因为 I_2 和 $\cos\varphi_2$ 的变化趋势相反，当 I_2 增加时 $\cos\varphi_2$ 下降，这是交流电动机控制性能差的根源。

比较式（9-1）和式（9-2），交流电动机转矩公式中就多出一个功率因数 $\cos\varphi_2$，如果将 $\cos\varphi_2$ 设法变成常数，两电动机的转矩表达式就一样了。人们模拟直流电动机的控制方法，来对交流电动机进行控制，即控制 I_2（实际上是定子电流 I_1）的大小，又控制其相位（$\cos\varphi_2$ 不变），所以称为矢量控制。

在矢量控制理论中，严谨的、现在变频器都在应用的就是基于德国西门子公司 F. Blaschke 博士关于磁场定向控制的论文。该论文采用坐标变换的方法实现了变频器的矢量控制，即将交流电动机转矩公式 $T=k_m\Phi_m I_2\cos\varphi_2$ 中的 $\cos\varphi_2$ 变为常数，与直流电动机转矩公式 $T=k_m\Phi_m I_a$ 的表达式相同，交流电动机就有了直流电动机的控制特性。

后来，人们又根据电工理论，在 I_2 转子电流变化时，只要改变三相交流电压 U_1，也能将 $\cos\varphi_2$ 控制为常数。这种控制方法简单，变频器厂家用在自动转矩补偿功能上，效果很好。

由于矢量控制具有直流电动机的控制特性，变频器驱动的交流电动机就可以取代直流电动机的应用场合了，变频器矢量控制就成了一种全方位的控制模式。

主要应用场合有：带载直接起动、反应速度快的场合及控制精度要求高的场合等。

矢量控制之前，要按照电动机铭牌上的参数设置变频器，然后进行电动机自扫描，将电动机的动态参数扫到变频器中并存储，这样变频器才能很好地工作。

9.2.9　变频器 PID 控制

1. PID 控制原理

变频器 PID 控制是变频器的一种闭环控制模式，它是通过传感器，将电动机的转速或由电动机控制的过程量转换为电信号，这个电信号反映了电动机转速的高低或过程量的大小。将电信号加到变频器的模拟反馈输入端子上（见图9-9），变频器同时在另一模拟端子上加上一个目标信号，目标信号的大小就是需要稳定的物理量大小（需要稳定的物理量转换为的电信号）。

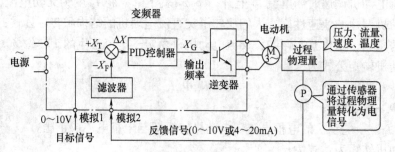

图9-9　PID 闭环控制

控制过程：反馈信号 X_F 和目标信号 X_T 在变频器内部的比较电路进行比较，产生误差信号 ΔX：

当 $X_T > X_F$ 时，$\Delta X > 0$，变频器升速；

当 $X_T < X_F$ 时，$\Delta X < 0$，变频器降速；

当 $X_T = X_F$ 时，$\Delta X = 0$，变频器恒速运行。

通过上述调节过程，将过程量稳定在目标信号给定的数值上。

在 PID 控制中，反馈信号取自什么量，就稳定什么量，这是使用 PID 控制最重要的基本概念。

2. PID 参数设置

PID 控制关键参数有 3 个，一个是 PID 模式切换参数，通过此参数使变频器进入 PID 控制状态；一个是反馈端子设置，即用哪个模拟输入控制端子作为反馈输入；一个是目标信号端子设置，即用哪个模拟输入控制端子作为目标信号输入。上述 3 个参数是关键参数，只要设置正确，变频器便可以进入 PID 控制状态。

9.2.10　节能控制

风机、水泵都属于减转矩负载，即随着转速的下降，负载转矩与转速的二次方成比例减小。风机、水泵专用变频器都具有减转矩 U/f 线，该特性曲线按照风机、水泵特性曲线设置，如图 9-10 所示。

由减转矩特性曲线可见，在输出同一频率的情况下，减转矩特性曲线要比基本 U/f 特性曲线的输出电压低很多，所以具有很好的节能效果。

使用节能控制变频器要设置为减转矩控制模式，不能设为矢量控制或其他控制模式。

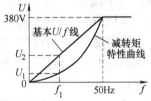

图 9-10　减转矩特性曲线

9.2.11　瞬时停电再起动功能

当变频器的应用现场有大功率负载，在起动时会使电源电压突然下降，当电压下降到变频器的欠电压检出值，变频器便会跳闸停机。为了防止电源恢复正常后变频器不再起动，变频器都有瞬时停电再起动功能。若设置了该功能，变频器在欠电压跳闸后，当电压恢复正常时，变频器便自行重新起动。该参数有几种设置方法：

1）瞬时停电不起动；

2）瞬时停电以原工作频率重新起动；

3）瞬时停电以较低的工作频率重新起动；

4）瞬时停电后，搜索电动机的转动速度，以电动机的工作速度重新起动。

选择重起方式要根据具体情况，如果停电时间较长，选择第 2 种方式会造成重起过电流；如果停电时间较短，选择第 3 种方式会造成重起过电压。

变频器还具有停电再起动功能，就是停电时间无论长短，来电之后都能重起。瞬时停电再起动只解决 10s 之内停电重起，超过了 10s，电动机都已经停止了，重起动能失效。要根据实际情况加以选择，防止起动事故的发生。

9.3　变频器参数设置应用案例

案例 165　富士 FRN280G11-4CX 变频器运行中欠电压跳闸

故障现象:一台富士 FRN280G11-4CX 变频器,在运行中欠电压跳闸,显示"lu"。

故障分析与处理:该企业有大功率电器设备,用一台 4000kW 的同步电动机驱动一台氮氢压缩机。在该电动机起动时,FRN280G11-4CX 变频器跳闸停机。和 FRN280G11-4CX 变频器工作在同一电源上的还有两台富士 FRN5.5G11-4CX 变频器,但都没有跳闸。怀疑跳闸变频器输入端有问题,断电后,打开外壳,检查变频器的内部一、二次回路中压接线,无松动现象;检查整流二极管也无开路现象。

恢复上电,检查变频器的参数设置,F14 为变频器的瞬时停电再起动参数,该参数设置为瞬时停电再起动不动作(F14 =1),将该参数修改为 F14 =3,即瞬时停电再起动动作。

自从修改了该参数之后,在起动大功率设备时,该台变频器再没有出现欠电压跳闸停机现象。

结论:富士变频器电压适应范围比较宽泛,一般不会报欠电压跳闸,所以另两台就没跳。对跳闸的变频器修改了该参数以后,当起动大功率设备时,因为电压瞬时降低,变频器停机(不报警),电压很快恢复后,变频器又重新起动工作。

案例 166　富士 FRN1.5G11-4CX 变频器输出频率低

故障现象:一台新安装的富士 FRN1.5G11-4CX 变频器,频率给定信号已经调整到很大的值,但电动机转速仍达不到设定要求。在给定相同控制信号的前提下,明显低于车间其他变频器的输出转速。

故障处理:因为是新变频器,并不存在质量问题,故障现象只是出在调整上。检查变频器的设定参数,经检查发现频率增益参数 F17 设定范围为 0.0% ~200%。出厂默认值为 100%,实际设定值为 50%。如图 9-11 所示,当控制电压给定为 10V,输出频率才 25Hz。将频率增益设定值改为出厂设定值 100% 后,问题得到解决。

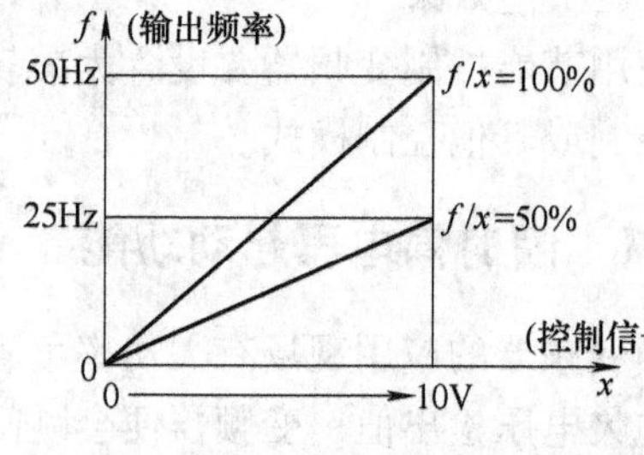

图 9-11　富士变频器频率特性控制曲线

案例 167　M440 变频器频率控制线选错导致变频器不能工作

故障现象:某企业一条生产线,采用 22kW 西门子 M440 变频器驱动工作,变频器使用了两年之后烧毁。因为急用,马上又购得一台同型号的变频器进行更换。变频器安装以后,不能进入正常工作状态。

该变频器的频率信号是由上位机给出的 4~20mA 电流,加在变频器的模拟输入端子上。变频器的输出频率和原来损坏的变频器产生了很大的区别,当上位机给出相同的控制信号,现在的变频器输出频率高很多,即变频器不能应用。情急之下,想出来一个不是办法的办法,安排一个人进行手动调速,上位机的自动控制信号暂且不用。

故障分析:问题肯定是在变频器的调整上,因为损坏的变频器的调整参数没有保留,不知道现在应该调整哪些参数。找来变频器的使用说明书,进行针对性的分析,原来西门子

M440 变频器的模拟输入控制端子的使用方法为：变频器有两个模拟输入控制端子，由面板上的电流/电压切换开关选择输入的是模拟电压信号还是模拟电流信号（见图 9-12）。开关 1 对应模拟端子 1，开关 2 对应模拟端子 2，拨到"ON"为输入电流，"OFF"为输入电压。

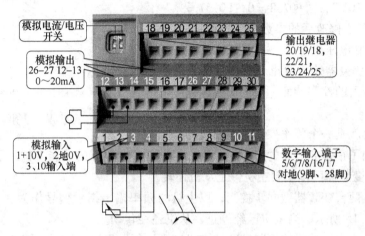

图 9-12　西门子 M440 接线端子

将开关 1 拨到"ON"，模拟端子 1 进入电流控制状态，将 4 ~ 20mA 电流信号接在模拟端子 1（3 ~ 4 端子之间），下一步调整变频器的频率偏置参数。

图 9-13 是西门子 M440 变频器的频率控制特性曲线原图，由图中可见，该控制曲线可单极性控制或双极性控制，由参数代码"P0756"进行设置，选择"P0756 = 3"，为带监控的单极性电流控制，输入电流为 0 ~ 20mA。带监控是当该端子输入信号出现故障时，变频器报警"F0080"（一般变频器输入控制端子出现故障时变频器不报警，西门子变频器功能还是比较齐全的）。

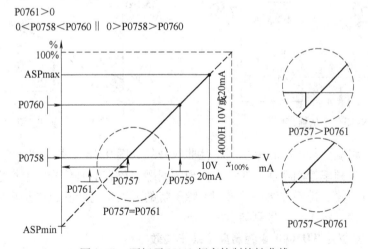

图 9-13　西门子 M440 频率控制特性曲线

该变频器的输入频率控制特性曲线是由 5 个参数来设置的，"P0760"和"P0759"设置特性曲线的高端；"P0758、P0757、P0761"设置特性曲线的低端。变频器的默认值是"P0760 = 100%，P0759 = 10V"；"P0758 = P0757 = P0761 = 0"。对应的输入频率控制特性曲线如图 9-14 中的①线所示。

故障处理：修改后的频率控制特性曲线如图 9-14 中的②线所示，修改参数为："P0760 = 100%，P0759 = 10V"；"P0758 = 0，P0757 = 2V，P0761 = 2V"。修改后的参数由图中可见，将 2V 的静态控制电压剔除了，只有控制电压大于 2V 之后，变频器才有输出频率。变频器恢复了损坏变频器的控制特性，由上位机控制运行正常。

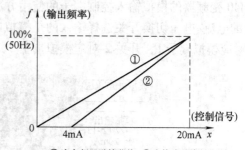

①为变频器默认曲线；②为修改后控制曲线

图 9-14　调整频率控制特性曲线

结论：该例就是一个频率控制特性曲线的设置问题，难倒了很多变频器的应用者，看来了解一些变频器的功能参数还是很有必要的。

案例 168　变频器同步控制主机停止从机还转

故障现象：两台变频器做同步控制，以主机的频率输出指示信号作为从机的调速信号。主从连接如图 9-15 所示。当主机已经停止，从机还在转动。

故障分析：产生该故障的可能性有：主机停止运行，FMA 端子上还有残存的输出信号；从机的输入特性曲线设置不正确；回路中产生了电磁干扰信号。

首先检查主变频器，将 FMA 端子断开，测量 FMA-COM 之间的直流电压，在主机停机时没有输出电压，说明问题不在主机。将 FMA 端子恢复，再测量 FMA-COM 之间的交、直流电压，仍为零，说明也不是电磁干扰的原因，问题在从机。查看从变频器的频率控制特性曲线的参数设置，发现频率控制特性曲线的频率偏置设为正向偏置，偏置频率为 3Hz，即当频率控制信号为 0 时，从机有 3Hz 的输出频率，如图 9-16 中的①线所示。

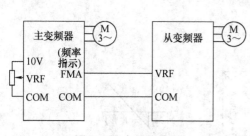

图 9-15　主从连接图

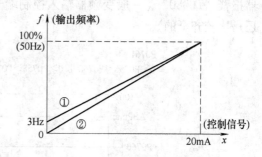

图 9-16　从机频率特性曲线

故障处理：将从变频器的频率控制特性曲线恢复为图 9-16 中的②线，变频器工作正常。

结论：该例是频率控制特性曲线设置出现的问题，还有的是信号线上产生了电磁干扰使主机停机而从机不停。排除方法一是采用消除干扰的方法进行消除；二是将频率控制特性曲线设置为反向偏置，将干扰信号剔除出去。

案例 169　艾默生 TD1000 变频器复位端子失效

故障现象：某研究所一台温湿度控制箱，风机使用 TD1000-4T0055G 变频器，将变频器的一个数字输入控制端子设成外部复位端子，为了在出现故障时能自动复位，将该端子直接短接。

故障分析：变频器是一个数字电路，当将数字输入控制端子设置为复位端子时，只有输入跳变信号才有效。也就是说只有 CPU 接收到由低电平到高电平的一次跳变时，才认为是有效的信号。如果高电平信号一直不变，变频器认为没有输入信号，因此直接将复位端子短接（接到高电平），即使故障排除后，变频器也无法自行复位。

故障处理：将复位端子与 COM 间的短接线去掉，改接一个开关用来复位，结果一切正常。

结论：通过该例，大家要注意一个问题，就是很多变频器的控制端子是跳变沿有效，只要输入了跳变沿，该端子就实现了具有的功能。因为变频器 CPU 是数字电路，只认识数字信号，1 个跳变沿就是 1 个数字量。

案例 170　TD2100 参数设置不当而报"E014（过载）"

故障现象：TD2100-4T0110S 水泵专用变频器，用于小区供水，控制 4 台泵循环工作。后来因为第一台泵漏水，所以不希望第一台工作，想要直接从第二台泵开始起动运行，由 4 台泵循环工作改为 3 台泵循环工作。

根据该变频器的循环运行程序，只要将第一台泵的电动机工作电流设为零，工作中就可以将该泵跳过去。第一台泵电动机的电流用"F026"参数设置，于是将"F026"设为 0（F026 = 0）。

改完参数后，变频器一运行就报"E014（电动机过载）"故障。

故障分析：查看变频器故障记录，工作电流很小。因变频器与水泵功率相当，变频器工作中电流应该很大，故障记录中电流很小，显然不是电动机真正的过载。再查看变频器的参数设置，发现不但设置了"F026 = 0"，同时也设置了"F025 = 0"。

变频器的"F025"参数是变频器的运行切换参数，"F025 = 0 或 4"，变频器以固定方式运行，即以第一台泵为变频器默认的变频泵，工作中不做循环切换。因为"F025"设置为 0，变频器默认第一台泵，而第一台泵的电动机电流又设置为零，变频器一起动有输出电流，就会大于 0，变频器就报过载。

故障处理：将变频器的运行切换参数"F025"修改为循环方式，即"F025 = 3"，变频器运行中检测到第一台泵的电动机电流已经过载，接着起动第二台泵，也就将第一台泵跳过去了。

案例 171　机械抱闸时间不准而烧变频器

故障现象：有一矿井绞车，采用 AB PowerFlex700S 型变频器，功率为 200kW；电动机功率为 160kW，380V，4 极，额定电流为 320A。电动机通过联轴器和制动盘卷筒连接，制动盘的抱闸系统通过 PLC 控制。变频器在起动时因为抱闸原因，造成变频器模块过热损坏。

故障分析：该变频器在起动时，变频器输出频率上升，因为松闸延迟，电动机的堵转电流上升，变频器的输出电流亦上升。AB 变频器具有限流功能，默认限流值为额定电流 I_N 的 1.5 倍。该限流值设置范围为（20% ~ 150%）I_N。查看变频器限流值设置，148 = 580A，是变频器的默认值。该变频器的额定电流在 360A，当电动机堵转时，电流达到 580A，变频器出现严重过载。因为堵转时间较长，逆变模块出现过热而损坏。

故障处理：为了消除抱闸系统不正常造成的过电流现象，修改变频器的限流参数，将参数"148"设为 400A，即"148 = 400A"，当变频器的电流达到该设定值，变频器的频率就不再上升，电流也不再上升。松闸之后，电流下降到工作电流。因为电动机堵转时变频器输出电流基本上就是额定电流，过热故障消除，变频器模块损坏现象没再发生。

案例 172 油泵停机时变频器过电流跳闸

故障现象：某发电厂，一台西门子 MM440、22kW 变频器，控制一台柴油泵。当柴油泵停机时，变频器过电流跳闸，报 "F001" 故障代码。

故障分析：变频器出现负载过电流故障，就是电动机拖动的负载加重。变频器在停机过程中过电流，说明电动机在降速过程中工作电流增加。现场检查变频器的参数设置，发现变频器的停车方式设为 "P0701 = 1"，为 ON/OFF1 停机方式。该方式为：数字输入控制端子 1 闭合，电动机正转转动，控制端子 1 打开，按照 OFF1 设定的频率下降时间停机，即按照选定的斜坡下降速率减速并停止，如图 9-17a 所示。这也就意味着变频器在从运行频率减速到 0Hz 过程中，始终是有电压输出的。

故障处理：修改变频器的参数，将数字输入控制端子 2 设置为自由停机端子，即 "P0702 = 3"，当数字输入控制端子 2 断开，变频器自由停机，因为变频器没有了输出电压，过电流现象也就不存在了（见图 9-17b）。

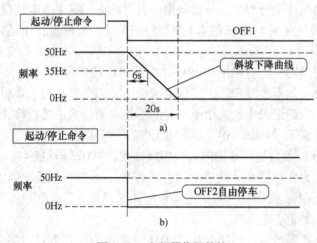

图 9-17 变频器停机特性

案例 173 某制药厂鼓风机经常出现断轴现象

故障现象：某制药厂采用变频器驱动鼓风机，为车间更换新空气。共有 4 台鼓风机并联工作（见图 9-18）。每天工作时采取顺序起动的方法，第 1 号鼓风机起动后，再起动第 2 号，第 3 号…，直到 4 台鼓风机全部起动。后来发现，后起动的鼓风机出现断轴现象，断轴位置是在电动机轴承到风扇之间的薄弱环节处（见图 9-18）。

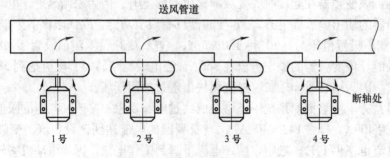

图 9-18 鼓风机安装示意图

故障分析：因为4台鼓风机向同一送风管道中鼓风，为了减小风阻，鼓风机中没有安装止回装置。当鼓风机顺序起动后，管道中的风压升高，此时后起动的鼓风机因为出口压力大于进口压力，鼓风机叶轮被风吹得反转，当反转鼓风机起动时，作用在电动机（鼓风机）轴上的是一冲击剪切力，电动机轴长期受到这种剪切力的作用，当达到疲劳极限，机轴便断裂了。

故障处理：解决断轴现象有两种方法，一种是在鼓风机的出口安装止回挡板；另一种方法是设置变频器参数。给变频器设置起动前直流制动，当鼓风机的叶轮停止转动时，变频器才开始起动，起动前制动时序图如图9-19所示，故障消除。

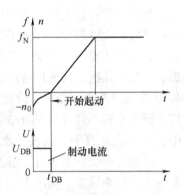

图9-19　起动前制动时序图

案例174　注塑机变频器控制，油缸压力不够导致锁模失败

工程介绍：某注塑机变频节能改造项目，用30kW/380V变频器驱动22kW电动机，电动机拖动250T定量油泵，为注塑机液压系统供油。图9-20是注塑机结构框图，注塑机是塑料加工成型设备，将熔化的塑料通过注射孔注射到模具，进行塑料件成型。模具为两开结构，静模固定在机体上，动模和可动盘固定在一起，通过油缸的推杆驱动合模或开模。在合模时，油缸必须达到一定的推力才能锁模。

该案例是原来22kW电动机由380V直接供电，油缸可以锁模，就是偶尔有不能锁模现象，现在是变频器改造后，输出频率达到50Hz，油缸都不能锁模。

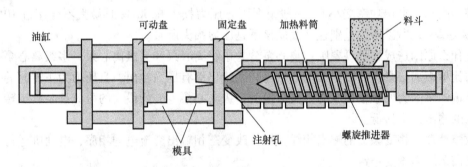

图9-20　注塑机结构框图

故障分析：变频器输出50Hz频率，电动机工作状态应该与工频工作状态相同，为什么不能锁模呢？查看变频器，没有过载，工作正常。测量变频器工作时的三相输入电压，均为350V，低于额定电压的下限值，测量变频器的输出电压为360V（可能还低，因为表具不准）。可能油缸不能锁模的原因是出在三相电压低上，因为电动机在工频工作时有时都不能锁模。

故障处理：根据以上故障分析，决定提高电动机最高工作频率，将变频器的最大输出频率由50Hz修改为55Hz。开机试验，锁模正常。通过一段时间的观察，电动机没有过热现象。

结论：该案例本质上不是变频器的问题，也不是变频器的参数设置不合理的问题，是电源电压较低，导致设备出功不足（电压下降为350V时，功率下降为额定值的85%）。

案例175　一台50kW变频鼓风机屡坏轴承

故障现象：一台50kW变频鼓风机，在调速过程中，当变频器的输出频率为40Hz左右时，鼓风机的噪声明显加大（因为鼓风机适合的速度就是40Hz左右），由于鼓风机的振动强烈，经常损坏轴承。

故障处理：首先检查电动机和鼓风机的机械部分，查看是否螺栓松动或底座不平，鼓风机的风叶有无变形等。排除了上述原因之后，开起变频器，当变频器的频率上升到40Hz左右时，声音明显增大，变频器的频率继续上升，鼓风机的声音反而下降，说明鼓风机有谐振。反复了几次，判断声音就在40Hz左右，停掉变频器，起动变频器的频率跳跃功能。将40Hz作为跳跃中心频率，设置完毕起动变频器，发现鼓风机的振动还是较大，停掉变频器，将跳跃中心频率修改为39Hz，起动试机，声音更大，说明谐振点在40Hz以上。重新将跳跃中心频率设为42Hz，风机振动消除。

结论：当变频器出现了谐振，主要是寻找谐振点。有人说频率高也不振，低也不振，就是在工作频率谐振。实际上如不在工作频率，就是谐振我们也不知道或知道了也对工作没有影响，没有人去管它。

案例176　变频泵工作频率在50Hz时输出压力只有工频的1/2

故障现象：一台输油泵，通过变频器改造后，变频器运行在50Hz时输油泵输出压力只有在工频运行时的一半，怀疑是该变频器带载能力差。

故障分析：现场检查发现，系统工频运行时输出压力可达4MPa，电动机转速为2780r/min；而变频器50Hz运行时输出压力只能达到2.5MPa，转速为2972r/min（注意：转速偏高，电动机输出功率变小）。一般情况下，压力损失在50Hz时最大不会超过10%，一般在1%~2%，所以压力差别这么大应该不是压力损失所致。

是什么原因造成这种现象呢？离心泵分为单级离心泵和多级离心泵，多级离心泵一是输出压力比单级离心泵高；二是即使泵机反转系统仍然有压力输出，且压力为正转时的一半左右。该输油泵因为要求输出压力很高，设为多级离心泵，分析最大的可能是泵机反转，造成输油泵的输出压力偏低。

故障处理：将变频器的输出相线交换，改变三相输出交流电的相序，电动机运行方向改变，输油泵压力恢复正常。

结论：该案例本不是变频器的问题，只是一个连接上的相序问题，但在工程上稍一粗心，就会犯类似的错误，而且检查起来有时还很费功夫。

案例177　变频器减速时管道出现噪声

故障现象：一套液压控制机组，两台液压油泵分别由55kW变频器驱动，变频器根据工况需要，采用段速控制。当变频器的频率变化时，油管发出刺耳的振动声。

故障处理：起初以为是变频器的下限频率设置较低（20Hz），把下限频率提升为30Hz，仍不起作用；后来想到多段速加、减速时间可能设置太长，把减速时间由原来的15s逐渐往下调整，发现噪声下降，当调到5s时，噪声就消失了。

结论：该例是管道谐振现象，管道谐振一般发生在管道的压力、流速和管道的固有频率相同时，其管道的振幅加大，发出刺耳噪声。自来水管有时将龙头打开时也会发出振动噪声，当将龙头关小或开大，振动消失，这也是一种谐振现象。

案例 178　变频器偶尔报反馈模拟量输入异常故障

故障现象： 一台注塑机变频器功率为 22kW，电动机功率为 15kW，额定电流为 29.6A，油泵为 150T 定量泵。设备工作一直很稳定。由于生产需要，更换了另一套模具，这时变频器出现了工作一段时间后就会报反馈模拟量输入异常故障而停机，停机后变频器能够复位，复位后又能正常运行，可过了一段时间后又报同样的故障。

故障分析： 变频器设置为压力 PID 闭环控制，在油路上安装压力传感器，以稳定管道中液压油的压力。稳定原理如图 9-21 所示，变频器内部具有 PID 控制电路，见图中点画线框起来的部分。图中 AI1 是压力信号给定端子，给定的是需要的压力值。AI2 是反馈信号输入端子，反馈信号来自压力传感器。压力传感器将油管压力转换为 0 ~ 10V 或 0 ~ 20mA 的标准信号。

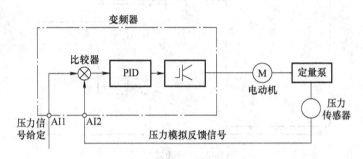

图 9-21　变频器 PID 闭环系统

工作时反馈信号和给定信号在比较器上进行比较，若给定信号 > 反馈信号就升压，若给定信号 < 反馈信号就降压，若给定信号 = 反馈信号就恒速运行。通过不断地自动调整，可将油管压力稳定在给定值上。

在工作中，反馈信号反应的是油管的压力，并和压力呈线性关系。如果压力传感器内部的模拟放大器损坏，或受到电磁干扰输出信号不正常，变频器就不能稳压，或报模拟量输入异常而跳闸停机。

故障处理： 首先检查有无电磁干扰，检查信号电缆的接地没有问题，用示波器测量输出信号，发现没有毛刺，排除了电磁干扰。怀疑压力传感器有问题，更换同型号压力传感器，工作正常。

结论： 传感器内部电路损坏。压力传感器内部是通过应变片将压力信号转换为电信号的，然后通过运算放大器放大为 0 ~ 20mA 或 0 ~ 10V 的标准信号输出。运算放大器和应变片的损坏概率都比较高。

案例 179　变频器恒压供水系统一夜之后恒压失效

故障现象： 北方某企业有一自备井，通过变频器恒压供水，水泵管道就安装在泵房内，变频器的压力传感器安装在控制柜中，通过一条细水管连接到传感器的进水口和主管道的出水口，如图 9-22 所示。这一年元旦前后，一夜大风过后，温度骤降。早晨上班起动变频器供水，变频器频率上升到 50Hz，主管道压力超出设定值，变频器失去了恒压控制功能。

故障诊断： PID 控制系统，如果出现失控状态，首先要检查传感器。根据：给定信号 > 反馈信号就升压；给定信号 < 反馈信号就降压；给定信号 = 反馈信号就恒速运行的工作原理，变频器此时输出频率为 50Hz（最高频率），应该是反馈信号丢失。用万用表测量传感器

的输出信号，即测量变频器反馈端子到公共端之间电压为 0V，确实反馈信号丢失。测量传感器 24V 供电电压正常。怀疑传感器内部有问题。在拆传感器之前先把压力信号水管的阀门关闭，但阀门拧不动，因为变频器已经停机，主管道中已经无水，不关也罢。就把传感器从水管接头上拆下。拆下之后一边加压，一边用万用表测量传感器的两条输出线，表针微动，传感器是好的。此时怀疑水压传递管内结冰。因为泵房内没有取暖设施，通过进一步检查，确实水压传递管内结冰，使传感器得不到压力信号而失控。

故障处理：将水压传递管加装防冻保温层，故障排除。

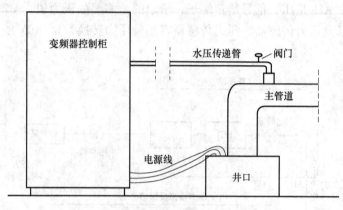

图 9-22　变频器泵房

案例 180　变频器一起动，输入断路器就跳闸

故障现象：有一供水传动系统，变频器功率为 30kW，配用 30kW 电动机，用于水泵驱动。变频器距离泵房 50m。该系统安装之后，正常运行两年有余。

现在变频器只要电动机一起动，配电柜中的断路器就立刻跳闸。以为是断路器有问题，更换了一只新的断路器，故障仍然如此。

故障分析：电动机一运行断路器就跳闸，是否电动机出现了短路问题，造成变频器的输入电流大而引起断路器跳闸。将电动机断开，空载试变频器，断路器不跳闸，看来问题是出在电动机。检查电动机的接地电阻，在 3MΩ 以上，正常；检查电动机的相间电阻，也没有发现短路现象。将电动机改接到三相交流电源，电动机运行正常，用卡表测量三相电流，三相电流都在 55A 左右，很平衡。电动机没有问题。

至此，大家才觉得电动机如有问题，变频器应该跳闸停机，还轮不到断路器先跳闸，断路器跳闸应另有原因。

该配电柜的断路器因为触点接触不良烧坏，值班电工就另配了一个新的带有漏电保护功能的断路器。该断路器安装上之后，出现了变频器起动跳闸现象，值班电工认为这只新的断路器不合格，又更换了一只，故障依旧。

起初也曾怀疑过是断路器的漏电保护功能起作用，对变频器、电动机进行了接地测量，因为对地绝缘电阻都很高，没有对地短路现象，就打消了对断路器的怀疑。

漏电分析：该案例是因为变频系统出现了对地漏电流，引起断路器跳闸。漏电流是怎样产生的呢？我们再分析一下变频器工作中的零序电流。如图 9-23 所示，在变频器到电动机的电缆中存在分布电容，电缆越长，分布电容越大。分布电容存在于相线之间、相线到地之间（屏蔽电缆的外皮）。变频器工作中，漏电流通过相线间的分布电容形成相线之间的漏电流，该电流在相线之间闭合，造成变频器的输出电流增大；相线到地之间的分布电容造成相线到地之间的漏电流，该电流通过接地体流回变压器的中性点，再通过3条输入相线流到变频器，由变频器流到输出相线。

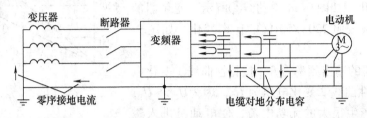

图9-23 漏电流形成途径

故障处理： 将漏电保护断路器的接地线去掉，开机正常。根源还是在断路器上。

案例181 一台龙门行车，工作中变频器逆变模块突然爆裂

故障现象： 该行车变频器输出电缆通过一段走道，电缆穿入铁管中敷设。因为路面总有机动车经过，铁管在被车轮碾压时有些轻微的滚动，铁管两端就和电缆产生摩擦，又因为铁管两端有棱角，对电缆的绝缘层具有切割效应，久而久之绝缘层就被磨穿露出了芯线。当变频器正在工作时有一辆机动车经过，铁管出现滚动，造成相线之间瞬间短路，变频器模块过电流爆裂。

故障处理： 更换变频器和电缆，并将铁管埋入地下，故障解决。

结论： 走线不规范，不符合电工要求，造成重大损失。

案例182 电动机接线后忘了将接线盒的上盖盖上，半年之后造成变频器爆机

故障现象： 有一煤矿，变频器驱动的电动机安装在车间的高处，电工蹬着梯子将变频器输出的三相电缆的接线端子安装在电动机接线盒中的3个接线桩上，忘记了将接线盒的盖子盖上，就从梯子上下来了。变频器试机正常，就一直工作下去。车间煤粉较多，接线盒中日积月累，积满了煤粉，相线之间通过煤粉出现爬电现象，煤粉被碳化，漏电流越来越大。因为电动机在高处，看不见接线盒内的爬电现象，最后出现击穿短路，变频器逆变模块爆裂。

故障处理： 变频器由厂家更换模块，工作正常。电动机的接线端子经过绝缘处理，连接三相电缆，将接线盒的盖子盖好，试机正常。

结论： 电工操作必须细致严谨，稍微疏忽，日后就会酿成大祸。

案例183 新安装的变频器工作一段时间后报过载

故障现象： 一台新安装的5kW变频器，驱动一台5kW专用电动机，当投入运行之后，变频器频繁报过载。

故障分析： 变频器报过载，一是负载重；二是电动机或变频器有问题。因为是新安装的变频器，变频器和电动机有问题的可能性很小，重点检查负载情况。发现负载也没有摩擦力大、卡住、运行不正常等现象。

回头检查变频器的输出电流，从变频器的显示屏上读取运行电流，发现随着变频器的频率上升，电动机的电流也随着上升，直到超过了电动机的额定电流。将电动机的负载卸掉，空载试机，发现电流也很大，甚至超过了电动机的额定电流。这就奇怪了，电动机没有短路，怎么会出现这种情况呢？

检查电动机，额定电压为220V，额定功率为5kW，变频器输入电压为220V，和电动机电压也是匹配的。进一步检查变频器的设置参数，发现变频器的 U/f 线设置参数有问题，将电动机额定电压设为了380V（变频器默认值，没有修改），额定频率设为50Hz。这样，变频器的输出电压就按照380V/50Hz 的比率变化，如图9-24 中的线②所示。变频器的输出电压本应该按照220V/50Hz 的比率变化，如图9-24 中的线①所示。

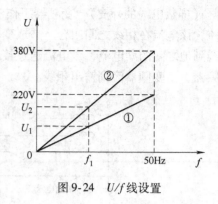

图9-24　U/f 线设置

假如变频器的输出频率为 f_1，按特性曲线①变化电压为 U_1，按特性曲线②变化电压为 U_2，因为 $U_2 \gg U_1$，会造成电动机产生很大的无功电流，使电动机进入磁饱和状态，电动机发热过载，变频器便报警跳闸。

故障处理：修改变频器预置的电动机额定电压值，将额定电压值修改为220V，系统工作正常。

结论：该案例是由于一个参数之差，造成变频器不能正常工作，可见变频器基本 U/f 线的设置是多么重要。必须按着电动机铭牌上的额定电压和额定频率进行设置。

案例184　变频器内外无故障却经常报过热跳闸

故障现象：一台100kW 变频器，驱动一台100kW 电动机，用于水泵系统。在进入夏季之后，变频器经常报过热跳闸。

故障分析：变频器报过热，其原因一般为变频器的工作电流大、散热器堵塞、冷却风机转速低、环境温度高、变频器的载波频率设置过高等。

首先检查变频器冷却风扇，发现转速正常，送风良好。因为车间没有灰尘，变频器的风道没有堵塞现象。变频器控制柜周围空间较大，通风良好。看来变频器报过热，可能是进入夏天，环境温度较高造成的。

故障处理：车间还有其他品牌的变频器，均都不报过热故障，单独这一台变频器报过热，可能还有其他原因。用手触及变频器的散热器，明显低于80℃，应该是变频器提前报警。查看变频器的载波频率，设置为4kHz。载波频率高，开关器件的自身损耗就大，在相同的工作电流的情况下，开关器件发热量大。将载波频率修改为2kHz，开机观察，几天过去，变频器没再报过热故障。

结论：这台变频器属于误报，即提前报警。应该维修变频器的内部温度检测电路，非常麻烦。降低一下载波频率变频器便能够工作，属于权宜之计。

案例185　ABB 的 ACS600 变频器在运行时过电压跳闸

案例现象：一台 ABB 的 ACS600 变频器，在运行时报直流回路过电压跳闸。

故障分析：查看变频器操作手册，手册上对直流回路过电压原因的解释有两点：

1）进线电压过高，经整流后使直流母线上的电压升高；

2）减速时间太短，电动机出现了发电效应，回馈电能使直流母线电压升高。

该变频器已投入运行两个月，跳闸时进线电压在允许的范围之内，车间其他变频器工作正常，所以该变频器跳闸不是因为输入电压高。变频器是在运行中跳闸，和减速时间没有关系。外界原因均被排除。拆开变频器外壳检查，发现制动斩波器上设有三档进线电压选择装置，档位分别为400V、500V 和690V，以适应不同的进线电压。该变频器档位选在690V

上，变频器的输入电压为 380V，应该选择 400V 档。

故障处理： 将电压选择装置的档位改在 400V，通过减少减速时间试验，变频器没有过电压跳闸现象，触摸制动电阻，有发热感觉，说明制动斩波器和制动电阻工作正常。以后再没有发生过电压跳闸故障。

案例 186　一台轧钢机，变频器停机倒发电造成过电压跳闸

案例现象： 轧钢机系统，用一台 AEC Maxiverter-170kW/380V 变频器控制一台辊道电动机。轧机在工作中，出现电动机转速高于变频器输出转速的现象，电动机倒发电造成变频器过电压跳闸。

故障分析： 一般变频器出现了回馈电能都是通过制动电阻将回馈电能消耗掉。该变频器具有电能回馈功能，当电动机出现倒发电，通过电能回馈电路将电能回馈到三相电网。在正常轧制过程中不会发生能量回馈，当钢坯离开辊道后，变频器停机降速时才会出现电能回馈。

该变频器当回馈电能达到直流母线电压的 115% 时，回馈系统开始工作，并根据回馈电能的大小，自动地调整变频器的降速时间，完成回馈制动工作。通过对变频器的观察，在钢坯离开辊道后停机的过程中，直流母线电压达到额定值的 125%，超过了 115% 的上限值，变频器失控跳闸。

故障处理： 停机查看变频器的参数设置，回馈电流设置为额定值的 100%，回馈电压设置为额定值的 115%。因为轧辊的惯性太大，回馈电流要远超电动机的额定电流，所以回馈电流设置为额定电流的 100% 有点大。降低回馈电流的设置，通过几次试验，将回馈电流设置为额定电流的 67%，停机过电压现象不再发生。

案例 187　AEG Multiverter22/27-400 变频器通电后自检不过

故障现象： AEG Multiverter22/27-400 变频器通电之后，操作面板上的液晶显示屏显示正常，但"ready"指示灯不亮，变频器不能合闸。

故障检查： "ready"指示灯是变频器内各种状态信息的综合指示灯，当它不亮时，提示变频器尚未就绪（自检不过）。查看变频器故障记录，未发现问题。检查变频器内 A10 主板和 A22 电源板上的 LED 指示灯均正常。用试电笔测量变频器的进线电源，发现有一相显示不正常，用万用表测量三相线电压，测量结果为：$V_{AB} = 390V$，$V_{AC} = 190V$，$V_{BC} = 190V$。跨 C 相两个电压低，C 相有问题。经检查是进线端子排处接触不良。

故障处理： 经检查是 C 相接线端子因为压接不实，端子高温氧化，使接触电阻增大。将端子进行处理，变频器工作正常。

案例 188　西门子变频器调试时参数设置不当导致过电流跳闸

故障现象： 一台西门子 MIDIMASTER Vector 22kW 变频器，驱动一台 30kW 电动机，在调试过程中，起动后即过电流跳闸。

故障分析： 变频器供货方与电动机供货方因沟通上的原因，在容量上不匹配，变频器为 22kW，电动机为 30kW。

在调机时，将变频器的控制模式选为矢量控制，在输入电动机参数时，变频器自动将电动机的额定电流 60A 限定在 45A（45A 是变频器的额定电流）。电动机铭牌上无功率因数的大小，按变频器手册的要求，将其设定为零。在做自动扫描后（P088 = 1），起动电动机时，变频器过电流跳闸。

故障处理： 考虑到匹配上的原因，将控制模式改为 U/f 控制，情况依旧。后检查变频器内的电动机参数，发现功率因数为 1.1（正常时 $\cos\varphi \leqslant 1$），将其修改为 0.85 后，变频器工作正常。

总结：该案例是一个机械传动装置实际功率在 20kW 以下，30kW 电动机是错配。小功率的变频器驱动大功率的电动机是允许的，前提是电动机降额使用。在正常工作中，只要电动机的工作电流不超过 45A，就可以正常工作。

电动机的功率大于变频器的功率，矢量控制模式不能用，因为动态参数不匹配。

案例 189　西门子 6SE70 系列变频器显示字母 "E"

故障现象：西门子 6SE70 系列变频器，PMU 面板液晶显示屏上显示字母 "E"，变频器不能工作。

故障分析：变频器出现 "E" 故障代码，不能起动工作。查阅变频器的操作手册，没有故障代码 "E" 的相关介绍。按 P 键复位无效，变频器重新停送电也无效。估计这是一个硬件故障代码。

用万用表测量变频器的各端子电压，以得到变频器的故障信息。当测量到外接 DC 24V 电源时，发现电压较低。

故障处理：将外接 24V 直流电压更换为标准值，再通电开机，"E" 故障代码不再显示，变频器工作正常。

结论：西门子变频器显示 "E" 故障代码，在 M4 系列变频器上也出现过。如一台西门子 M440 变频器，显示 "E" "P-－－－－－" "－－－－－－" 等故障代码，查故障手册没有说明。在检修过程中，发现机内有一路 24V 直流电压低。维修后该故障代码不再出现。

案例 190　西门子 6SE7016-LTA61-Z 变频器显示字母 "E"

故障现象：西门子 6SE7016-LTA61-Z 变频器，PMU 面板液晶显示屏上显示字母 "E"，变频器不能工作。

故障分析：查阅变频器的操作手册，没有故障代码 "E" 的相关介绍。按 P 键复位无效，变频器重新停送电也无效。估计这是一个硬件故障代码。更换 CUVP 控制板，故障排除，说明故障在 CUVP 控制板上。

CUVP 控制板如图 9-25 所示，该板上有矢量控制核心处理芯片和数字、模拟处理电路，同时提供数字开关量、模拟量、多种通信协议的端口，该板是 6SE70 系列变频器的一块核心控制板。

图 9-25　CUVP 控制板

故障处理：检查与 CUVP 控制板相关的 3 个 1kΩ 限流电阻，发现有一个已经变值，阻值增大，将该电阻更换后，将该板又装回原机，CUVP 控制板恢复正常。

总结：该案例采用的是替换法，先确定变频器的故障范围，确定之后再在小范围内查找具体故障原因。如果不考虑维修成本，更换了 CUVP 控制板，变频器工作正常了，维修工作就算结束了。这给我们现场工程技术人员提供了一条思路，如果我们掌握了变频器内部功能部件的作用，当判断哪个功能部件出现了问题，可以购买现成的部件自己更换，这在大量应用同一型号变频器的企业很有实用价值。

还有西门子 6SE7021-0 TA61-Z、6SE7016-1TA61-Z 变频器也是报 "E" 故障，最后的检查结果也都是在电路的供电电源上，集成电路芯片供电电压不正常，变频器报 "E" 故障。

案例 191　伦茨伺服控制器出现飞车现象

故障现象：一台伦茨 9300 系列伺服控制器，在工作中偶尔出现速度不稳定的现象。

故障分析：该伺服控制器的连接电路如图 9-26 所示，伺服控制器和数字旋转编码器的连接电路如图 9-27 所示。

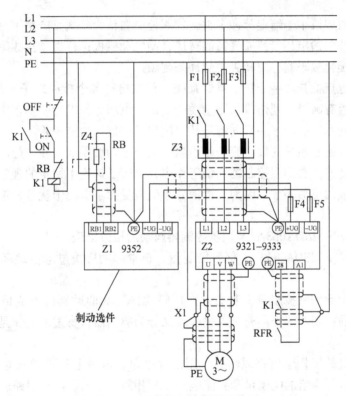

图 9-26　伦茨伺服控制器连接图

伺服器是位置控制电器，在变频器基础上增加了位置控制功能，将速度信号用数字量来表示，用编码器做反馈。伺服控制器是闭环工作，同步电动机上安装有数字旋转编码器，由数字旋转编码器检测电动机的转速及转角位置，将检测到的速度、位置信号以电脉冲的形式反馈给伺服控制器。在伺服控制器中，将反馈信号脉冲和给定脉冲进行比较，在比较的过程中，如果两个信号相等，说明电动机转速和给定信号同步；如果不等，说明不同步，伺服控制器要做出速度调整；如果反馈信号的脉冲角度超前或落后给定脉冲，说明电动机需要的转矩大了或小了，伺服控制器要做出输出电流的调整。伺服控制器速度的高低表示的是工作的快慢，速度准确是目的。如机械手控制位置必须准确。

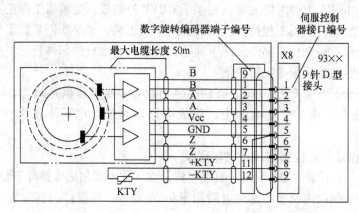

图 9-27　伦茨伺服控制器和数字旋转编码器连接图

反馈脉冲个数如果小于给定脉冲个数，伺服控制器认为负载重产生了丢转或编码器有问题，一是加速脉冲的输出，以补充丢掉的转速，使电动机提速；二是报故障停机。该机瞬间飞车看来是数字旋转编码器有瞬间丢失脉冲的现象。

故障处理：重点检查数字旋转编码器系统，首先检查各个接线端子，是否氧化、虚接，检查信号电缆是否有破损、硬伤以及测量端子的供电电压等，发现一切正常。最后怀疑数字旋转编码器自身问题，更换了一只同型号数字旋转编码器，故障排除。

总结：伺服控制器系统的数字旋转编码器和同步电动机是捆绑在一起的，数字旋转编码器反映电动机的转速。在伺服控制器系统工作中，出现了速度不稳定的现象，首先要检查数字旋转编码器组成的反馈环节，因为反馈信号丢失或受到了电磁干扰等，都会造成系统速度不稳定。

案例 192　松下 MSDA083A1A 伺服控制器起动后报过电流

故障现象：松下 MSDA083A1A 伺服控制器，正常起动后报过电流跳闸，显示故障代码为"14"。

故障分析：由此伺服控制器说明书得知代码"14"为驱动器过电流报警。首先确认是真过电流还是伺服控制器误报。若是真过电流又分为驱动器自身过电流还是电动机局部短路和负载重引起。

首先将电动机的三相输出相线断开，用绝缘电阻表测量电动机线圈对地绝缘，发现正常，测量电动机定子绕组的电感量和直流电阻，三相阻抗平衡，没有短路故障。再测量伺服控制器的三相输出端子，发现 U、V、W 三端互为短路。

起初认为是输出 IGBT 模块损坏造成输出短路，但是霍尔电流检测是在 IGBT 模块 UVW 的后面的，即使短路，短路电流也不会流经霍尔检测器件，又怎么会出现过电流报警呢？经过开壳检查，IGBT 模块后面有一继电器的常开触点将 UVW 短路。交流伺服控制器主电路如图 9-28 所示，该继电器触点并联在 3 个相线之间，起动态制动作用。因为电动机的转子为永磁体，当停机时因为转子具有惯性，转子切割定子绕组使电动机发电，该继电器闭合，发出的电能消耗在电动机定子绕组上，转子得到制动力矩而制动。

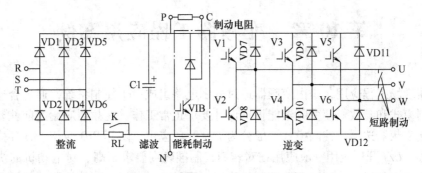

图 9-28　交流伺服控制器主电路图

故障处理：将继电器从电路上拆下，发现有一个动触点因为过电流出现了熔焊，使继电器断电后不能释放。更换一只新的同型号继电器，伺服控制器工作正常。

结论：由图 9-28 可见，伺服控制器的主电路和变频器的主电路基本上相同，主要区别一是制动电阻不再是可选件，而是一个基本部件；二是在输出端并联制动触点。

伺服控制器的主电路和变频器的主电路工作原理相同。

案例 193　变频器 PID 控制水压振荡过电流跳闸

故障现象：一台 30kW 水泵专用变频器，驱动 30kW 电动机闭环 PID 恒压供水控制，在工作中出现水压振荡现象，有时还出现过电流跳闸。

故障分析：对变频器 PID 控制，当水压发生变化时，变频器的反馈信号变化，反馈信号在变频器内部与目标信号进行比较，产生的误差信号使变频器的输出频率发生变化，当变频器提速太快，电动机跟不上变频器输出频率的变化时，就会出现水压振荡或变频器过电流现象。

故障处理：调整变频器的 PI 参数，使变频器的输出频率上升速度接近电动机的惯性速度，通过反复调整，水压振荡现象和变频器过电流跳闸故障排除。

案例 194　鼓风机在工作中屡坏轴承

故障现象：一台 22kW 鼓风机，由变频器驱动，电动机和鼓风机为一体。在工作中，鼓风机振动很大，电动机每隔几个月就要更换一次轴承。

故障检查：改变变频器的输出频率，风机的振动明显下降。当变频器的输出频率调整为 45Hz 时，鼓风机的振动最大。看来是鼓风机在 45Hz 时出现了谐振。

故障处理：根据变频器的回避频率原理，当变频器在工作中出现了机械谐振，通过将谐振点的频率剔除，可消除谐振。设置变频器的回避频率值为 45Hz，电动机的振动大大减弱，损坏轴承现象不再发生。

第10章 变频器工程应用案例

变频器现场工程应用，是由变频器通过外围电路组成一个控制系统，通过合理地选择变频器的控制模式和参数，使变频器能根据设计要求正常工作。变频器应用之前就要确定控制模式，以便变频器选型，控制模式一般分为 U/f 开环应用、闭环 PID 应用、开环矢量或闭环矢量控制等。U/f 开环应用一般应用在对转速控制准确度要求不高、对电动机的快速性反应也没有什么要求的场合。闭环 PID 控制是稳定过程量或电动机转速的控制，如恒压控制、恒温控制、恒张力控制、恒速控制等。开环矢量控制一般应用于对电动机的快速反应有要求或直接带载起动的系统中。所谓快速性，就是电动机提速快，受到干扰时恢复得快。闭环矢量控制除了具有开环控制的特点外，还有速度控制准确度高，电动机的转速能够更加准确地跟踪控制信号，主要应用于造纸、轧钢、烟草机械、升降系统以及煤矿等重载设备中。在矢量控制中，如果配用位置控制外选件，还可进行位置控制，这就将变频器升格为伺服系统。伺服系统和变频器比较，就是多出位置控制，伺服器一般采用同步电动机，当变频器用速度编码器构成反馈闭环时也可采用异步电动机构成位置控制系统。

案例 195 变频器在扶梯上的应用

1. 工况分析

（1）运行特点

自动扶梯是商场、车站、机场普遍使用的一种载人提升设备。一般分为上行和下行两种扶梯，上行是将人员从楼下输送到楼上，下行是将人员从楼上输送到楼下。上行扶梯处于电动状态，下行扶梯处于发电状态。在同一时间内，上行人员和下行人员并不相等。上、下行人员的随机性较大，扶梯是工作在空载和满载之间。扶梯工作框图如图 10-1 所示。

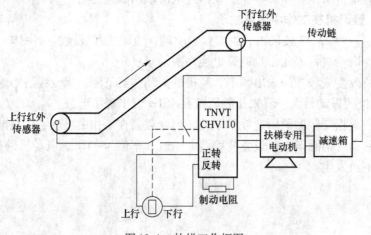

图 10-1 扶梯工作框图

（2）变频器控制扶梯工况设计

1）为了充分利用下行扶梯发出的电能，两部扶梯采用共用母线供电方式，下行扶梯发出的电能被上行的扶梯所利用，以节约电能。为了解决同一时间内两部扶梯搭乘人员不相等出现的直流母线过电压问题，在直流母线上安装制动电阻，消除多余的回馈电能。

2）两部扶梯运行一段时间后，为了使扶梯磨损和使用寿命均衡，人为地进行运行方向交换，即上行的变为下行运转，下行的变为上行运转。

3）在运行过程中，乘客的流量在不同时间段有较大的差别，有时一个乘客也没有。在无人搭乘时，又不能将扶梯停掉，使人误认为扶梯已停。为了节省电能，减小链条、传动带的磨损，在无人搭乘时，变频器降速运行。通过安装在扶梯入口的电子传感器控制。

4）扶梯采用变频器控制，充分发挥了变频器的优点，通过回馈电能再利用、空载减速等措施，使扶梯的节能率高达 65%，扶梯的维修周期大大延长。变频器端子连接如图 10-2 所示。

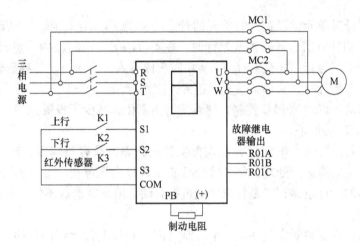

图 10-2　变频器端子连接图

2. 实施方案

用两台英威腾 CHV110/15kW 矢量控制变频器，控制 11kW 四极交流电动机，经减速箱减速后拖动自动扶梯运转。

变频器设置为 3 档速度，载客正常运行时频率为 50Hz，空载无人搭乘时频率为 15Hz，检修爬行时频率为 25Hz。

（1）搭乘检测传感器

搭乘检测传感器为红外传感器，安装在扶梯的入口处离地面 2.5m 高的位置上，聚焦镜头对准乘客的方向，并略向下倾斜。由于上、下扶梯的运行方式要定时交换，因此，每一台自动扶梯的入口、出口都要安装。将这两个红外传感器的输出接到变频器内定时器的输入端子上。扶梯运行时，断开出口信号，保留进口信号；扶梯运行方向交换时，出、进口信号交换。图 10-3 中给出了扶梯变频器速度图。红外传感器采用欧姆龙光电传感器。

（2）无人乘坐时电梯减速运行

当扶梯减速运行时（无人搭乘）有人走向扶梯，一般红外传感器的监测距离为 6m，人到扶梯的距离大约为 4.2m，人走过这段距离约需 $t_0 = 5s$，在这段时间内，变频器从 15Hz 加速到 50Hz，为安全考虑，必须在人踏上扶梯之前完成加速过程，加速时间为 2s。

人从踏上到走下扶梯的时间为 t_1。如果在 $t_0 + t_1$ 时段内无人到来，经过 $t_2 = 5s$ 的延时后，变频器自动降速到 15Hz 运行。

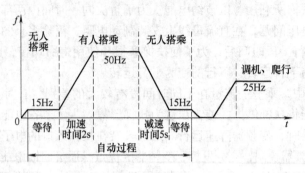

图 10-3　变频器速度图

变频器内置计时单元，设置计时单元的计时时间为 $t = t_0 + t_1 + t_2$，当有人走进入口时，红外传感信号送到计时器，计时器开始计时，在 $t = t_0 + t_1 + t_2$ 时段内，当无人走进入口时，扶梯自动转换到低速运行，如在 $t = t_0 + t_1 + t_2$ 时段内有人走进入口，传感器输入的信号对计时器复位并重新开始计时，扶梯就一直以正常速度运行。

因此，变频器可以省掉 PLC 控制，使系统结构简化，减少了投资。

（3）再生能量的处理

扶梯在做下行运行时，电动机会进入再生发电状态，载客量越多，产生的再生电能越大。如果不对再生电能进行处理，将导致变频器频繁过电压停机。变频器频繁过电压跳闸，一是损害变频器的硬件电路；二是复位才能重新起动，给乘客造成不便，突然停机甚至还会对乘客造成伤害。

考虑到两部扶梯变频器安装在同一个控制室内，并且上行运行的扶梯永远是电动做功，于是将两台变频器的直流母线经交流接触器连接起来构成直流母线式，下行扶梯产生的再生电能送到直流母线上全部被上行扶梯所利用，没有能量浪费。但考虑到有时只有一部扶梯单独做下行运行，就必须采用能耗制动的方式处理再生能量。变频器有内置制动单元，只需在 PB、（+）端子上接入 15.7kW 的制动电阻即可。

（4）电磁抱闸

当因某种原因发生紧急停车时，变频器在跳闸的同时，必须由抱闸系统抱闸停机。为安全起见，扶梯在静止时抱闸系统抱闸，在运转时抱闸系统松开。

3. 变频器功能设置

变频器设定参数见表 10-1 所列。

表 10-1　扶梯专用功能参数

功能码	名称	参数详细说明	设置范围	默认值	更改
Pd. 00	扶梯专用功能使能	0：禁止 1：使能	0 ~ 1	0	◎
Pd. 01	运行频率 1	− 100.0% ~ 100.0%	− 100.0 ~ 100.0%	0.0%	○
Pd. 02	运行频率 2	− 100.0% ~ 100.0%	− 100.0 ~ 100.0%	0.0%	○
Pd. 03	频率 2 运行时间	0.1 ~ 1000.0s	0.1 ~ 1000.0s	0.1s	○
Pd. 04	脉冲滤波次数	1 ~ 10	1 ~ 10	1	○
P5. 02 ~ P5. 11	各端子功能选择	53：扶梯脉冲输入	1 ~ 55		◎

注：◎表示运行中参数不得更改，○表示运行中参数可更改。

（1）变频器参数

1）Pd. 00 = 1，设置为"起动扶梯专用功能"。

2）Pd. 01："运行频率 1"设定参数，频率设定范围为：- 100.0% ~ 100.0%，设置为 100%。

3）Pd. 02："运行频率：2"设定参数，设置为 50Hz。

4）从 P5. 02 ~ P5. 11 端子输入中选择一端子，作为电梯脉冲检测口，当检测到脉冲信号时，电梯就以运行频率 2 进行运行，并在所检测到的最后一脉冲信号开始延时，当延时到达频率 2 运行时间时，电梯又返回运行频率 1 的频率进行运行。

5）加速时间 P011 设置为 1 ~ 2s，保证客人在登上扶梯之前就加速完成；减速时间设置为 5 ~ 10s 较为合适。

（2）变频系统特点

该方案采用 CHV110 变频器一体化变频节能柜，在开环矢量控制模式下具有低频起动转矩大、响应速度快等特点，在 0.5Hz 起动时其输出转矩可达 150% 额定转矩，完全能够满足电梯的要求。变频器的软起动功能可消除电动机起动时的电流冲击。变频器为容性负载，可有效改善电动机的功率因数，减少无功损耗。变频器具有过电流、过电压、过载、过热等多种电子保护功能，并具有丰富的故障报警输出功能，可有效保证整个系统的正常运行。

在无客流量时电梯运行速度很低，机械磨损大为降低；变频拖动系统的起动、停止及速度转换过程平稳顺畅，舒适感较好。有"手动""自动"两种工作模式，在变频器出现故障的情况下，仍可按手动工作模式继续运行。

案例 196　三垦 VM05 变频器在定位控制中的应用

1. 定位控制原理

在控制领域，有以负载的位置或角度等为控制对象的控制器，如运转时的位置控制有机床、机器人、机械手雷达天线等；停止时的位置控制有电梯、起重机械、调节风门、行车等。这些应用场合，大都由伺服电动机和伺服控制器来完成位置控制。随着通用变频器技术的发展，在变频器内部引入了伺服控制器的位置控制，使变频器具有了伺服控制器的控制特性。三垦 VM05 变频器就是这样一款具有位置控制功能的变频器。

（1）矢量控制变频器闭环控制

要想了解变频器的位置控制功能，首先需了解一下伺服系统和变频器的区别。图 10-4 给出了变频器内部控制框图。在图中，变频器开环控制应用时只有电流闭环，闭环应用时外加了速度闭环。

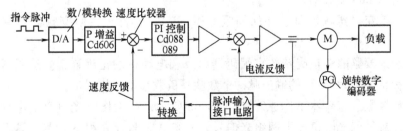

图 10-4　变频器内部控制框图

速度闭环是在电动机上安装一个旋转数字编码器，旋转数字编码器将电动机的转速转换为数字脉冲，该数字脉冲反映了电动机的转速和转角，和电动机的转动位置也有一一对应关系。该反馈信号加到变频器的速度比较器上，用来稳定变频器的转速。所以矢量控制变频器在外加旋转数字编码器形成速度闭环时，具有很好的转矩稳定性和速度稳定性。

（2）伺服控制器和变频器的区别

图 10-5 是伺服控制器控制框图，伺服控制器比矢量闭环控制多出一个位置反馈闭环。该位置闭环的工作原理为：代表负载运行位置的控制信号是一系列指令脉冲，该脉冲和旋转数字编码器的反馈脉冲在"偏差计数器"内进行比较，比较后输出速度控制信号。位置控制分析如下：

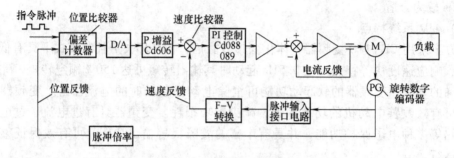

图 10-5　伺服控制器控制框图

1）假如输入 1 个脉冲的控制信号，电动机得到 1 个脉冲的转角，这个转角通过编码器转换为脉冲信号，这个脉冲信号通过脉冲倍率，加在偏差计数器上也正好为一个脉冲。偏差计数器 +1-1 =0，没有输出。

2）位置控制调整原理。指令脉冲信号大于反馈脉冲信号，偏差计数器出现正累计，伺服电动机丢转，传动系统没有达到预定的位置，控制器输出频率上升，补充丢掉的脉冲。指令脉冲信号等于反馈脉冲信号，说明电动机按照给定的位置运行，控制器输出频率不变。指令脉冲信号小于反馈脉冲信号，偏差计数器出现负累计，伺服电动机超速，传动系统超过预定的位置，控制器输出频率下降，消除超速影响。

3）偏差累计超限。当偏差累计值超限，伺服器认为系统出现故障，根据超限量的大小，伺服器报过载、反馈信号断线、电动机异常等故障。

4）位置锁定。当达到预定的运行位置，伺服控制器的位置脉冲为零，伺服电动机的速度下降为零。

（3）三垦 VM05 变频器

三垦 VM05 变频器就是通过外加伺服专用 SB-PG 选件板，使变频器具有了位置控制功能。

位置控制最要紧的就是旋转数字编码器以及和电动机的正确连接。编码器（旋转数字编码器的简称，又称为 PG）的输出脉冲个数就是负载移动的位置量。

增量式旋转数字编码器工作原理如图 10-6a 所示，在工作时光电盘随电动机轴一同旋转，光源通过旋转的光电盘产生两组光信号，一组 A 信号；一组 B 信号。这两组光信号在相位上相差 90°相位角（见图 10-6b）。通过编码器的信号处理电路，取 A、B 信号之差，又得到一组 C 信号，所以编码器输出 3 组共 6 个信号。图 10-6b 是这 6 个信号在正转时的相位关系，即 A 信号超前 B 信号 90°，C 信号落后 A 信号 90°。当电动机反转时，则 B 信号超前 A 信号 90°，C 信号亦超前 A 信号 90°，所以 C 信号用于电动机的转向识别信号。

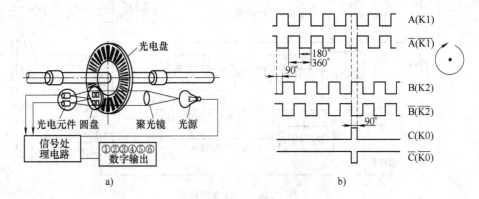

图 10-6　增量式旋转数字编码器

编码器和电动机是捆绑在一起应用的，编码器不但反映电动机的转速和转角，当电动机的负载加重，反馈脉冲出现落后给定脉冲相位角的情况，变频器增加输出电流。

2. 三垦 Samco-VM05 变频器定位控制应用

三垦 Samco-VM05 变频器，在铜管生产线上代替伺服系统，达到了在满足工艺条件的基础上降低成本的目的。

（1）系统构成

图 10-7 是传动系统示意图。电动机通过减速机构驱动丝杠转动，丝杠驱动工作台直线移动。工作台需要的直线移动距离，可以通过丝杠的螺距、减速机构传动比换算为电动机的转动周期数。电动机的转动周期数又可以换算为 PG 的脉冲个数，PG 脉冲编码器的脉冲个数就是 PLC 发出的指令脉冲数。当 PLC 发出的指令脉冲结束，工作台正好移动到设定位置。

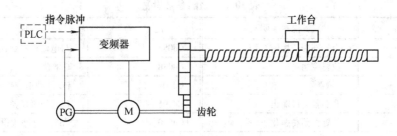

图 10-7　传动系统示意图

图 10-8 是变频器连接图，位置控制是通过一块 SB-PG 选件板，将 PG 发出的 6 个信号连接到 SB-PG 选件板的变换器，通过变换器，输出一路模拟信号用于速度反馈，一路数字信号用于位置反馈。位置给定信号和位置反馈信号通过偏差计算，输出速度信号，运行的结果为最后总的反馈脉冲个数等于总的位置给定个数，达到设定位置停机。

图 10-9 是 PG 编码器（为开路集电极输出）与 SB-PG 选件板接线情况。

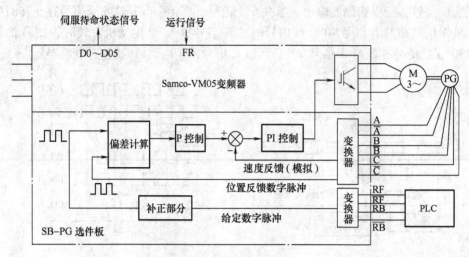

图 10-8　变频器连接图

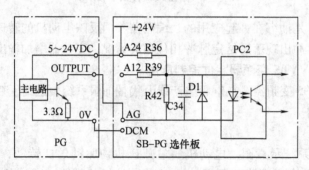

图 10-9　PG 与 SB-PG 选件板的连接

（2）参数设置

关键参数设置见表 10-2 所列。

表 10-2　功能参数设置

代　码	说　明	代　码	说　明
Cd001 = 2	由外部端子控制	Cd053	与电动机参数匹配
Cd071 = 4	位置控制	Cd088 = 0.5	P 增益
Cd089 = 0.1	I 增益	Cd604 = 1	PG 脉冲倍增数
Cd605 = 2	开路集电极输出	Cd606 = 2	位置控制增益
Cd609 = 1	位置控制高速化	Cd610 = 0	Cd611 脉冲数设定
Cd611 = 10000	指令值	Cd618 = 500	PG 脉冲数
Cd630 = 56	FR + CCL	Cd631 = 57	RR + CCL
Cd131 = 10	最短运行时间 10s		

3. 总结

1）位置控制一般选择伺服控制器，该例分析了变频器在位置控制上的应用。位置控制的特点是输入的目标信号为脉冲，反馈信号也为脉冲。目标脉冲代表一定的位置距离，反馈脉冲代表实际的位移距离。为了使反馈脉冲等于目标脉冲，变频器根据反馈脉冲的相位情况，调整输出电流，以实现电动机良好的跟踪。

2）位置控制很大程度上依赖于反馈脉冲的正确性，如果反馈脉冲不正确，会发生运行中电流大、运行转速波动大、电动机运转不平稳等现象。

3）该例中通常先进行闭环速度控制的调节，将 Cd088、Cd089 调整至合适值，再进行位置控制 Cd606 的调节。

4）电动机和变频器都应良好接地，防止电磁干扰。根据工艺要求，也可以由 PLC 给出指令脉冲序列，进行连续路径控制。

5）伺服控制器是作为控制电器出现的，但很多驱动电器也需要定位控制，因为伺服控制器只有几 kW，达不到驱动电器的能力。随着编码器的出现，在异步电动机的输出轴上安装上编码器，闭环控制精度能达到每周 0.1°的误差，再折算到距离，就是 μm 数量级了。所以变频器做伺服用是科学的进步。

案例 197　ABB ACS800 变频器在煤矿皮带输送机上的应用

皮带输送机是煤矿、港口、电厂、钢铁等行业主要运输设备。具有装卸方便、工作效率高等优点。图 10-10 是皮带输送机实体图。

1. 皮带输送机的驱动系统

以前的矿用皮带输送机都是采用工频电动机直接拖动，由液力耦合器调速。存在传动效率低、起动电流大、各电动机输出功率不平衡等问题。并且液力耦合器磨损严重，维修及维护成本高。现在采用变频器控制，起动电流小，效率高，功率平衡好。图 10-11 是皮带输送机的外形结构图，由图中可见，两台电动机通过减速器驱动滚筒转动，皮带缠绕在"驱动滚筒"上（见图 10-12），皮带就被两个"驱动滚筒"驱动平行移动。

图 10-10　矿用皮带输送机

图 10-11　皮带输送机外形结构

因为两个驱动滚筒驱动的是同一条皮带，这就要求两个驱动滚筒要有相同的线速度，两台电动机就必须具有相同的转速。哪台电动机的速度低，就被另一台电动机拉着转，哪台电动机速度高，就拉着另一台电动机转，所以速度平衡与功率平衡是皮带传动系统必须解决的关键问题。

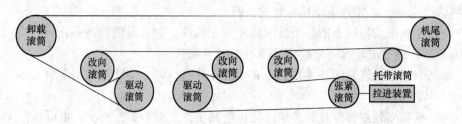

图 10-12　皮带输送机传动示意图

2. 变频器的选择与控制

（1）选择电动机

驱动系统根据皮带输送机所需的驱动功率，计算出（或通过类比法选择）电动机功率。选型及参数如下。

数量：2 台，额定电压：660V，单台额定功率：280kW，额定电流：310A，额定转速：1490r/min。

（2）选择变频器

皮带输送机是重负载设备，当皮带上压满了煤，起动转矩很大，必须要有过载能力强的变频器才能胜任。ABB ACS800 变频器是"直接转矩控制"变频器，过载能力强，在矿山得到了广泛应用。本案例选择该变频器驱动。

变频器选型及参数如下。

数量：2 台，选择 ABB ACS800 系列变频器，型号：ACS800-0400-7，工作电压：660V，功率容量：400kW，P_N：355kW，I_N：320A。总容量为 2×400kW。因为变频器要带载起动，所以要留出足够的功率余量（取电机额定值的 1.4 倍）。

（3）确定变频器控制模式

因为变频器需带载起动，选择直接转矩控制模式。直接转矩控制模式具有直流电动机的转矩特性，即变频器输出变化的电流，都可以 100% 转换为电动机的输出转矩，使电动机的功率因数在动态情况下都可达到 $\cos\varphi_2 = 1$。变频器工作在"直接转矩控制模式"，需要将电动机铭牌上的额定电压、额定频率、额定电流等参数预置到变频器，并对电动机进行自学习。

（4）确定变频器的控制方案

两台变频器采用主从控制方式，从机跟随主机转矩控制。在主从控制应用中，主机的外部控制信号（包括起动、停机，速度给定信号等）通过 PLC 给定，从机的控制信号是由主机通过光纤信号给定。主机给出的光纤信号通过广播方式可控制 1 台至多台从机工作。从机接收到光纤信号后，通过解码，分离出运行控制、调速控制等信号。

从机一般不通过主从通信链路向主机发送任何反馈数据（从机只接收主机发出的控制信号），从机的故障信号单独连至主机的运行使能信号端，形成联锁。一旦发生故障，联锁将停止主机和从机的运行。

主机发送给从机的控制字是一个 16 位字，其中仅 B3（RUN）、B7（RESET）、B10（REMOTE-COM）使用，当从机参数 10.01（EXT1 START/STOP/DIR）或 10.02（EST2 START/STOP/DIR）设置为 COMM. CW 时，控制字命令有效。给定值是包括 1 个符号位和 15 个整数位的 16 位字，给定 1 为速度给定，给定 2 为转矩给定。在从机中，要将给定 1 定义为从机的外部速度给定，需将参数 11.03（EXT REF1 SELECT）设置为 COMM. REF。

两台变频器在主从控制中，必须要均分负载（均分功率），这就要进行速度闭环和转矩闭环的双闭环控制。速度环采用编码器测速度，转矩环采用电流传感器测电流。

变频器主机采用 PLC 控制，变频器的控制信号和反馈信号由 PLC 控制，PLC 控制指令通过人机界面（HMI）控制。

3. 数字编码器和电流传感器

（1）数字编码器结构原理

图 10-13 是数字编码器外形，它由转动轴和内部编码光盘组成。编码光盘如图 10-14a 所示，它由两道错位 90°度的光栅组成。当在编码光盘的一面加上光源，另一面加上两个分别对应着两道光栅的光电管，在编码光盘随着转轴转动时，两个光电管分别得到两列脉冲波，因为光栅错位 90°，两列脉冲波就具有 90° 的相位差，如图 10-14b 中的通道 A 和通道 B 所示。

图 10-13　数字编码器外形

因为两道光栅错位 90°，A、B 两通道脉冲具有 90° 相位差。将两通道脉冲相减，得到 Z 信号（见图 10-14b），工作中将 A、B 信号和 Z 信号比较，根据超前还是落后，就可知电动机的转向。看来两个通道的目的就是测转向。图 10-14b 中的定位信号是起动定位用。

编码器的分辨率是指码盘旋转 360 度其码盘所有的光栅线数，也称解析分度，或直接称多少线，一般在每转 5 ~ 10000 线之间。应用时根据控制精度的需要进行选择，常用的是每转 1024 线。

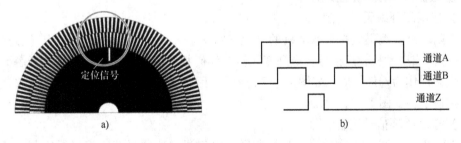

图 10-14　编码光盘

（2）编码器的连接

编码器连接很讲究，既要传递高速脉冲信号，还要抗电磁干扰。采用双绞屏蔽线（单独屏蔽），两端屏蔽线均须接 PE 地，采用9针插头连接，电缆长度在50m 以内，如图 10-15 所示。

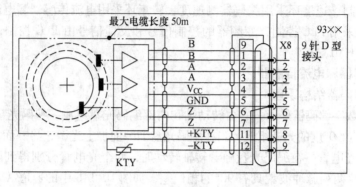

图 10-15　编码器连接图

（3）霍尔电流传感器

在交流电路中，最常用的就是用电流互感器进行检测。因为变频器是变频工作，电流互感器检测精度受频率变化的影响，频率比较低时误差很大。所以要用检测精度不受频率影响的器件检测。变频器输出电流都是采用霍尔传感器检测，霍尔传感器也是套在相线上测量，和交流互感器使用方法相同。图 10-16a 是霍尔传感器外形图，图 10-16b 是内部结构。霍尔传感器由直流供电，输出 4 ~ 20mA 标准电流信号。

a)　　　　　　　　　　　　　　b)

图 10-16　霍尔传感器外形与内部结构

4. 变频器闭环控制系统连接

（1）速度闭环编码器连接

速度闭环是由编码器检测电动机的转速，将编码器和电动机的转轴连接（连接有工艺要求），检测出电动机转速信号，送到变频器的编码板。编码板是对数字量进行解码的专用电路，变频器作为选件供应，如图 10-17a 所示。因为编码板是指令信号板，应安装在操作面板的接口上，如图 10-17b 所示。

（2）速度闭环信号控制框图

图 10-18 是 ABB 变频器速度闭环控制图，电动机转速通过速度编码器检测，得到数字速度信号，通过解码板变为模拟速度信号，该信号加到比较器。在比较器上由变频器的模拟端子给定"速度给定"信号，反馈信号和给定信号二者在比较器上比较，得到"偏差值"，偏差值为 + ，变频器加速；偏差值为 - ，变频器减速，偏差值 =0，变频器恒速运行。

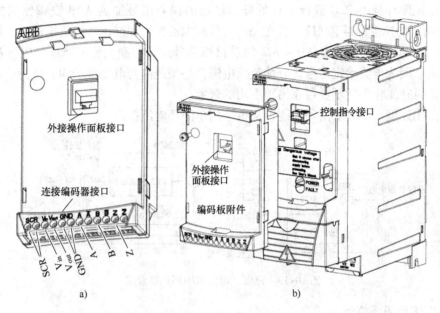

图 10-17 编码板与连接

图中给出的数字量是变频器的参数选择，由这些参数定义电路的功能。

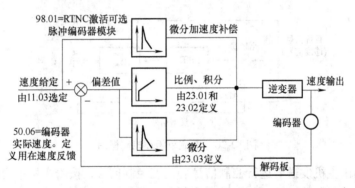

图 10-18 速度闭环控制图和对应的参数

（3）速度电流双闭环控制框图

1）先说一下转矩控制。电动机的输出转矩和电动机电流成正比，控制电动机的电流就可控制电动机的转矩。变频器输出电压高，电动机的电流就大，反之，就小。变频器是恒压频比控制，变频器输出频率高，输出电压就高，输出电流就大，反之就小。所以，要想改变变频器的输出电流，通过改变频率就能达到。

2）闭环控制的稳定量。在闭环控制中，稳定什么量，取决于传感器。变频器只是提供一个控制过程。在本例中稳定电动机的速度，就用速度编码器，将电动机的速度检测出来作为反馈信号；稳定电动机的电流，就用电流传感器将电流检测出来作为反馈信号。

3）电流闭环。电流闭环是通过另一条闭环回路控制，将输出的偏差信号叠加到速度闭环回路上的"速度给定"信号上，完成双闭环控制。

图 10-19 是速度、电流双闭环控制框图。在图中，由编码器组成的闭环电路是由变频器

完成的。电流闭环是由 PLC 进行 PID 处理，输出的误差信号加到 ABB 变频器的模拟端子 AI2，AI1 给定的速度信号和 AI2 给定的 ΔP 信号相加后作为速度信号的给定信号，在变频器的输出端，电动机的转速按着 AI1 + AI2 的总目标信号进行控制，保证速度和电流都在设定的范围之内。因为电流给定信号是分配负荷电流，是按照两台电动机的均分负荷给定的，所以两台电动机在工作中就不会存在出功不均的现象。

主机采用速度、电流双闭环控制，从机采用单闭环电流控制。

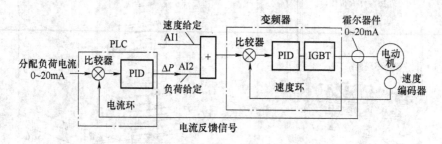

图 10-19　速度、电流双闭环控制框图

（4）电流单闭环控制

图 10-20 是从机电流单闭环控制框图，目标信号来自主机的光纤，主机将速度信号通过光纤传到从机。

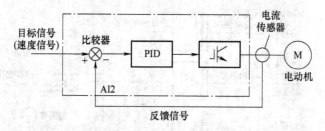

图 10-20　电流单闭环控制框图

从机接收到由主机发送的运行控制信号和速度控制信号，按着主机给定的速度运行，但从机必须要按着分配负荷进行工作。通过控制变频器的输出频率即可控制分配负荷。通过霍尔电流传感器，检测变频器的输出电流，通过闭环控制，达到稳定负荷的目的。假如主变频器工作在额定电流（额定负荷）时的频率为 45Hz，换算为信号电流（从机的目标信号）为 18mA，当从机反馈电流达到 18mA 时，从机也工作在额定电流（额定负荷）状态。当从机的反馈电流小于 18mA，从机输出电流（负荷）小于额定电流值（额定负荷）。根据闭环反馈原理，当反馈信号小于目标信号，变频器升速，当从机输出电流上升到额定值（额定负荷），反馈电流上升到 18mA，反馈信号等于目标信号，变频器恒速运行。

5. 变频器联机控制

1）在图 10-21 中，主机变频器的速度闭环控制是由变频器独立完成的，电流闭环控制是由 PLC 先进行 PID 处理，然后再传到变频器 AI2 端子，和 AI1 端子信号叠加，对变频器进行双闭环控制。

从机的控制信号是通过光纤由主机传到从机。通信接口是变频器之间专用接口，在选件板上。

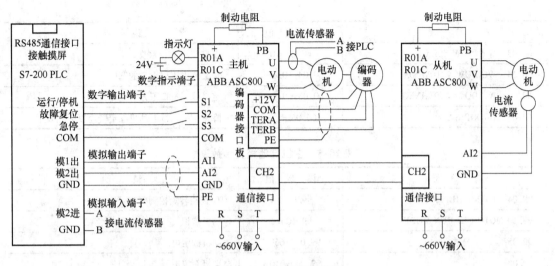

图 10-21 变频器连接图

2）变频器参数设置。主机、从机参数分别见表 10-3 ～表 10-6。

表 10-3 主机变频器参数表

参　数	设 定 值	说　明
60.01 MASTER LINK MODE	60.01 = 2	主传动单元（主机）
60.02 TORQUE SELECTOR	60.02 = 2	主从为柔性连接
60.03 W INDOW SEL SEL ON	60.03 = 0	窗口功能无效
60.04 WINDOW WIDTHPOS	60.04 = 0r/min	定义监视窗口上方的宽度
60.05 WINDOWWIDTHNEG	60.05 = 0r/min	定义监视窗口下方的宽度
60.06 DROOP RATE	60.05 = △n	降速频率，以电动机额定转速百分比表示
60.07 MASTER SIGNAL2	60.07 =	选择由主机送往从机的速度给定信号

表 10-4 从机变频器参数表

参　数	设 定 值	说　明
10.01 EXTISTRT/STP/DIR	10.01 = 10	现场总线控制字
10.02 EXT2 STRT/STP/DIR	10.02 = 10	现场总线控制字
11.03 EXT REFI SELECT	11.03 = 20	信号给定源由现场总线给定
11.06 EXT REF2 SELECT	11.06 = 20	信号给定源由现场总线给定
16.01 RUN ENABLE	16.01 = 8	现场总线控制字（位 3）需要的外部信号
16.04 FAULT RESET SEL	16.04 = 8	现场总线控制字（位 7）或控制盘上的 RESET 键实现复位功能
30.18 COMM FAULT FUNC	30.18 = 1	保护功能有
30.19 MAIN REF DST-OUT	30.19 = 1.00s	主给定数据监控延时时间
60.01 MASTER LINK MODE	60.01 = 3	从传动单元
60.02 TORQUE SELECTOR	60.02 = 1	从机的速度控制器输出作为转矩给定

(续)

参　数	设　定　值	说　明
60.03　W INDOW SEL ON	60.03 = 0	窗口控制功能无效
60.04　WINDOW WIDTHPOS	60.04 = 0r/min	定义监视窗口上方的宽度
60.05　WINDOW WIDTHNEG	60.05 = 0r/min	定义监视窗口下方的宽度
60.06　DROOP RATE	60.06 = △n	降速频率，以电动机额定转速百分比表示

表 10-5　主机其他相关参数表

参　数	设　定　值	说　明
99.04 MOTORCTRL MODE	99.04 = 0	DTC 直接转矩控制模式
99.10 MOTOR ID RUN MODE	99.10 = 2	电动机辨识
99.05	99.05 = 660V	电动机额定电压
99.06	99.06 = 310A	电动机额定电流
99.07	99.07 = 50Hz	电动机额定频率
99.08	99.08 = 1490r/min	电动机额定转速
99.09	99.09 = 280kW	电动机额定功率
500	定义编码器	
50.01	50.01 = 1024	编码器每转脉冲数
50.03	50.03 = 65535	显示编码器故障并停机
50.06	50.06 = 65535	定义编码器控制速度反馈值
50.11		允许复位
98.01	98.01 = 0 ~ 4	激活编码器模块
23	定义 PID 变量	
23.01	现场调试	P 参数选择
23.02	现场调试	I 参数选择
23.03	现场调试	D 参数选择
23.04	现场调试	加速补偿微分时间
23.05		电动机转差补偿

表 10-6　从机其他参数设置

参　数	设　定　值	说　明
99.04 MOTORCTRL MODE	99.04 = 0	DTC 直接转矩控制模式
99.10 MOTOR ID RUN MODE	99.10 = 2	电动机辨识
99.05	99.05 = 660V	电动机额定电压
99.06	99.06 = 310A	电动机额定电流
99.07	99.07 = 50Hz	电动机额定频率
99.08	99.08 = 1490r/min	电动机额定转速
99.09	99.09 = 280kW	电动机额定功率
23	定义 PID 变量	

（续）

参　数	设　定　值	说　明
23.01	现场调试	P 参数选择
23.02	现场调试	I 参数选择
23.03	现场调试	D 参数选择
23.04	现场调试	加速补偿微分时间
23.05		电动机转差补偿

案例 198　西门子 M430 变频器在恒压供水系统中的应用

1. 系统概述

变频器恒压供水控制是变频器应用的一个大类，最常见的就是 PID 恒压控制。本恒压供水控制系统应用了西门子 MICROMASTER430 型变频器，该变频器是风机、水泵专用变频器，按减转矩特性设计。

2. 系统设计

（1）控制电路

采用西门子 M430 变频器（外端子见图 10-22），应用模拟输入端子 1 作为水的压力反馈信号输入，反馈信号为 4~20mA；应用模拟输入端子 2 作为目标信号给定，给定信号范围为 0~20mA。通过数字输入端子 1（DIN1）作为运行端子，数字输入端子 2 作为停止端子。采用数字输出指示端子 1（输出继电器 1）作为故障指示，采用数字输出指示端子 2（输出继电器 2）作为运行指示，具体控制电路如图 10-23 所示。图中变频器为 M430 型，功率为 45kW；保护开关为国产正泰品牌，C45N、C10 系列，快速熔断器为 3NA 系列。

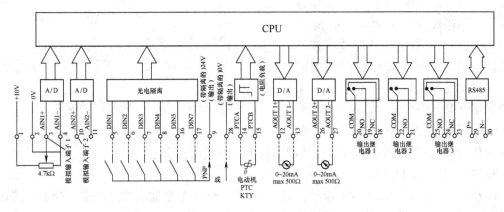

图 10-22　西门子 M430 变频器外端子图

（2）参数设置

1）电动机参数。

P0304 = 380V（电动机额定电压），P0305 = 91A（电动机额定电流），P0307 = 45kW（电动机额定功率），P0310 = 50Hz（电动机额定频率），P0311 = 2180r/min（电动机额定转速），P1082 = 50Hz（最高频率），P1120 = 10s（斜坡上升时间），P1121 = 10s（斜坡下降时间）。

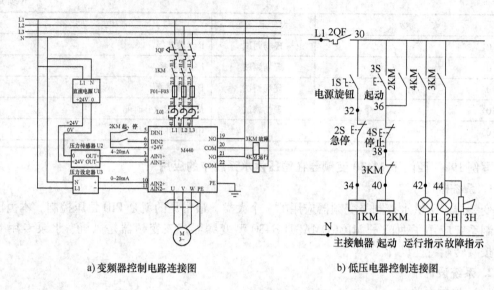

a) 变频器控制电路连接图　　　　　　　b) 低压电器控制连接图

图 10-23　变频器控制电路图

2) 输入模拟量 I/O 参数。

P0753 [0] = 5ms（模拟输入端子 1 滤波器时间），P0753 [1] = 5ms（模拟输入端子 2 滤波器时间），P0756 [0] = 2（模拟输入端子 1 输入为 0 ~ 20mA 电流），P0756 [1] = 2（模拟输入端子 2 输入为 0 ~ 20mA 电流），P0757 [0] = 4（模拟端子 1 频率控制特性线设置）。M430 变频器的频率控制特性线设置方法如图 10-24 所示，图中是用电压 0 ~ 10V 表示，输入的 0 ~ 20mA 电流通过面板上的拨码开关已经

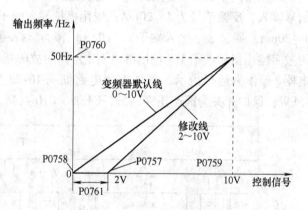

图 10-24　变频器频率特性线设置

转换为 0 ~ 10V 电压。P1000 = 7（变频器的频率由模拟端子设定）。

3) 输入数字量 I/O 口参数。

P0700 = 2（由数字输入控制端子控制），P0701 = 1（数字输入控制端子 1 控制，接通正转/停止命令 1），P0731 = 52.3（数字输出端子 1 为故障报警），P0732 = 52.2（数字输出端子 2 为运行中指示）。

4) PID 参数。

P2200 = 1（变频器 PID 控制模式），P2253 = 755.1（输入模拟端子 2 为目标信号输入端），P2257 = 1.00（PID 设定的斜坡上升时间），P2258 = 1.00（PID 设定的斜坡下降时间），PID 控制加减速时间如图 10-25 所示，在变频器起动或停机时防止变频器出现过电流或过电压，所以设置此参数。P2261 = 0.2（PID 给定目标信号滤波常数，减小叠加在目标信号上的干扰信号），P2264 = 755.0（输入模拟端子 1 为反馈输入端），P2265 = 0.3（PID 反馈滤波常数，减小叠加在反馈信号上的干扰信号），P2270 = 0（PID 反馈选择功能禁止），P2271 = 0（PID 传感器的反馈形式为正向），P2274 = 0（PID 微分时间为零），P2280 = 3（PID 的 P 参数设置，该参数现场调试），P2285 = 0.4（PID 的 I 参数设置，该参数现场调试）。

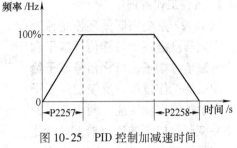

图 10-25　PID 控制加减速时间

3. 总结

该控制系统详细地叙述了变频器 PID 控制的硬件电路、参数选择，这是一个在工程中应用的实际例子。

该例在硬件控制上，给出了低压控制电路（见图 10-23b），这是在变频器控制中经常使用的。在参数设置上，有几个参数值需要注意。

1）PID 功能选择参数。该参数任何品牌的变频器都有，该参数选择错误，则变频器不能进入 PID 状态。

2）信号端子选择。就是反馈信号由哪个端子输入，目标信号由哪个端子输入，输入的信号是电压量还是电流量等相关的参数，都要进行设置。

上述是 PID 控制的关键参数，设置不当，变频器往往不能进入 PID 工作状态。除了上述关键参数之外，还有一些其他附属参数。

3）电动机参数。因为变频器驱动的是电动机，电动机的一些参数对变频器也是有用的，如额定电流可以作为变频器的限流参数用，额定转速可以显示变频器的工作频率，额定频率可以确定变频器的 U/f 线等。在矢量控制中，变频器的电动机参数需要得还多。

4）报警或输出指示参数。该参数根据需要，灵活选择。

案例 199　M440 变频器在生产线上的速度控制

1. 概述

在啤酒生产的罐装工序中，酒瓶的传送要求平稳、匀速，并且能根据该道工序每批酒瓶的处理周期调节送瓶速度。以前，生产线采用机械调速，操作繁琐、维护频繁，瓶子的破损率也较高。现改为变频器调速控制，变频器采用 PID 速度闭环，通过速度探头检测传送带的运行速度（见图 10-26），该速度信号通过速度传感器处理，反馈到变频器，该信号和设定的速度目标信号进行比较，控制电动机的运行速度，使电动机的速度始终稳定在设定值上，达到传送带平稳恒速运行的目的。

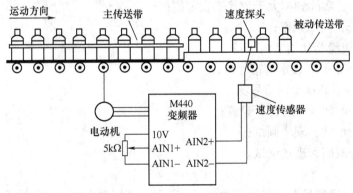

图 10-26　罐装流水线示意图

2. 系统工作原理

图 10-27 是变频器闭环控制原理图。变频器设定一个目标信号端子和一个反馈信号端子，目标信号端子给定电动机的工作速度，反馈信号端子取回电动机的实际转速。两个信号的大小在变频器内部的比较器上进行比较，如果反馈信号 X_F 小于目标信号 X_T，即 $X_F < X_T$，ΔX 为正值，变频器

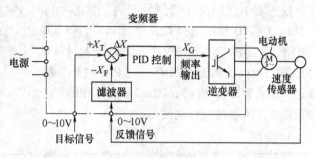

图 10-27　变频器闭环控制原理图

输出频率上升，电动机提速，X_F 上升；当 $X_F = X_T$，$\Delta X = 0$，变频器输出频率恒定，电动机恒速运行；当电动机的速度较高，使 $X_F > X_T$，ΔX 为负值，变频器输出频率下降，电动机降速，当恢复到 $X_F = X_T$，变频器又在新的频率下恒速运行。总之，通过变频器输出频率的自动调整，可始终保持电动机的转速稳定在要求的范围内。

图中的速度传感器是一个线性转换器件，即将检测到的速度线性地转换为电信号。为什么要用传感器呢？就是变频器只能处理电信号，速度、压力、流量、温度等非电物理量变频器是不认识的，所以要想用电子电路进行非电物理量的处理，必须采用传感器。

在变频器 PID 闭环控制中，传感器取自什么量，系统就稳定什么量，需要稳定什么量，就采用什么传感器。该例是稳定传送带的速度，采用的是速度传感器，输出 0~10V 电压信号，该信号加到模拟端子 2 上。目标信号采用电位器控制，也为 0~10V，加到模拟端子 1 上，如图 10-27 所示。

3. 参数设置

该罐装系统共采用 4 台 M440 变频器，4 台异步电动机，4 台速度传感器。4 台变频器的参数设置相同。设置参数如下：

P0700 = 2，由端子排输入；

P1000 = 2，模拟输入；

P0753、P0756、P0757、P0758、P0759、P0760、P0761 均采用出厂设置；

P0003 = 3，用户访问参数级别；

P0004 = 22，显示 PID 有关参数；

P0731 = 52.3，速度已达到最大值；

P0733 = 53.5，实际频率大于或等于设定值；

P2155 = 10Hz，门限频率；

P2200 = 1，使能 PID 调节；

P2253 = 755.0，PID 设定值信号源；

P2264 = 755.1，PID 反馈信号源；

P2274，微分时间，保持出厂设置；

P2280，比例增益，现场调试；

P2285，积分时间，现场调试。

4. 总结

该例的速度反馈信号取自传送带的速度，而不是直接取自电动机的转速，这是因为电动

机的转速转换为传送带的速度过程中，由于传动齿轮的间隙及传送带丢转等，均会产生速度误差，使传送带的实际速度不稳定。根据 PID 闭环稳定原理：反馈信号取自什么量变频器就稳定什么量，反馈信号取自传送带的速度，变频器就稳定传送带的速度。这个概念很重要。

案例 200　英威腾变频器在造纸机上的应用

1. 概述

造纸企业是高能耗企业，每吨纸耗电在 500kWh 以上。传统的大功率造纸机采用晶闸管直流调速，小功率采用转差电动机调速。在生产过程中经常由于机械磨损、传送带打滑等因素造成速度匹配失调，形成断纸、厚度不均等现象。

现代造纸设备为了降低能耗、优化产品质量，提高劳动生产率，多采用变频器调速控制。造纸机是一个造纸传动系统，由多个传动环节组成，如图 10-28 所示。在图中各个传动环节中，要求每个传动环节速度控制准确，速度控制范围宽，快速性好，所以采用矢量控制。因为各个传动环节处在同一条控制线中，要求各环节能够实现同步控制和同速（或比例）控制。

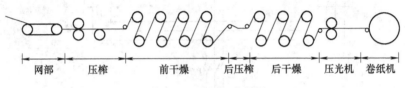

图 10-28　造纸机流程图

2. 系统改造方案

造纸机的工艺流程为网部、压榨、前干燥、后压榨、后干燥、压光机、卷纸机等。网部是造纸的第一步，其工艺为流浆箱输出的纸浆在网部脱水成型，在压榨部分进行压缩使纸层均匀，经过前干燥进行干燥，接着进入后压榨进行施胶，再进入后干燥器进行烘干处理，然后利用压光机使纸张平滑，最后通过卷纸机形成母纸卷，如图 10-28 所示。

（1）控制方案

后干燥、压光机、卷纸机 3 个控制环节共采用 5 台变频器，均采用闭环矢量控制，电动机配旋转编码器，如图 10-29 所示。前 3 台为后干燥机，第 4 台为压光机，第 5 台为卷纸机。后干燥机和压光机要求变频器为同一线速度运行，并且压光机要求有转矩到速度的转换（自动）功能，在转矩模式运行时，卷纸机变频器的输出张力会更加稳定，卷纸机的速度控制信号也要求由上一台变频器给定。

为了达到上述控制目的，系统第 1 台变频器采用模拟量 AI1 通道给定频率。第 2 台至第 4 台变频器采用 "A + B" 的方式给定频率，主给定频率 "A" 采用前一级变频器的模拟输出指示端子 "AO1" 信号给定，"AO1" 是变频器的模拟输出指示端子，将该端子设置为频率指示，该端子的输出电压和输出频率成正比，用该信号作为下一级变频器的频率控制信号。叠加频率 "B" 由模拟量 AI2 通道给定。"A + B" 信号决定该台变频器的实际输出频率。

第 5 台变频器为卷纸机，采用 "CHV + PG 卡 + 张力卡" 的控制方案，张力控制模式为：无张力反馈速度控制。采用线速度法测量卷径，线速度的给定来源于第 4 台变频器的模拟量输出 "AO1"。继电器输出作为故障指示。

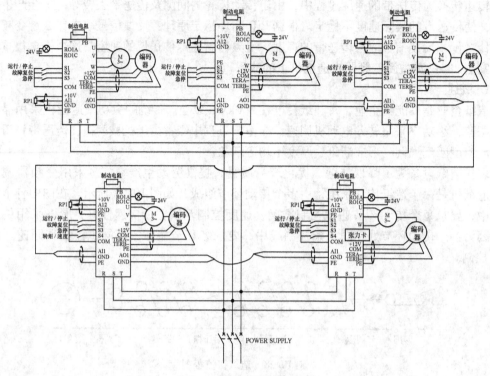

图 10-29　变频器接线图

（2）张力选件卡

第 5 台用于纸张收卷控制（卷纸机），要求收卷时张力恒定。外加的张力控制选件卡就是控制作用在纸上的张力。

英威腾 CHV 矢量控制变频器具有选件安装插槽，当将 CHV 张力控制选件卡安装在变频器上，变频器就有了矢量闭环张力控制功能。张力控制选件卡如图 10-30a 所示，端子排接口如图 10-30b 所示。端子功能见表 10-7 所列。

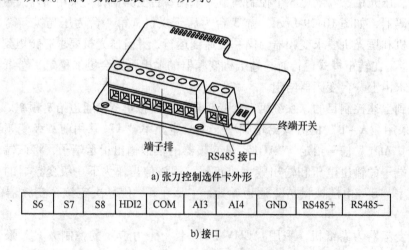

a) 张力控制选件卡外形

| S6 | S7 | S8 | HDI2 | COM | AI3 | AI4 | GND | RS485+ | RS485– |

b) 接口

图 10-30　张力控制选件卡

表 10-7 张力控制选件卡功能表

端子名称	端子用途及说明
S6 ~ S8	开关量输入端子，与 PW 和 COM 形成光耦隔离输入 输入电压范围：9 ~ 30V 输入阻抗：3.3kΩ
HDI2	高速脉冲或开关量输入，与 PW 和 COM 形成光耦隔离输入 脉冲输入频率范围：0 ~ 50kHz 输入电压范围：9 ~ 30V 输入阻抗：1.1kΩ
COM	为 +24V 或者外部电源的公共端
AI3	模拟量输入，电压范围：-10 ~ 10V 输入阻抗：10kΩ
AI4	模拟量输入，电压（0 ~ 10V）/电流（0 ~ 20mA）通过 J1 可选； 输入阻抗：10kΩ（电压输入）/250Ω（电流输入）
RS485 +，RS485 -	RS485 串行通信

大家知道，张力控制一般都是采用 PID 控制，张力通过张力架或张力传感器转换为模拟信号，该信号作为反馈信号，连接到变频器的反馈模拟端子上。该变频器的张力卡，直接控制变频器的工作张力，无需外接张力信号，应用简单。变频器工作在闭环（带编码器）状态，具有很好的快速性和速度稳定性，优于一般 PID 张力控制。

3. 主要参数设置

（1）1#变频器参数设置（见表 10-8）。

表 10-8 1#变频器参数设置

序号	参数	设定值	功能
1	P0.01	1	有 PG 矢量控制
2	P0.01	1	端子指令通道
3	P0.03	1	模拟量 AI1 给定频率
4	P0.11	5	加速时间
5	P0.12	2	减速时间
6	P2.01	50	电动机额定频率
7	P2.02	1460	电动机额定转速
8	P2.03	380	电动机额定电压
9	P2.04	23	电动机额定电流
10	P2.05	11	电动机额定功率
11	P3.10	1000	PG 参数
12	P3.11	1	PG 方向选择
13	P5.02	1	正转运行
14	P5.03	7	故障复位
15	P5.04	6	自由停车
16	P6.04	3	故障输出

（2）2#~4#变频器参数设置（见表10-9）。

表10-9 2#~4#变频器参数设置

序　号	参　数	设　定　值	功　能
1	P0.00	1	有 PG 矢量控制
2	P0.01	1	端子指令通道
3	P0.03	1	模拟量 AI1 给定频率
4	P0.04	0	模拟量 AI2 给定频率
5	P0.06	2	A + B 频率给定
6	P0.11	5	加速时间
7	P0.12	2	减速时间
8	P2.01	50	电动机额定频率
9	P2.02	1460	电动机额定转速
10	P2.03	380	电动机额定电压
11	P2.04	23	电动机额定电流
12	P2.05	11	电动机额定功率
13	P3.10	1000	PG 参数
14	P3.11	1	PG 方向选择
15	P5.02	1	正转运行
16	P5.03	7	故障复位
17	P5.04	6	自由停车
18	P5.05	31	转矩控制禁止
19	P6.04	3	故障输出

（3）5#变频器参数设置（见表10-10）。

表10-10 5#变频器参数设置

序　号	参　数	设　定　值	功　能
1	P0.01	1	有 PG 矢量控制
2	P0.01	1	端子指令通道
3	P0.11	5	加速时间
4	P0.12	2	减速时间
5	P2.01	50	电动机额定频率
6	P2.02	1440	电动机额定转速
7	P2.03	380	电动机额定电压
8	P2.04	8.9	电动机额定电流
9	P2.05	4	电动机额定功率
10	P3.10	1000	PG 参数
11	P3.11	1	PG 方向选择

（续）

序　号	参　数	设 定 值	功　能
12	PF. 00	1	无张力反馈转矩控制
13	PF. 01	0	收卷模式
14	PF. 04	120	最大张力
15	PF. 06	63	张力数字设定
16	PF. 10	25	张力锥度系数
17	PF. 11	1	机械传动比
18	PF. 12	1. 52	最大卷曲直径
19	PF. 14	0. 5	卷曲直径 0
20	PF. 18	0	线速度法
21	PF. 22	260	最大线速度
22	PF. 23	1	AI1 线速度输入
23	PF. 24	0. 5	最低线速度
24	PF. 33	5	系统惯量补偿系数
25	PF. 34	800	材料密度
26	PF. 35	1. 5	材料宽度

4. 总结

由矢量控制变频器调速控制取代直流调速控制是造纸机的发展趋势。因为晶闸管直流调速性能不如变频器 PWM 调速稳定，直流电动机的电刷导电需要经常维护，影响生产，而三相异步电动机密封工作，免维护。

该例中变频器矢量闭环控制，电动机的快速性和速度稳定性都得到了很大的提高，已能满足造纸机的需要。英威腾矢量控制变频器配用张力控制选件卡，使变频器的张力控制又上了一个台阶，由 U/f 闭环 PID 张力控制变为矢量张力控制，使张力控制的快速性和速度稳定性都得到提高，更能满足纸张的卷绕需要，是变频器 PID 控制的创新之举，在造纸行业得到了越来越广泛的应用。

附录 变频器故障代码

附表 A 西门子 M440 变频器故障代码

故障代码	引起故障的原因	故障诊断和应采取的措施	反应
F0001 过电流	1）电动机的功率 P0307 与变频器的功率 P0206 不对应； 2）电动机电缆太长； 3）电动机的导线短路； 4）有接地故障	1）电动机的功率（P0307）必须与变频器的功率（P0206）相对应； 2）电缆的长度不得超过允许的最大值； 3）电动机的电缆和电动机内部不得有短路或接地故障； 4）输入变频器的电动机参数必须与实际使用的电动机参数相对应； 5）输入变频器的定子电阻值（P0350）必须正确无误； 6）电动机的冷却风道必须通畅，电动机不得过载； 7）增加斜坡时间； 8）减少提升的数值	Off2
F0002 过电压	1）直流回路的电压（r0026）超过了跳闸电平（P2172）； 2）由于供电电源电压过高或者电动机处于再生制动方式下引起过电压； 3）斜坡下降过快或者电动机由大惯量负载带动旋转而处于再生制动状态下	1）电源电压（P0210）必须在变频器铭牌规定的范围以内； 2）直流回路电压控制器必须有效（P1240），而且正确地进行了参数优化； 3）斜坡下降时间（P1121）必须与负载的惯量相匹配； 4）要求的制动功率必须在规定的限定值以内 注意： 负载的惯量越大需要的斜坡时间越长，外形尺寸为 FX 和 GX 的变频器应接入制动电阻	Off2
F0003 欠电压	1）供电电源故障； 2）冲击负载超过了规定的限定值	1）电源电压（P0210）必须在变频器铭牌规定的范围以内； 2）检查电源是否短时掉电或有瞬时的电压降低； 3）检查使能动态参数设置（P1240 = 2）	Off2
F0004 变频器过温	1）冷却风量不足； 2）环境温度过高	1）负载的情况必须与工作停止周期相适应； 2）变频器运行时冷却风机必须正常运转； 3）调制脉冲的频率必须设定为默认值； 4）环境温度可能高于变频器的允许值 故障值： P0949 = 1 为整流器过温； P0949 = 2 为运行环境过温； P0949 = 3 为电子控制箱过温	Off2

（续）

故障代码	引起故障的原因	故障诊断和应采取的措施	反应
F0005 变频器 I^2t 过热 保护	1）变频器过载； 2）工作/间隙周期时间不符合要求； 3）电动机功率（P0307）超过变频器的负载能力（P0206）	1）负载的工作/间隙周期时间不得超过指定的允许值； 2）电动机的功率（P0307）必须与变频器的功率（P0206）相匹配	
F0011 电动机过温	电动机过载	1）负载的工作/间隙周期必须正确； 2）标称的电动机温度超限值（P0626-P0628）必须正确； 3）电动机温度报警电平（P0604）必须与电动机的额定电流相匹配 如果 P0601 = 0 或 1 请检查以下各项： 1）检查电动机的铭牌数据是否正确（如果没有应进行快速调试）； 2）正确的等值电路数据可以通过电动机数据自动检测（P1910 = 1）来得到； 3）检查电动机的重量是否合理，必要时加以修改； 4）如果用户实际使用的电动机不是西门子生产的标准电动机，可以通过参数 P0626、P0627、P0628 修改标准过温值 如果 P0601 = 2 请检查以下各项： 1）检查 r0035 中显示的温度值是否合理； 2）检查温度传感器是否是 KTY84（不支持其他型号的传感器）	Off1
F0012 变频器温度信号丢失	变频器散热器的温度传感器断线		Off2
F0015 电动机温度信号丢失	电动机的温度传感器开路或短路	如果检测到信号已经丢失，温度监控开关便切换为监控电动机的温度模型	Off2
F0020 电源断相	如果三相输入电源电压中的一相丢失，便出现该故障	检查输入电源各相的线路	Off2
F0021 接地故障	如果相电流的总和（相电流总和应为零）超过变频器额定电流的 5% 时将引起这一故障		
F0022 功率组件故障	在下列情况下将引起组件故障（r0947 = 22 和 r0949 = 1）： 1）直流回路过电流 = IGBT 短路； 2）制动斩波器短路； 3）接地故障； 4）I/O 板插入不正确 变频器外形有 5 种结构，即 A、C、D、E、F，由于结构不同，发生的故障是不一样的，有的故障在某种结构上是没有的，故出现了对应不同的机型，在 4 种故障中有选择的发生。如 F 机型，设有直流回路和接地端，则 1）、3）故障就不存在了	检查 I/O 板，它必须完全插入	Off2

（续）

故障代码	引起故障的原因	故障诊断和应采取的措施	反应
F0023 输出故障	输出的一相断线		Off2
F0024 整流器过温	1）通风风量不足； 2）冷却风机没有运行； 3）环境温度过高	1）变频器运行时冷却风机必须处于运转状态； 2）脉冲频率必须设定为默认值； 3）环境温度可能高于变频器允许的运行温度	Off2
F0030 冷却风机故障	风机不再工作	1）在装有操作面板选件 AOP 或 BOP 时故障不能被屏蔽； 2）需要安装新风机	Off2
F0035 在重试再起动后 自动再起动故障	试图自动再起动的次数超过 P1211 确定的数值		Off2
F0040 自动校准故障			Off2
F0041 电动机参数自动检测故障	报警值 =0：负载消失； 报警值 =1：进行自动检测时已达到电流限制的电平； 报警值 =2：自动检测得出的定子电阻小于 0.1% 或大于 100%； 报警值 =3：自动检测得出的转子电阻小于 0.1% 或大于 100%； 报警值 =4：自动检测得出的定子电抗小于 50% 或大于 500%； 报警值 =5：自动检测得出的电源电抗小于 50% 或大于 500%； 报警值 =6：自动检测得出的转子时间常数小于 10ms 或大于 5s； 报警值 =7：自动检测得出的总漏抗小于 5% 或大于 50%； 报警值 =8：自动检测得出的定子漏抗小于 25% 或大于 250%； 报警值 =9：自动检测得出的转子漏感小于 25% 或大于 250%； 报警值 =20：自动检测得出的 IGBT 通态电压小于 0.5V 或大于 10V； 报警值 =30：电流控制器达到了电压限制值； 报警值 =40：自动检测得出的数据组自相矛盾，至少有一个自动检测数据错误	0：检查电动机是否与变频器正确连接； 1~40：检查电动机参数 P304-311 是否正确，检查电动机的接线应该是哪种形式（星形、三角形）	Off2

（续）

故障代码	引起故障的原因	故障诊断和应采取的措施	反应
F0042 速度控制优化 功能故障	故障值 = 0：在规定时间内不能达到稳定速度； 故障值 = 1：读数不合乎逻辑		Off2
F0051 参数 E^2 PROM 故障	不挥发存储器出现读/写错误	1）工厂复位并重新参数化； 2）与客户支持部门或维修部门联系	Off2
F0052 功率组件故障	读取功率组件的参数时出错或数据非法	与客户支持部门或维修部门联系	Off2
F0053 I/O　E^2 PROM 故障	读 I/O E^2 PROM 信息时出错或数据非法	1）检查数据； 2）更换 I/O 模块	Off2
F0054 I/O 板错误	1）连接的 I/O 板不对； 2）I/O 板检测不出识别信号，检测不到数据	1）检查数据； 2）更换 I/O 板	Off2
F0060 Asic 超时	内部通信故障	1）如果存在故障请更换变频器； 2）与维修部门联系	Off2
F0070 CB 设定值故障	在通信报文结束时，不能从 CB 通信板接设定值	检查 CB 板和通信对象	Off2
F0071 USS（BOP-链接）设定值故障	在通信报文结束时，不能从 USS 得到设定值	检查 USS 主站	Off2
F0072 USS（COMM 链接）设定值故障	在通信报文结束时，不能从 USS 得到设定值	检查 USS 主站	Off2
F0080 ADC 输入信号 丢失	1）断线； 2）信号超出限定值		Off2
F0085 外部故障	由端子输入信号触发的外部故障	封锁触发故障的端子输入信号	Off2
F0090 编码器反馈信 号丢失	从编码器来的信号丢失	1）检查编码器的安装固定情况，设定 P0400 = 0，并选择 SLVC 控制方式（P1300 = 20 或 22）； 2）如果装有编码器，请检查编码器的选型是否正确，检查参数 P0400 的设定； 3）检查编码器与变频器之间的接线； 4）检查编码器应无故障（选择 P1300 = 0 在一定速度下运行，检查 r0061 中的编码器反馈信号）； 5）增加编码器反馈信号消失的门限值（P0492）	Off2
F0101 功率组件溢出	软件出错或处理器故障	运行自测试程序	Off2

（续）

故障代码	引起故障的原因	故障诊断和应采取的措施	反应
P0221 PID 反馈信号 低于最小值	PID 反馈信号低于 P2268 设置的 最小值	改变 P2268 的设置值或调整反馈增益系数	Off2
F0222 PID 反馈信号 高于最大值	PID 反馈信号超过 P2267 设置的 最大值	改变 P2267 的设置值或调整反馈增益系数	Off2
F0450 BIST 测试故障	故障值 1）有些功率组件的测试有故障； 2）有些控制板的测试有故障； 3）有些功能测试有故障； 4）上电检测时内部 RAM 有故障	1）变频器可以运行，但有的功能不能正确 工作； 2）检查硬件，与客户支持部门或维修部门联系	Off2
F0452 检测出传送带 有故障	负载状态表明传送带故障或机械 有故障	1）驱动链有无断裂、卡死或堵塞现象； 2）外接速度传感器（如果采用的话）是否正 确地工作，检查参数； P2192（与允许偏差相对应的延迟时间）的数 值必须正确无误。 3）如果采用转矩控制，以下参数的数值必须正 确无误： P2182（频率门限值 f1） P2183（频率门限值 f2） P2184（频率门限值 f3） P2185（转矩上限值 1） P2186（转矩下限值 1） P2187（转矩上限值 2） P2188（转矩下限值 2） P2189（转矩上限值 3） P2190（转矩下限值 3） P2192（与允许偏差对应的延迟时间）	Off2

附表 B　西门子 M440 变频器故障报警信息

报警信息按其报警代码序号（例如，A0503 = 503）存储在参数 r2110 中，相关的报警信息就可以从参数 r2110 中读出。报警代码是以 A 开头，后续四位阿拉伯数字，如 A0501、A0502 等。

报警代码	引起故障的原因	故障诊断和应采取的措施
A0501 电流限幅	1）电动机功率与变频器功率不 匹配； 2）电动机引线电缆太长； 3）接地故障	1）电动机功率（P0307）必须与变频器功率（r0206） 相匹配； 2）电缆长度不得超过允许限度； 3）电动机电缆和电动机不得有短路或接地故障； 4）电动机参数必须与实际使用的电动机相匹配； 5）定子电阻值（P0350）必须正确； 6）电动机旋转不得受阻碍，电动机不得过载； 7）增大斜坡时间； 8）减小提升数值

（续）

报警代码	引起故障的原因	故障诊断和应采取的措施
A0502 过电压限幅	1）达到了过电压极限值； 2）在下列情况下产生这一报警信息： ①直流中间回路调节器被禁止（P1240＝0）； ②脉冲被使能； ③直流电压实际值 r0026 ＞ r1242	1）电源电压（P0210）必须在铭牌数据限定的数值以内； 2）禁止直流回路电压控制器（P1240＝0），并正确地进行参数化； 3）斜坡下降时间（P1121）必须与负载的惯性相匹配； 4）要求的制动功率必须在规定的限度以内； 5）过电压可能是由于电源电压太高或者在电动机处于再生制动方式时而产生的
A0503 欠电压限幅	1）供电电源发生故障； 2）供电电源电压（P0210）以及直流中间回路电压（r0026）低于规定的极限值（P2172）	1）电源电压（P0210）必须在铭牌数据限定的数值以内； 2）对于瞬间的掉电或电压下降必须是不敏感的； 3）使能动态缓冲（P1240＝2）
A0504 变频器过热	超过了变频器散热器温度的报警阈值（P0614），导致脉冲频率降低和/或输出频率降低（取决于 P0610 中的参数设置）	1）环境温度必须在规定的极限值范围内； 2）负载条件和工作循环必须合适； 3）冷却风机必须转动； 4）脉冲频率（P1800）必须设定在默认值
A0505 变频器 I^2t 过热	超过了报警阈值，如果已进行了参数设置（P0610＝1），则将减小电流	1）检查负载工作循环是否在规定的极限值范围内； 2）电动机功率（P0307）必须与变频器的功率相匹配
A0506 变频器的"工作、停止"周期超限	散热器温度与 IGBT 结温之间的差值超过报警极限值	检查负载工作循环和冲击负载是否在规定的极限值范围内
A0511 电动机过热	电动机过载； 负载工作循环过高	无论是哪种温度确定方式，都应检查以下各项： 1）P0604 电动机温度报警阈值； 2）P0625 电动机环境温度； 3）如果 P0601＝0 或 1，则检查以下各项： ①检查铭牌数据是否正确（如果不正确，则执行快速调试）； ②通过执行电动机识别（P1910＝1），可以得出准确的等效电路数据； ③检查电动机重量（P0344）是否合理，必要时加以更改； ④如果不是使用西门子公司标准型电动机，可以通过参数 P0626、P0627、P0628 更改标准过热温度； 4）如果 P0601＝2，则检查以下各项： ①检查 r0035 中显示的温度是否合理； ②检查传感器是否是 KTY84（不支持其他的传感器）

（续）

报警代码	引起故障的原因	故障诊断和应采取的措施
A0512 电动机温度信号丢失	电动机温度传感器断线	如果检测出温度传感器断线，则将温度监控切换成采用电动机热模型的监控方式
A0520 整流器过热	超过了整流器散热器温度的报警阈值	1）环境温度必须在规定的极限值范围内； 2）负载条件与工作循环必须合适； 3）在变频器运行时风机必须正常运转
A0521 环境过热	超过了环境温度的报警阈值	1）环境温度必须在规定的极限值范围内； 2）在变频器运行时风机必须正常运转； 3）风机进风口必须没有任何阻力
A0522 读出超时	通过 I^2C 总线（Mega Master）周期性访问 U_{CE} 值和功率组件温度受到干扰	
A0523 输出故障	电动机的一相断开	可以屏蔽报警信息
A0535 制动电阻发热		1）增加工作/停止周期，可以通过 P1237 来设置； 2）增加减速时间，可以通过 P1121 来设置
A0541 电动机数据识别功能激活	电动机数据识别功能（P1910）被选择或者正在运行	
A0542 速度控制最优化功能激活	速度控制最优化功能（P1960）被选择或者正在运行	
A0590 编码器反馈信号丢失的报警	来自编码器的信号丢失；变频器可能已切换成无传感器矢量控制方式（结合检查报警代码 r0949 值进行判断）	使变频器停机，然后： 1）检查编码器的安装情况，如果安装了编码器且 r0949 = 5，则通过 P0400 选择编码器类型； 2）如果安装了编码器且 r0949 = 6，则检查编码器模块与变频器之间的连接； 3）如果没有安装编码器且 r0949 = 5，则选择 SLVC 方式（P1300 = 20 或 22）； 4）如果没有安装编码器且 r0949 = 6，则设定 P0400 = 0； 5）检查编码器与变频器之间的连接； 6）检查编码器是否处于无故障状态（选择 P1300 = 0，以固定速度运行，检查 r0061 中的编码器反馈信号）； 7）增大 P0492 中的编码器反馈信号丢失阈值
A0600	RTOS Overrun Warning-RTOS 越权控制报警	

（续）

报警代码	引起故障的原因	故障诊断和应采取的措施
A0700	CB warning 1-CB 报警 1	（详情见 CB 手册）
A0701	CB warning 2-CB 报警 2	（详情见 CB 手册）
A0702	CB warning 3-CB 报警 3	（详情见 CB 手册）
A0703	CB warning 4-CB 报警 4	（详情见 CB 手册）
A0704	CB warning 5-CB 报警 5	（详情见 CB 手册）
A0705	CB warning 6-CB 报警 6	（详情见 CB 手册）
A0706	CB warning 7-CB 报警 7	（详情见 CB 手册）
A0707	CB warning 8-CB 报警 8	（详情见 CB 手册）
A0708	CB warning 9-CB 报警 9	（详情见 CB 手册）
A0709	CB warning 10-CB 报警 10	（详情见 CB 手册）
A0710	CB communication error-CB 通信错误，原因：与 CB（通信板）的通信中断	检查 CB 硬件
A0910 直流回路最大电压 $V_{DC\text{-}max}$ 控制器未激活	1) $V_{DC\text{-}max}$ 调节器由于其不能使直流中间电路电压（r0026）保持在极限值（P2172）范围内而已经被停用； 2) 如果电源电压（P0210）一直太高，就可能出现这一报警； 3) 如果电动机由负载带动旋转而使电动机进入再生制动方式，就可能出现这一报警； 4) 在斜坡下降时，如果负载的惯量很高，就可能出现这一报警	1) 输入电源电压（P0210）必须在允许范围内； 2) 负载必须匹配
A0911 直流回路最大电压 $V_{DC\text{-}max}$ 控制器已激活	$V_{DC\text{-}max}$ 调节器激活；这样将自动增大斜坡下降时间以使直流中间电路电压（r0026）保持在极限值（P2172）范围内	检查 CB 参数
A0912 直流回路最小电压 $V_{DC\text{-}min}$ 控制器已激活	如果直流中间电路电压（r0026）下降到最小电平（P2172）以下，则 $V_{DC\text{-}min}$ 调节器将被激活； 电动机的动能用于缓冲直流中间回路电压，因而导致传动系统减速； 这么短时间的电源故障不一定引起欠电压脱扣	

（续）

报警代码	引起故障的原因	故障诊断和应采取的措施
A0920 ADC 参数设定 不正确	ADC 参数不应设定为相同的值，因为这样会产生不合乎逻辑的结果 1）变址 0：输出的参数设定相同； 2）变址 1：输入的参数设定相同； 3）变址 2：输入的参数设定与 ADC 类型不一致	
A0922 变频器没有负载	变频器没有负载，因而，有些功能不能像在正常负载条件下那样工作	
A0923 同时请求反向 和正向点动	已同时请求正向 JOG 和反向 JOG（P1055/P1056），这会使 RFG 输出频率稳定在其当前值	不要同时按正向和反向 JOG 键
A0952 传动带故障报警	电动机的负载状态表明传动带故障或机械故障	1）传动链应无断裂、卡死或阻塞； 2）如果使用外部速度传感器，检查其是否正常工作； 应检查的参数： P0409（额定速度时的每分钟脉冲数）； P2191（传动带故障速度公差）； P2192（允许偏差的延迟时间） 3）如果采用转矩包络线，应检查下列参数： P2182（频率阈值 f1）； P2183（频率阈值 f2）； P2184（频率阈值 f3）； P2185（转矩上阈值 1）； P2186（转矩下阈值 1）； P2187（转矩上阈值 2）； P2188（转矩下阈值 2）； P2189（转矩上阈值 3）； P2190（转矩下阈值 3）； P2192（允许偏差的延迟时间） 4）需要时加润滑
A0936 PID 自动整定 激活	PID 自动整定功能（P2350）已被选择或者正在运行	

附表 C　　ABB 变频器 ACS800 系列故障代码

故 障 代 码	故 障 原 因	解 决 方 法
ACS800 TEMP （4210）	传动的 IGBT 温度过高，故障跳闸极限为 100%	1）检查环境条件； 2）检查通风状况和风机运行状况； 3）检查散热器的散热片，并进行灰尘清扫； 4）检查电动机功率是否超过了单元功率

（续）

故障代码	故障原因	解决方法
ACS TEMP xx y （4210）	并行连接的逆变器单元模块内部过温，xx（1～12）是逆变模块号，y是（U，V，W）相	1）检查环境条件； 2）检查通风状况和风机运行状况； 3）检查散热器的散热片，并进行灰尘清扫； 4）检查电动机功率是否超过了单元功率
AI < MIN FUNC （8110） 可编程故障功能 13.28 和 13.29	由于信号等级不正确或者控制接线故障造成模拟控制信号低于最小允许值	1）检查模拟控制信号的传输等级是否一致； 2）检查控制电缆的连接； 3）检查故障功能参数
BACKUP ERROR （FFA2）	在恢复PC存储的传动参数备份时出错	1）重试； 2）检查连接； 3）检查参数与传动单元是否匹配
BC OVERHEAT （7114）	制动斩波器过载	1）检查电阻过载保护功能的参数设置（参见参数组27 BRAKE CHOPPER）； 2）检查制动周期是否满足允许值； 3）检查传动单元的交流供电电压是否过大； 4）停止传动，冷却斩波器
BC SHORT CIR （7113）	制动斩波器IGBT短路	1）更换制动斩波器； 2）确认制动电阻器已连接，并完好
BRAKE ACKN （FF74）	制动确认信号状态异常	1）参见参数组28 BRAKE CTRL； 2）检查制动确认信号的连接
BR BROKEN （7110）	制动电阻器没有连接或已经损坏；制动电阻器的电阻太高	1）检查电阻器和电阻器的连接； 2）检查电阻值是否满足技术条件的要求，参见传动硬件手册
BR OVERHEAT （7112）	制动电阻器过载	1）冷却电阻器； 2）检查电阻器过载保护功能的参数设置（参见参数组27 BRAKE CHOPPER）； 3）检查制动周期是否满足允许值； 4）检查传动单元的交流供电电压是否过大
BR WIRIN （7111）	制动电阻器连接错误	1）检查电阻器的连接； 2）确认制动电阻器未被损坏
CHOKE OTEMP （FF82）	传动输出滤波器的温度过高，此监控功能用于升压传动	1）让传动系统冷却； 2）检查环境温度； 3）检查滤波器风机的旋转方向以及通风条件；
COMM MODULE （7510） 可编程故障功能	传动单元和主机之间的周期性通信丢失	1）检查现场总线的通信状态，参见现场总线控制一章，或者相应的现场总线适配器手册； 2）检查参数设置，如参数组51 COMM MODULE DATA（用于现场总线适配器）或者参数组52 STANDARD MODBUS（用于标准Modbus链路）； 3）检查电缆连接； 4）检查主机是否可以通信

（续）

故 障 代 码	故 障 原 因	解 决 方 法
CTRL B TEMP （4110）	控制板温度高于88℃	1）检查环境条件； 2）检查空气流向； 3）检查主风机和附加冷却风扇
CURR MEAS （2211）	输出电流测量电路出现电流互感器故障	检查电流互感器到 INT 主回路接口板的连接
CUR UNBAL xx （2330） 可编程故障功能 30.16	在并行连接的逆变单元模块中，传动系统检测到逆变单元中过高的输出电流不平衡，这可能是由于外部故障（接地故障、电动机故障、电缆故障等）或内部故障（损坏的逆变器部件）引起，xx（2～12）代表逆变器模块号	1）检查电动机； 2）检查电动机电缆； 3）检查在电动机电缆上有无功率因数补偿电容或浪涌吸收装置
DC HIGH RUSH （FF80）	传动电源电压过高。当电源电压超过电压额定值（415V、500V 或 690V）的124%时，电动机转速达到跳闸极限转速值（额定转速的40%）	检查电源电压等级、传动单元的额定电压值以及允许的电压范围
DC OVERVOLT （3210）	中间电路直流电压过高，直流过电压跳闸极限是 $1.3U_1\max$，其中 $U_1\max$ 是主机电压范围的最大值，对400V 单元，$U_1\max$ 为 415V，对于500V 单元，$U_1\max$ 为 500V，根据主机电压跳闸标准，400V 单元中间电路的实际电压是 DC 728V，500V 是 DC 877V	1）检查过电压控制器是否处于开启状态（参数 20.13 OVERVOLTAGE CTRL）； 2）检查主电路的静态或瞬态过电压； 3）检查制动斩波器和电阻器（如果使用）； 4）检查减速时间； 5）使用自由停车功能（如果可用）； 6）用制动斩波器和制动电阻器改进变频器
DC UNDERVOLT （3220）	中间直流电路电压不足，可能由于主电源断相、熔丝烧坏或整流桥组内部损坏，直流欠电压跳闸值为 $0.6U_1\min$，其中 $U_1\min$ 是主电源电压取值范围的最小值，对于400V 和 500V 单元，$U_1\min$ 是 380V，对于690V 单元，$U_1\min$ 是 525V，对应主电源电压跳闸极限的中间电路实际电压，400V 和 500V 单元的为 DC 307V，690V 单元的为 DC 425V	检查主电源和熔断器
EARTH FAULT （2330） 可编程故障功能 30.16	传动检测到了负载不平衡，一般是由于电动机或电动机电缆的接地故障造成的	1）检查电动机； 2）检查电动机电缆； 3）检查在电动机电缆上有无功率因数补偿电容或浪涌吸收装置

（续）

故障代码	故障原因	解决方法
ENCODER A < > B （7302）	脉冲编码器相序出错，如 A 相接到了 B 相的端子上，反之亦然	交换脉冲编码器 A 相和 B 相的连接
ENCODER FLT （7301）	脉冲编码器和脉冲编码器接口模块之间的通信或模块和传动单元之间的通信出现故障	检查脉冲编码器及其接线，编码器接口模块及其接线以及参数组 50 ENCODER MODULE 的设置
ENCODER2 FLT （7381）	脉冲编码器和脉冲编码器接口模块之间的通信或模块和传动单元之间的通信出现故障	检查脉冲编码器及其接线，编码器接口模块及其接线以及参数组 50 ENCODER MODULE 的设置
EXTERNAL FLT （9000） 可编程故障功能 30.02	外部设备故障（此故障信息是由一个可编程数字输入所定义）	1）检查外部设备有无故障； 2）检查故障功能参数
FAN OVERTEMP （FF83）	传动输出滤波器风机温度过高	1）停止传动，让其冷却； 2）检查环境温度； 3）检查风机运转方向是否正确，空气流通是否畅通
FORCED TRIP （FF8F）	通用传动通信协议故障命令	参见相应的通信模块手册
ID RUN FAIL （FF84）	电动机 ID RUN（辨识运行）未能成功完成	检查最高转速（参数 20.02 MAX SPEED），它至少应为额定电动机转速（参数 99.06）的 80%
INT CONFIG （5410）	逆变模块数量和初始的逆变器数量不相等	检查逆变器状态，参见信号 07.18 FAULTEDINT INFO；检查连接 APBU 和逆变模块的光纤
INV DISABLED （3200）	当单元运行或给出起动命令时，可选的直流开关已经打开	1）闭合直流开关； 2）检查 AFSC-0x 控制器单元
I/O COMM ERR （7000）	现场总线适配器（Rxxx 型）通信错误	1）检查连接； 2）检查现场总线适配器参数
LINE CONV （FF51）	网侧变流器出现故障	1）将控制盘从电动机输出侧变频控制板切换至网侧变流器控制板； 2）参见网侧整流单元手册关于故障的说明部分
MOTOR PHASE （FF56） 可编程故障功能 30.15	电动机断相，可能由于电动机故障、电动机电缆故障、热敏继电器故障（如果使用）或内部故障引起	1）检查电动机和电动机电缆； 2）检查热敏继电器（如果使用）； 3）检查故障功能参数，取消该保护
MOTOR STALL （7121） 可编程故障功能 30.09～30.11	由于过载或电动机功率不足造成电动机堵转	1）检查电动机负载和传动额定值； 2）检查故障功能参数

（续）

故障代码	故障原因	解决方法
MOTOR TEMP （4310） 可编程故障功能 30.03～30.08	电动机温度太高（或有过温趋势），可能由于电动机过载、电动机功率不够、电动机冷却不充分或错误的起动数据引起	1）检查电动机额定值和负载； 2）检查起动数据； 3）检查故障功能参数
MOTOR 1 TEMP （4312）	电动机测量温度值超过了由参数35.03 MOT 1TEMP FLT L 设置的故障极限值	1）检查故障极限值； 2）检查传感器的数量是否与参数中定义的一致； 3）冷却电动机。确认电动机的冷却方法正确：检查冷却风机、清洁冷却表面等等
MOTOR 2 TEMP （4313）	电动机测量温度值超过了由参数35.06 MOT 2TEMP FLT L 设置的故障极限值	1）检查故障极限值； 2）检查传感器的数量是否与参数中定义的一致； 3）冷却电动机，确认电动机的冷却方法是否正确：检查冷却风机、清洁冷却表面等
NO MOT DATA （FF52）	未设定电动机数据或电动机数据与逆变器数据不匹配	检查参数99.03～99.07 中的电动机数据
OVERCURR xx （2310）	并联的逆变模块的过电流故障，xx（2～12）是逆变模块数量	1）检查电动机负载； 2）检查加速时间； 3）检查电动机和电动机电缆（包括相序）； 4）检查编码器电缆（包括相序）； 5）检查参数组99 START UP 的电动机额定值，确定电动机模型是正确的； 6）检查在电动机电缆上不含有功率因数补偿电容或浪涌吸收装置
OVERCURRENT （2310）	输出电流过大，超过跳闸极限值	1）检查电动机负载； 2）检查加速时间； 3）检查电动机和电动机电缆（包括相序）； 4）检查在电动机电缆上不含有功率因数校正电容或浪涌吸收装置； 5）检查编码器电缆（包括相序）
OVERFREQ （7123）	由于转速最小值/最大值设置不正确、制动转矩不足或使用转矩给定值时负载发生变化等原因造成电动机转速超过最高允许转速，跳闸等级是超过运行范围最大转速限值40Hz，运行范围限制由参数20.01 MINSPEED 和 20.02 MAX SPEED 设置	1）检查转速最小值/最大值的设置； 2）检查电动机制动转矩是否足够； 3）检查转矩控制的可行性； 4）检查是否需要制动斩波器和制动电阻
PANEL LOSS （5300） 可编程故障功能 30.01	当控制盘或 Drives Window 被选作 ACS 800 的当前控制地时，它与传动系统之间的通信中断	1）检查控制盘连接（参见相应的硬件手册）； 2）检查控制盘连接器； 3）更换安装平台中的控制盘； 4）检查故障功能参数； 5）检查 Drives Window 的连接

（续）

故障代码	故障原因	解决方法
POSITION	计算的位置误差超过了参数 32.10 POSERROR WINDOW 设定的限值；电动机堵转	1）检查参数 32.10 POS ERROR WINDOW 的设置； 2）检查在定位过程中是否有转矩超过限值的现象
POS LIM ERR （8502）	实际的位置值超过了由参数 42.02 POSITIONMIN 和 42.01 POSITION MAX 定义的限值	1）检查位置限制的最小值和最大值； 2）检查参数组 43 HOMING 中的参数
POWERF INT xx （3381）	并联的逆变模块的 INT 板电源故障，xx 是逆变模块号	1）检查 INT 板电源电缆的连接； 2）检查指示灯板工作正确与否； 3）更换 INT 板
POWERF INT （3381）	并联的逆变模块的 INT 板电源故障	
PPCC LINK （5210）	连接至 INT 板的光纤出现故障	1）检查光纤或电气连接，外形尺寸为 R2～R6 的模块为电气连接； 2）如果 RMIO 板为外部供电，确保电源已接入
PPCC LINK xx （5210）	在并联的逆变模块中，连接至 INT 板的光纤出现故障，xx 是逆变模块号	检查逆变模块主电路接口板 INT 和 PPCC 分配单元 PBU 的连接（逆变模块 1 与 PBU INT1 相连接等）
PP OVERLOAD （5482）	IGBT 结温过高，这个故障用来保护 IGBT，可由过长的电动机输出电缆短路引起	检查电动机电缆
RUN DISABLED （FF54）	未收到运行使能信号	检查参数 10.07 RUN ENABLE 的设置，接通信号或者检查所选择信号源的接线
SC INV xx y （2340）	并联的逆变模块单元短路，xx（1～12）是逆变模块号，y 是（U，V，W）相	1）检查电动机和电动机电缆； 2）检查逆变器模块中的功率半导体（IGBT）
SHORT CIRC （2340）	电动机电缆或电动机短路；逆变器单元的输出桥故障	1）检查电动机； 2）检查电动机电缆； 3）检查电动机电缆不含有功率因数补偿电容器或浪涌吸收器
SLOT OVERLAP （FF8A）	两个可选模块具有相同的连接接口选项	检查参数组 70 COMM INTERFACE、51 COMM MODULE DATA 和 12 DIGITAL INPUTS 中关于连接接口选项部分
START INHIBI （FF7A）	可选的起动禁止硬件逻辑被激活	检查起动禁止电路（AGPS 板）
SUPPLY PHASE （3130）	由于主电源断相、熔丝熔断或整流桥内部故障造成中间电流直流电压振荡，当直流电压脉动为直流电压的 13% 时，发生跳闸	1）检查主电路熔断器； 2）检查电源负载是否平衡

（续）

故障代码	故障原因	解决方法
TEMP DIF xx y （4380）	几个并联逆变模块之间温差过大，xx（1～12）是逆变模块号，y 是（U，V，W）相；当温差超过 15℃，显示警告；当温差超过 20℃，显示故障；过温可能是由并联逆变模块的电流分配不均等原因引起	1）检查冷却风机； 2）更换风机； 3）检查空气过滤器
THERMAL MODE （FF50）	大功率电动机热保护模式被设置为 DTC	参见参数 30.04 MOT THERM P MODE
THERMISTOR （4311） 可编程故障功能 30.03～30.04	电动机温度过高；当电动机热保护模式设置为 THERMISTOR 时	1）检查电动机额定值和负载； 2）检查起动数据； 3）检查热敏电阻连接
UNDERLOAD （FF6A） 可编程故障功能 30.12～30.14	由于被驱动设备的突然切除，造成电动机负载过轻	1）检查被驱动设备； 2）检查故障功能参数
USER MACRO （FFA1）	没有保存用户宏或者文件无效	创建用户宏

参 考 文 献

[1] 吴志忠,吴加林. 变频器应用手册 [M]. 3 版. 北京:机械工业出版社,2008.

[2] 王兆义. 变频器应用与实训指导 [M]. 北京:高等教育出版社,2005.

[3] 王兆义. 变频器从入门到精通 [M]. 2 版. 北京:机械工业出版社,2012.

[4] 何宏,张宝峰,张大建,等. 电磁兼容与电磁干扰 [M]. 北京:国防工业出版社,2007.

[5] 王兆义. 变频器调速技术 [M]. 北京:高等教育出版社,2015.